MikroComputer-Praxis

Herausgegeben von
Dr. L. H. Klingen, Bonn, Prof. Dr. K. Menzel, Schwäbisch Gmünd
und Prof. Dr. W. Stucky, Karlsruhe

Informatik für technische Berufe

Ein Lehr- und Arbeitsbuch zur programmierbaren Mikroelektronik

Von Prof. Dr. Ewald von Puttkamer, Kaiserslautern
und Studiendirektor Dipl.-Ing. Alfons Rissberger, Worms

Unter Mitwirkung
von Studienrat Bernhard Pohl, Albisheim
und Studiendirektor Hubertus Walde, Neustadt/Weinstraße

Mit zahlreichen Abbildungen, Tabellen, Programmbeispielen
und Übungen

B. G. Teubner Stuttgart 1984

Prof. Dr. rer. nat. Ewald v. Puttkamer

Geb. 1936 in Pommern. Studium der Physik in Göttingen und Freiburg und Promotion 1969 in Freiburg. 1969/70 Assistent am physikalischen Institut der Universität Mainz und von 1970 bis 1974 Akad. Rat/Oberrat am Fachbereich Physik der Universität Kaiserslautern. Wechsel zur Informatik und 1974 Berufung auf eine C3-Professur am Fachbereich Informatik der Universität Kaiserslautern. Mitglied der Gesellschaft für Informatik (GI) und des German Chapter der ACM.

Studiendirektor Dipl.-Ing. Alfons Rissberger

Geb. 1948 in Worms. Nach der Ausbildung zum Fernsehtechniker, Studium der Elektrotechnik und des Lehramts in Frankfurt und Darmstadt und ab 1970 Lehrbeauftragter in Frankfurt und Worms. 1975 zweite Staatsprüfung und 1982 Ernennung zum Studiendirektor an der Berufsbildenden Schule I im Wormser Bildungszentrum. Projektleiter des Modellversuches „Mikrocomputer an technischen Schulen (MATS)". Sprecher des Ausschusses „Informatik an technischen Schulen" der GI.

Studienrat Bernhard Pohl

Geb. 1950 in Wetzlar. Nach der Ausbildung zum Elektromechaniker (Elektronik), Studium der Nachrichtentechnik und des Lehramts in Gießen und Kaiserslautern. Von 1972 bis 1974 Entwicklungsingenieur und 1978 zweite Staatsprüfung. 1980 Ernennung zum Studienrat an der Berufsbildenden Schule I Worms. Leiter der Fachdidaktischen Kommission Höhere Berufsfachschule Informatik.

Studiendirektor Hubertus Walde

Geb. 1940 in Sorau. Nach der Ausbildung zum Maschinenschlosser, Studium des Maschinenbaus in Friedberg/Gießen. Von 1967 bis 1971 Fertigungsingenieur und Direktionsassistent. 1973 zweite Staatsprüfung und 1984 Ernennung zum Studiendirektor als Fachberater für Metalltechnik bei der Bezirksregierung Rheinhessen-Pfalz.

CIP-Kurztitelaufnahme der Deutschen Bibliothek

Puttkamer, Ewald von:
Informatik für technische Berufe : e. Lehr- u.
Arbeitsbuch zur programmierbaren Mikroelektronik /
von Ewald von Puttkamer u. Alfons Rissberger.
Unter Mitw. von Bernhard Pohl u. Hubertus Walde. —
Stuttgart : Teubner, 1984
  (MikroComputer-Praxis)
    ISBN 978-3-519-02524-5   ISBN 978-3-322-99661-9 (eBook)
    DOI 10.1007/978-3-322-99661-9

NE: Rissberger, Alfons:

Gesamtherstellung: Beltz Offsetdruck, Hemsbach/Bergstraße
Umschlaggestaltung: W. Koch, Sindelfingen

1 Vorwort

Dieses Buch soll ein Lehr- und Arbeitsbuch zur "programmierbaren Mikroelektronik" für technische Berufe sein. Das Buch ist gleichermaßen für Schüler und Lehrer geeignet. Es ist so gestaltet, daß es in allen Schulformen gewerblich-technischer berufsbildender Schulen, (Berufsschule, Berufsfachschule, Berufsaufbauschule, Fachoberschule, Fachschule) eingesetzt werden kann. Darüber hinaus ist das Buch auch für die Erwachsenenbildung (Volkshochschule) geeignet, da es auch "Blicke über den Zaun" enthält.

Die Konzepte dieses Buches haben sich in der Ausbildungspraxis an berufsbildenden Schulen, in der Lehrerfort- und -weiterbildung und in der Erwachsenenbildung bereits mehrfach bewährt. Große Teile dieses Buches entsprechen der von einem Ausschuß der Gesellschaft für Informatik e.V. ausgearbeiteten Rahmenempfehlung "Informatik an gewerblich-technischen berufsbildenden Schulen" und wurden in der Pilotphase des Modellversuchs "Mikrocomputer an technischen Schulen (MATS)" in der Schulpraxis überprüft.

Zur praktischen Umsetzung der auf Mikrocomputer bezogenen Teile des Buches wurden Rechner vom Typ Apple IIe verwendet. Deshalb orientieren sich viele Beispiele des Buches an diesem Rechner.

Zwei Vergleiche haben in den Seminaren der letzten Jahre immer wieder geholfen, Mißverständnisse zum Thema "programmierbare Mikroelektronik" zu vermeiden, denn bei diesem Thema kann es in der berufsbildenden Schule kaum darum gehen zu erklären, wie programmierbare Mikroelektronik funktioniert, sondern nur darum, was man mit programmierbarer Mikroelektronik in der beruflichen Praxis machen kann.

Erstens: Ein Hundebesitzer hat keinen Vorteil, wenn er seinem Tierarzt die Frage stellt: "Wie funktioniert mein Hund?", er muß wissen, wie er mit seinem Hund umgehen kann. Der Tierarzt könnte - auch wenn er wollte - aus vielfältigen Gründen keine vollständige Antwort geben.

Zweitens: Ein Autofahrer muß, um qualifiziert Auto zu fahren, sein Fahrzeug nicht reparieren können. Und der Autoreparateur muß nicht die Kenntnisse besitzen, die einige Spezialisten beim Autohersteller arbeitsteilig (!) beherrschen.

Bewußt wird daher in diesem Buch kein Versuch unternommen, die interne Funktion eines Computers - außer durch Analogien - auf der elektronischen Schaltungsebene zu erklären.

Das Buch ist auch kein reines Lehrbuch für eine Programmiersprache, sondern will Grundkonzepte der Informatik, bezogen auf technische Berufe , vermitteln. An vielen Stellen werden daher im Buch die Grundbegriffe und Grundbausteine von Problemlösungen beschrieben, ohne in die maschinenabhängigen Einzelheiten zu gehen.

An dieser Stelle danken die Autoren allen, die durch wertvolle Anregungen und Beiträge zum Gelingen des Buches beigetragen haben. Insbesondere danken wir Studiendirektor Hubertus Walde, der das Kapitel 10 erstellt hat, Studienrat Bernhard Pohl, der das Kapitel 8 gefertigt hat, Dipl.-Ing. Oberstudienrat Gerhard Junker für die Mitarbeit am Kapitel 5.7, Eberhard Iglhaut und Jens Ruths vom Wormser Gauß-Gymnasium für die Mitarbeit an den Kapiteln 5.8 und 6.4 und cand. inf. Peter Sturm für die Mitarbeit an den Kapiteln 5.9 und 6.3.

Unser Dank gilt auch den jungen Damen, die in der überbetrieblichen Ausbildungswerkstätte der IHK Worms im Rahmen ihrer Ausbildung als Teilzeichnerinnen wiederholt bei der Erstellung der Reinzeichnungen geholfen haben. Schließlich bedanken wir uns bei allen Kollegen und Schülern, die an der Überprüfung der Konzepte beteiligt waren.

Die hier vorgestellten Konzepte konnten nur dank der Unterstützung durch das Kultusministerium des Landes Rheinland-Pfalz, der Bezirksregierung Rheinhessen-Pfalz und des Studienkreises Schule und Wirtschaft Rheinland-Pfalz im Unterricht und in der Lehrerfort- und -weiterbildung erprobt werden.

Worms, im Juli 1984   Ewald von Puttkamer
                                                       Alfons Rissberger

Was ein Mikrocomputer nicht ist:

Gerade beim Umgang mit Computern besteht die Gefahr
zu glauben, daß Computer problemlos alles können.
Aber bereits die Natur hat in vielen Jahren
der Evolution keine "eierlegende Wollmilchsau"
hervorgebracht, sondern nur auf bestimmte
Umgebungen spezialisierte Lebewesen.

Inhaltsverzeichnis

2 Historischer Hintergrund

2.1 Ausgangssituation im Bildungssystem

In dem Entwurf der Rahmenempfehlung "Informatik an gewerblich-technischen Schulen", den der Ausschuß "Informatik an gewerblich-technischen berufsbildenden Schulen" der Gesellschaft für Informatik e.V. erarbeitet hat, wird unter anderem ausgeführt:

Die Entwicklung der programmierbaren Mikroelektronik, insbesondere der Mikrocomputer, führt in vielen Bereichen der Gesellschaft zu starken Veränderungen in der Problemlösungsart. Auch die gewerblich-technischen Bereiche in Industrie und Handwerk sind zunehmend betroffen. Mikrocomputer sind gekennzeichnet durch

- hohe Integrationsdichte
- geringe Preise
- hohe Robustheit
- Einsatz in sehr unterschiedlicher Umgebung
- Programmierbarkeit.

Mikrocomputer werden seit den 70er Jahren in Bereichen eingesetzt, die früher der analogen- und fest verdrahteten Technik und der Mechanik vorbehalten waren. Hierbei sind individuelle Problemlösungen mit Hilfe von Programmen bei großem Kostenvorteil möglich. Zugleich kann man vorhandene Lösungen an neue Problemstellungen und veränderte Umweltbedingungen durch veränderte Software und geeignete Wandler anpassen. Mikrocomputer werden dabei nicht nur in speicherprogrammierten Steuerungen (SPS) oder bei computergesteuerten numerischen Werkzeugmaschinen (CNC) und zunehmend beim computerunterstützten Entwurf (CAD) und bei der computerunterstützten Fertigung (CAM) eingesetzt. Sie spielen auch bei Berechnungsaufgaben, in der Kalkulation und in allen Planungs- und Organisationsbereichen (Textverarbeitung) eine große Rolle.

Grundkenntnisse über die programmierbare Mikroelektronik werden in vielen Berufen erwartet. Um die ständig größer werdende Lücke zwischen Berufspraxis und Berufsausbildung zu schließen, müssen Informatikinhalte in die Berufsbilder und Lehrpläne betroffener gewerblich-technischer Berufe einbezogen werden. Bisher finden sich in den Lehrplänen der berufsbildenden Schulen fast keine derartigen Inhalte. ...

Um Mikrocomputer, die vielfach auch Teil verschiedener Geräte und Maschinen sind, zu verstehen, die Bedeutung ihrer vielseitigen Verwendbarkeit zu erkennen und ihre Möglichkeiten sinnvoll nutzen zu können, sind Kenntnisse und Fertigkeiten erforderlich, die bisher kaum in die Berufsausbildung eingedrungen sind. Dabei ist das detaillierte Wissen über den internen Schaltungsaufbau der Mikroelektronik relativ unwesentlich, wichtig sind dagegen elementare Kenntnisse beim

- Erstellen kleiner (numerischer) Programme
- Verändern (Anpassen) von Parametern und Daten
- Anwenden vorhandener Programme, sowie
- Kenntnisse über die Funktionen der Mikrocomputerkomponenten und
  ihr Zusammenwirken (Schnittstellen), über ihr Ein-, Ausgangs-
  und Umweltverhalten, ihre Daten, Kenn- und Grenzwerte

Die technische Entwicklung vom Relais über die Röhre, den Transistor bis hin zur kundenspezifischen integrierten Schaltung, die auch ein Teil der heutigen Mikroelektronik ist, verlangte kein grundsätzliches Umdenken der Lehrer bei der Ausbildung. Die Funktion der Bauelemente blieb im wesentlichen unverändert. Beim Übergang von der Röhre zum Transistor mußte nur Detailwissen ausgewechselt werden. Der Übergang zur kundenspezifischen integrierten Schaltung führte viele Transistorfunktionen auf einem Chip zusammen, bedeutete somit zwar eine Komplexitätssteigerung, aber keine grundlegende Neuorientierung.

Die programmierbare Mikroelektronik ist hiermit allein kaum zu erfassen. Vielmehr besteht in den betroffenen gewerblich-technischen Ausbildungsgängen die Notwendigkeit zur Behandlung von algorithmischen Problemlösungen und deren Umsetzung in Form von Programmen (Software). Dieser Weg führt vom Problem über den Algorithmus zum Programm und zur Hardware und unterscheidet sich durch diese "Top-down"-Denkweise deutlich vom üblichen Vorgehen in der Ausbildung.

Die dabei vermittelten Kenntnisse sind in vielen Anwendungsbereichen grundlegend, z.B. bei

- speicherprogrammierbaren Steuerungen
- CNC-Steuerungen
- Berechnen, Konstruieren (CAD) und Ausschreiben/Anbieten
- Verfahrenstechnik
- Meß- und Regelungstechnik

sowie darüber hinaus auch

- im Bereich der neuen Medien und
- in der Bürotechnik

Auf Grund praktischer Erfahrungen ist vor einem als "praxisorientiert" bezeichneten Einstieg allein über die Hardware in der gewerblich-technischen Ausbildung nachdrücklich zu warnen. Ein solcher Einstieg versperrt in der Regel den Blick für das Programmieren und damit für den Einsatz und die Anpassung der programmierbaren Mikroelektronik. Die Überlegenheit des algorithmenorientierten Ansatzes hat sich in Schulversuchen gezeigt; Lehrer aus dem berufsbildenden Bereich, die an solchen Versuchen mitgewirkt haben, vertreten heute in ihrer überwiegenden Zahl den algorithmenorientierten Weg.

Soweit Auszüge aus dem o.a. Entwurf der Rahmenempfehlung.

Die für eine "Facharbeitertätigkeit" notwendigen Qualifikationen werden in der Bundesrepublik im Regelfall durch eine "duale Berufsausbildung" vermittelt. Dabei übernimmt die Berufsschule, als eine Schulform der Berufsbildenden Schule, unter anderem die Vermittlung von möglichst breiten und produktunabhängigen Basiskenntnissen.

Dabei sind einerseits "horizontal" zu unterscheiden:

- Berufe, bei denen Mikrocomputer im Regelfall ein
  berufliches Problemlösungsmittel sind,

z.B. in der Steuerungs- und Regelungstechnik. Vorhandene Programme sind auf individuelle Fälle hin anzupassen, kleine Programme sind selbst zu erstellen, Hardwarekomponenten, z.B. Schnittstellen, sind problemorientiert auszuwählen, anzupassen und anzuschließen bzw. einzubauen. Defekte Teile sind zu erkennen und auszutauschen. Mikroelektronische Teile sind in bestehende konventionelle Systeme einzubinden.

- Berufe, bei denen Mikrocomputer im Regelfall ein
  berufliches Problemlösungshilfsmittel sind,

z.B. bei der Teileproduktion durch CNC-Maschinen, im Bereich des Technischen Zeichnens, bei der Verwendung freiprogrammierbarer Steuerungen und bei Berechnungen, Projektierungen und Ausschreibungen, bei der Fehleranalyse in elektronischen Schaltungen.

- Berufe, bei denen Mikrocomputer im Regelfall ein
  allgemeines Problemlösungshilfsmittel sind,

z.B. beim Einsatz in Meßgeräten oder in mikrocomputergesteuerten Regelungen in Kraftfahrzeugen, bei Waagen in Lebensmittelherstellung und -verkauf. In diesen Tätigkeitsbereichen haben Kenntnisse über die programmierbare Mikroelektronik eine allgemeinbildende Bedeutung. Im Arbeitsalltag dieser Berufe sind Mikrocomputer zwar real vorhanden, sie verändern aber nicht, wie in den beiden vorweg genannten Bereichen, die beruflichen Qualifikationsanforderungen.

- Darüber hinaus gibt es Tätigkeiten, die durch den Einsatz der
  programmierbaren Mikroelektronik überflüssig werden,

z.B. Schriftsetzer oder Feinmechaniker in der Uhrenindustrie oder im Fernschreiberbau.

Weiterhin werden von dieser Aufteilung verschiedene Berufsfelder höchst unterschiedlich betroffen. Im Berufsfeld Elektrotechnik gibt es z.Zt. Berufe in allen drei Betroffenheitsbereichen. Andere Berufsfelder liegen beinahe vollkommen im dritten Bereich, wie z.B. das Bauwesen.

Andererseits ist in der berufsbildenden Schule eine vertikale Unterscheidung nach dem Grad des Ausbildungsniveaus wichtig, da es dort außer der Berufsschule andere weiterführende Schulformen gibt. Bei der Fachoberschule zum Beispiel, die auf die Fachhochschule vorbereitet, ist wieder eine horizontale Unterscheidung nach Schwerpunkten vorhanden, die allerdings aufgrund der weitgehenden Hilfsmittelfunktion von Mikrocomputern keine große Differenzierung des Informatikangebots erfordern. Weiterhin gibt es Schulformen, wie Techniker- und Meisterschulen, die auf mehrjährige Berufserfahrungen nach Beendigung der beruflichen Erstausbildung aufbauen und auf qualifiziertere Tätigkeiten vorbereiten. Hier ist oftmals eine extreme Heterogenität in bezug auf die Vorkenntnisse vorhanden.

Darüber hinaus ist zu beachten, daß für einen großen Teil der Bevölkerung die Berufsschule oftmals die letzte systematische produkt- und betriebsübergreifende Grundlagenvermittlung vornimmt, auf die später betriebs- und produktbezogene Fortbildung aufbaut. Damit wäre in vielen Fällen ein Verzicht auf die systematische Vermittlung von Informatikgrundlagen in der Berufsschule endgültig.

Das Eindringen der programmierbaren Mikroelektronik in alle gesellschaftlichen Bereiche und die sich daraus ergebende zunehmende öffentliche Diskussion des Themas führen zu meist übersehenen Gefahren für die Schulen und insbesondere für die berufsbildenden Schulen, da diese auch eine unmittelbare und reale Berufsqualifikation vermitteln müssen. Dabei besteht gerade in den anspruchvollsten Ausbildungsgängen das Dilemma, daß bei großer Zeitbeschränkung und bereits überfüllten Lehrplänen die Vermittlung von Informatikgrundlagen besonders wichtig ist.

- Die Gefahr, zu unter- oder zu übertreiben.

Eine Gefahr besteht darin, daß die Integration dieser neuen Inhalte einerseits zu wenig Raum erhält. Andererseits ist die Gefahr zumindest genau so groß, daß man einem "modernistischen" Trend folgend "übertreibt" und daß dabei evt. bewährte, auch zukünftig unverzichtbare Inhalte zu kurz kommen oder gar über Bord geworfen werden. Tatsächlich ist es gerade für Fachleute extrem schwer, aufgrund "liebgewordener" Gewohnheiten und wiederholt erfolgreicher Kozepte in der Berufsausbildung aufgrund der technischen Wandlungen Verzichtbares von Unverzichtbarem zu unterscheiden, wobei zwischen beiden Bereichen eine erhebliche Schnittmenge und fließende Grenzen bestehen. Zusätzlich ist diese Unterscheidung auch von der bereits dargestellten horizontalen Differenzierung nach Berufen und vertikalen Differenzierung nach Schulformen abhängig.

- Die Gefahr, das "Falsche" zu tun.

Eine andere Gefahr besteht darin, daß man - nur um überhaupt etwas zu tun - ungeeignete oder "falsche" Inhalte vermittelt, etwa als wolle man dem Führerscheinbewerber Kenntnisse über Materialprobleme der Auslaßventilsitze eines Ottomotors abverlangen. Hierbei muß insbesondere weitgehend zeitbeständiges evt. berufsfeldübergreifendes Basiswissen unterschieden werden von aktuellem Spezialwissen.

Diese Gefahr ist auch historisch begründet. Einerseits ist ein Teil der Lehrer, die sich für die Übernahme dieser Inhalte eignen, durch die historische Entwicklung der Hardware geprägt, d.h. durch die Entwicklung vom Relais über Röhre und Transistor bis hin zum integrierten Schaltkreis. Hier kann die Tendenz bestehen, den eigenen, historisch bedingten Weg zur programmierbaren Mikroelektronik - vom Gatter über das Bit zur Programmiersprache - auch bei der Umsetzung in der Schule gehen zu wollen. Dies ist hauptsächlich im Berufsfeld Elektrotechnik der Fall. Andererseits besteht in den Berufsfeldern, in denen die programmierbare Mikroelektronik ein Problemlösungshilfsmittel ist, wie z.B. im CNC-Bereich, die Gefahr, daß zu einseitig nur die momentane betriebliche Praxis gesehen wird und ein "Blick über den Zaun" nicht vorgenommen wird. Naturgemäß sind z.B. die Hersteller teurer CNC-Produktionsmaschinen nicht daran interessiert zu erklären, daß Teile einer CNC-Grundausbildung auch an Mikrocomputern z.B. mit hochauflösender Graphik simuliert werden können.

Anbieter von Simulationsprogrammen verschweigen möglicherweise deren Nachteile oder Restriktionen.

- Die Gefahr der Beschäftigungstherapie und der Freaks

Eine weitere Gefahr ergibt sich daraus, daß die interaktive Arbeit mit dem Rechner erfahrungsgemäß selbst die im herkömmlichen Unterricht inaktiven oder destruktiven Schüler sehr stark - aber auch einseitig - motiviert. Diese Motivation ist oftmals so groß, daß im normalen Unterricht bestehende Probleme, wie z.D. Aggressionen, Unaufmerksamkeit oder Störungen vollständig entfallen.

Daraus folgt naturgemäß auch eine Lehrermotivation für derartige "schöne" Stunden, in denen alle Beteiligten Erfolgserlebnisse haben und zufrieden sind und in denen die Unterrichtszeit "wie im Flug" vergeht. In der Folge dieses Regelkreises besteht die Gefahr, daß die gewünschte möglichst breite Basisausbildung ersetzt wird durch einen einseitigen Programmierkurs mit zu vielen Handhabungshinweisen und der Vermittlung von "Programmiertricks".

Oftmals besteht auch eine Gefahr darin, daß sich Schüler·zu häufig und zu einseitig mit dem Rechner beschäftigen und dabei wichtige andere Dinge einfach vergessen oder verdrängen. Schließlich besteht heute auch die Gefahr, daß ein Informatiklabor in der Schule als "Ersatzspielhölle" zweckentfremdet wird. Sicher kann das Spielen mit dem Computer aus verschiedenen Gründen auch ein kleiner Teil der Ausbildung sein. Primäre Aufgabe ist dabei aber sicher nicht der Zeitvertreib, der bei manchen Schülern sogar zu einer "Beschäftigungstherapie" ausartet.

2.2 Der technisch-historische Hintergrund

Der technisch-historische Hintergrund läßt sich in zwei Schritten beschreiben:

- Vom Schalter zum hochintegrierten Schaltkreis
- Vom kundenspezifischen zum programmierbaren Schaltkreis

Dabei soll besonders deutlich werden, daß die heute ablaufende und vielfach beschriebene "dritte industrielle Revolution" nur durch das gleichzeitige Vorhandensein von Integration und Programmierbarkeit (Mikroprozessor) möglich wurde. Weder die Integration noch die Programmierbarkeit hätten alleine zur heutigen Situation geführt. Deshalb ist es auch richtiger, wenn diese Schlüsseltechnologie als "programmierbare Mikroelektronik" bezeichnet wird. Dabei geht es immer um Mikrocomputer, deren "Motor" ein Mikroprozessor ist.

2.2.1 VOM SCHALTER ZUM HOCHINTEGRIERTEN SCHALTKREIS

- Vor 1945: SCHALTER und RELAIS

Schalter mit Elektromagnet, dessen Anker mechanische Kontakte öffnet bzw. schließt. Zur digitalen Datenverarbeitung im Prinzip voll geeignet. Zuse baute in Deutschland den ersten programmgesteuerten Rechner. Probleme: Mechanik bedingt Trägheit und Verschleiß.

- Ab 1946: ELEKTRONENRÖHRE

Elektrische Ladungen werden im Vakuum bewegt und gesteuert, dadurch wesentliche Verminderung der Schaltträgheit. In USA ENIAC mit 18000 Röhren und 30 Tonnen für mehr als 2 Millionen DM (1946 !). Probelme: "Verschleiß" durch Wärmebelastung und geheizte Kathode, hoher Energieumsatz.

- Ab 1959: DIODE und TRANSISTOR

Steuerung der Leitungseigenschaften fester Stoffe, sogenannter Halbleiter. Erster Seriencomputer für kommerzielle Zwecke. Vorteile: Geringere Wärmeentwicklung, geringerer Energieverbrauch, größere Lebensdauer, mechanisch robuster. Nachteile: Oxidationen an zig-tausend Lötstellen.

- Ab 1964: I N T E G R A T I O N

Bei der Herstellung integrierter Schaltungen realisiert man Transistoren und weitere Bauelemente zusammen mit ihren Verbindungen auf einer einzigen winzigen Siliziumfläche.

Heute werden integrierte Schaltungen mit mehr als einhunderttausend Transistorfunktionen auf Bruchteilen eines Quadratzentimeters als Massenprodukte hergestellt (VLSI = Very Large Scale Integration). Dies bedeutet nicht nur weniger Raum, geringeres Gewicht, weniger Rohstoffaufwand, geringerer Energieverbrauch, automatisierte Herstellung und hohe Robustheit mit geringen Ausfallquoten im Betrieb. Die Miniaturisierung führt auch zu kleineren Kapazitäten und Induktivitäten der Bauteile und Leitungen und damit zu kürzen Schaltzeiten.

Bei der alten diskreten Technologie waren nicht nur die Schaltzeiten der größeren Einzelbauelemente größer, auch die Übertragung der Informationen im größeren Gesamtsystem war zeitintensiver.

Aber die Integration alleine hätte ohne die Erfindung des "Mikroprozessors" nicht zu den heute sichtbaren Auswirkungen geführt.

2.2.2 VOM KUNDENSPEZIFISCHEN ZUM PROGRAMMIERBAREN SCHALTKREIS

Bis 1969: INTEGRIERTE KUNDENSPEZIFISCHE SCHALTKREISE

Einerseits Reduzierung der Kosten durch das Verfahren der Integration. Andererseits hoher Entwicklungs- und Prüfungsaufwand bei höchstens mittleren Stückzahlen je Entwicklung.

Gründe: Problemvielfalt, denn jedes Anwenderproblem führt zu einer neuen Entwicklung. Ständiger Fortschritt im Ansatz von Lösungskonzepten, z.B. durch neue Ideen oder erst nach Einsatz der entwickelten Schaltkreise erkennbaren Schwächen. Hierbei ist jeweils ein neuer Schaltkreis zu entwickeln. Fazit: Kosten pro Stück relativ hoch.

Ab 1969: MIKROPROZESSOR ALS PROGRAMMIERBARER SCHALTKREIS

Aufgrund einer Ausschreibung in den USA entwickelte die Firma INTEL einen "programmierbaren Logikbaustein", der aber gegenüber den Spezifikationen 10-fach zu langsam war. Vor der Frage stehend, die aufwendige Entwicklung abzuschreiben oder zu vermarkten, entschied sich INTEL für Produktion und Verkauf.

Die INTEL-Entwicklung war die "Erfindung" des Mikroprozessors:

Statt einem Universalchip mit sehr vielen verschiedenen internen Logikeinheiten, die im konkreten Anwendungsfall zwar großteils überflüssig sind, der aber als Massenprodukt für viele Anwenderprobleme geeignet wäre, entwickelte INTEL einen "programmierbaren Logikbaustein", den Mikroprozessor, mit wenigen elementaren Grundfunktionen, die allerdings beliebig verknüpfbar und aneinanderreihbar sind. Damit kann jede individuelle Logikeinheit als Abfolge elementarer Logikeinheiten mit Hilfe eines "Programms" gebildet werden. Somit löst der Mikroprozessor mit Hilfe eines Programms jedes beliebige kundenspezifische Problem. Neue Probleme bedingen nur neue Programme.

BEISPIEL: Eine von unedlich vielen Gleichungen (Poblemen) ist:

$$y = a*b+c$$

Man kann dieses spezielle Problem durch eine einzige genau darauf zugeschnittene (kundenspezifische) Schaltung lösen. Sie hätte die Eingänge a,b und c und den Ausgang y und würde nur dieses eine einzige Problem y=a*b+c lösen. Für ein anderes Problem wäre eine andere Schaltung notwendig.

Ein Mikroprozessor besitzt nur e l e m e n t a r e Grundfunktionen. Im Beispiel wären dies die Multiplikation und die Addition. Um das gegebene spezielle Problem y=a*b+c zu lösen, müßte nun der Anwender das Problem in die elemetaren Teile, die der Mikroprozessor beherrscht, zerlegen, er müßte ein Programm schreiben:

Schritt 1:   x = a*b
Schritt 2:   y = x+c

Das spezielle Problem ist somit gelöst, wobei im einzelnen Schritt nur elementare Funktionen verwendet wurden.

3 Wie ein (Mikro)Computer und seine Peripherie arbeiten

Eine recht genaue Kenntnis der Funktionsweise eines Computers ist möglich durch einen Vergleich Computer - Fabrik. Dieser Vergleich setzt allerdings genauere Kenntnisse der Organisation einer Fabrik voraus. Um auch für andere Leser die Funktionsweise eines Computers durch einen Vergleich zu beschreiben, wird zuerst eine Analogie Computer - Arbeitsplatz dargestellt.

3.1 Vergleich Computer — Arbeitsplatz

Zunächst wird das Modell eines Schreibtischarbeitsplatzes erklärt, wie ihn z.B. jeder Schüler kennt, wenn er Hausaufgaben bearbeitet:

Es wird angenommen, daß an einem Schreibtisch ein Mensch (Schüler) sitzt, der die in einem Angabenkasten liegenden Probleme (Hausaufgaben) auf seiner Schreibtischfläche lösen und die Ergebnisse danach in den Ergebniskasten legen soll. In dem Modell wird insbesondere angenommen, daß der Mensch zwar sehen, greifen und schreiben kann, d.h. er ist handlungsfähig, er besitzt aber im Gegensatz zur Wirklichkeit keinerlei Wissen und Kenntnisse über die Methoden zur Problemlösung. Ihm ist nur bekannt, daß sich alle "Handlungsanweisungen" zur Problemlösung in der Formelsammlung und in der Handakte auf dem Schreibtisch befinden. Dabei enthält die Formelsammlung solche Handlungsanweisungen, die in einem Land oder einem Fachgebiet allgemeingültig sind. Die Handakte enthält dagegen Handlungsanweisungen, die nur für diesen Menschen oder eine Gruppe von Menschen speziell gültig sind. Für den Schüler wäre die Handakte also seine Unterrichtsmitschrift, die in Form von Beispielen und Unterrichtsmitschriften Handlungsanweisungen für eine bestimmte Problemart enthält. Im Betrieb würde ein Sachbearbeiter in der Handakte eine erfolgreiche Problemlösung notieren, damit er sie im nächsten Jahr nicht wieder "neu erfinden" muß.

Weiterhin befindet sich auf der Schreibtischfläche ein Notizblock. Auf ihm kann der Mensch einerseits Zwischen- und Endergebisse notieren. Andererseits kann auf dem Notizblock als Ergebnis von Erfahrungen auch eine Handlungsanweisung schrittweise entstehen, die danach zum Teil der Handakte wird. Es ist sogar möglich, daß später eine sehr geeignete Handlungsanweisung aus der Handakte eines einzelnen Menschen in die Formelsammlung für alle aufgenommen wird. Weiterhin steht dem Menschen für Berechnungen auf dem Schreibtisch ein Elektronenrechner zur Verfügung.

Die sinnvolle Schreibtischfläche ist durch die Reichweite der menschlichen Arme beschränkt. Bei bestimmten Problemlösungen ist es also notwendig, daß momentan nicht benötigte Teile der Formelsammlungen und der Handakten in einem Aktenschrank untergebracht werden. Um mit diesen im Aktenschrank untergebrachten Teilen arbeiten zu können, ist es bei vollem Schreibtisch zuerst notwendig, zu entscheiden, was vom Schreibtisch weggenommen werden kann. Dann muß der Mensch aufstehen, zum Aktenschrank gehen, die gewünschte Formelsammlung oder Handakte suchen, diese dem Aktenschrank entnehmen und sie dann auf seinen Schreibtisch legen. Erst dann kann der Mensch wieder weiterarbeiten. Die Bereitstellung der im Aktenschrank abgelegten Teile erfordert also eine bedeutend größere Zeit gegenüber dem direkten Vorhandensein auf dem Schreibtisch. Noch bedeutend mehr Zeit vergeht, wenn die gewünschten Teile sich in der Registratur der Firma (beim Schüler in einer Kiste im Keller) befinden.

Jeder Computer (d.h. jeder digitale programmgesteuerte Rechner) arbeitet nach dem bisher dargestellten Modell:

Verantwortlich für den gesamten Ablauf ist das Steuerwerk, das selbst keinerlei Handlungsanweisungen besitzt. Die problembezogenen Handlungsanweisungen entnimmt das Steuerwerk dem Anwenderprogramm (Handakte), das im Internspeicher (Schreibtischfläche) des Computers steht. Zum Betrieb des gesamten Computers sind Handlungsanweisungen notwendig, die im Betriebssystem (Formelsammlung) enthalten sind und die jeder Anwender des gleichen Computers erhält. Wenn z.B. das Programm in einer "höheren" Programmiersprache geschrieben ist, dann besteht es aus einer Teilmenge einer Umgangssprache. Da der Rechner aber nur eine Ein-Aus-Sprache kennt, enthält das Betriebssystem z.B. einen "Übersetzer" von der höheren Programmiersprache in "Maschinensprache". Weiterhin enthält der Internspeicher Platz für die zu verarbeitenden Daten (Notizblock). Eingabeeinheiten können z.B. Tastatur, Klarschriftleser oder Graphik-Tablett sein, Ausgabeeinheiten können z.B. Bildschirm, Plotter oder Drucker sein.

Die Speicherplätze des Internspeichers können als Nur-Lese-Speicher (ROM) oder als Schreib-Lese-Speicher (RAM) ausgelegt werden. Aufgrund des heutigen Standes der Technik und der Preise sind die üblichen Internspeicher von Mikrocomputern zu einem kleineren Teil als Nur-Lese-Speicher, in dem Teile des Betriebsystems dauerhaft stehen, und zu einem großen Teil als "flüchtige" Schreib-Lese-Speicher ausgelegt.

"Flüchtig" bedeutet, daß mit dem Abschalten oder dem Ausfall der Stromversorgung alle Inhalte der heute verbreiteten Schreib-Lese-Speicher gelöscht werden. Dagegen können die vom Hersteller in die Nur-Lese-Speicher geschriebenen Informationen nicht gelöscht oder überschrieben sondern nur gelesen werden.

Da die unendlich vielen Problemstellungen zu unendlich vielen Anwenderprogrammen führen, ist aber ein Schreib-Lese-Speicher unumgänglich. Deshalb ist ein magnetischer Externspeicher zur "Sicherung" von Anwenderprogrammen, Daten und Betriebssystemteilen, die im Schreib-Lese-Speicher verwendet werden, notwendig. Beim Apple II z.B. sind 25% des Internspeichers als Nur-Lese-Speicher ausgelegt. In diesem relativ großen Speicherbereich ist auch der gesamte BASIC-Interpreter (Übersetzer von BASIC in Maschinensprache) untergebracht. Dies hat den Vorteil, daß man mit BASIC sofort nach dem Einschalten des Computers auch ohne magnetischen Externspeicher arbeiten kann, da der Interpreter nicht erst "geladen" werden muß. Andererseits hat dies den Nachteil, daß Verbesserungen des im Nur-Lese-Speicher enthaltenen Betriebssystemteils den Austausch der Speicherbausteine erfordern. Deshalb befindet sich in größeren Computern nur ein "Urlader" im Nur-Lese-Speicher, der dem Leitwerk angibt, an welcher Stelle des Externspeichers das Betriebssystem liegt, das dann in den Schreib-Lese-Speicher geladen wird, was den Vorteil einer großen Flexibilität hat.

Beim Apple II z.B. bestehen beide Vorteile. Einerseits befindet sich ein BASIC-Betriebssystem in einem Nur-Lese-Speicher und ist somit sofort und auch ohne Externspeicher verfügbar. Es enthält die zum Informationsaustausch mit dem Externspeicher notwendigen Betriebssystembestandteile natürlich nicht, da diese nach Anschluß eines Externspeichers von diesem in den Schreib-Lese-Speicher geladen werden. Andererseits ist dieser Speicherbereich umschaltbar auf einen genau so großen Schreib-Lese-Speicher, der dann mit beliebigen Betriebssystemen (PASCAL, CP/M usw.) ladbar ist.

Als Externspeicher kommen heute Platten und Bänder in Frage. Im Vergleich zum Büroarbeitsplatz haben dabei Platten die gleiche Eigenschaft wie der Aktenschrank im Arbeitsraum. Die Zugriffszeit ist wegen der dazwischenliegenden Mechanik wesentlich größer als beim Zugriff im Internspeicher, der elektronisch arbeitet. Die meist verwendeten Externspeicher sind Diskettenlaufwerke, die flexible magnetisch beschichtete und leicht auswechselbare Platten enthalten.

Die 5-Zoll Disketten haben z.B. beim Apple II eine Speicherkapazität von 142 KB. Damit können auf der Diskette Programme und Daten mit einem mehrfachen der Kapazität des Internspeichers gespeichert werden. Aufgrund der Auswechselbarkeit der Disketten ist diese Speicherkapazität darüberhinaus noch "multiplizierbar". Dies führt zu einem Diskettenarchiv, das man mit den Ordnern im Aktenschrank vergleichen kann.

Magnetbänder als Externspeicher haben noch längere Zugriffszeiten, was der einfache Vergleich Plattenspieler-Tonbandgerät beim Zugriff auf ein beliebiges Musikstück verdeutlicht. Bandspeicher verhalten sich daher in der Zugriffszeit wie die Registratur eines Betriebes.

Die beiden Grundtypen der Internspeicher heißen englisch RAM (random-access-memory = Speicher mit wahlfreiem Zugriff = Schreib-Lese-Speicher) und ROM (read-only memory = Festwertspeicher = Nur-Lese-Speicher).

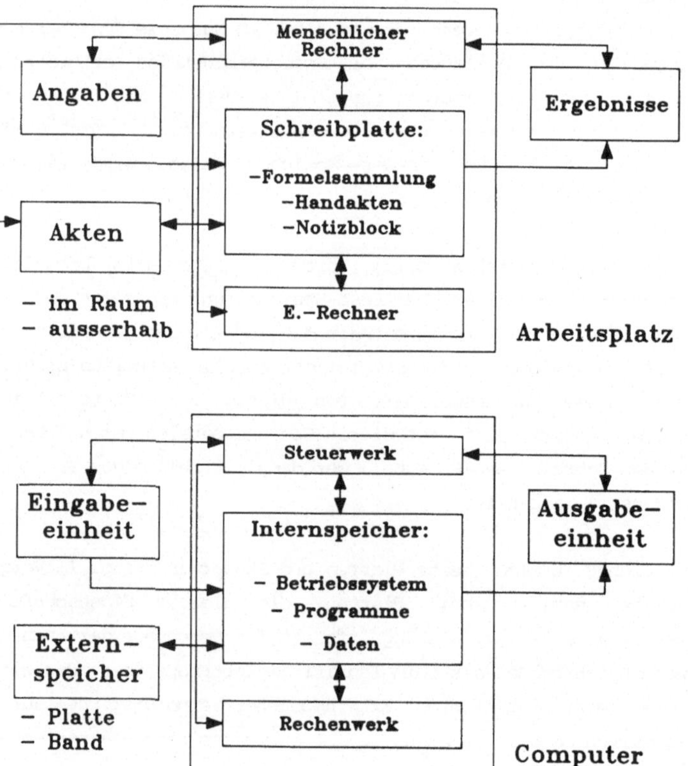

3.2 Analogie Rechner — Fabrik

<u>Zusammenfassung</u>

Am Beispiel einer Fabrik wird der prinzipielle Aufbau eines Rechners gezeigt und die Rolle von Hard- und Software verdeutlicht.

Es wird die Rolle des Betriebssystems in Analogie zur internen Organisation einer Fabrik gebracht, um die Bedeutung eines Betriebssystems zu verdeutlichen.

3.2.1 Definition eines Rechners

Ein Rechner soll hier beschrieben werden als eine

    Fabrik zur Be- und Verarbeitung von Daten.

Was tut eine Fabrik? Sie formt Rohmaterial an Hand von Verfahrensbeschreibungen mit Hilfe von Maschinen um in Ausgangsprodukte, wie Bild 3.2.1 zeigt:

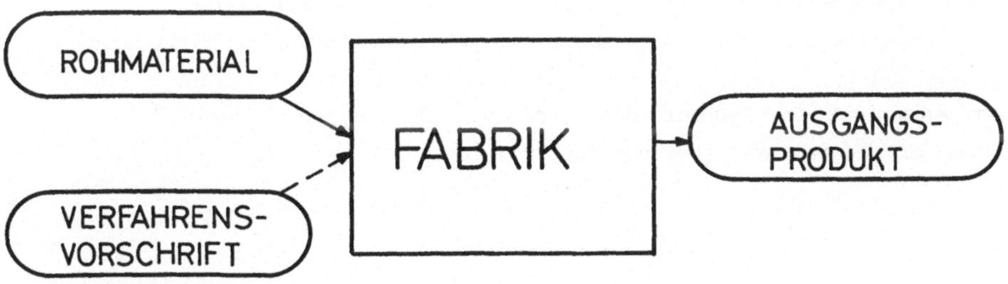

Bild 3.2.1

Das gleiche tut ein Rechner: Er formt Eingangsdaten nach einer
Verfahrensvorschrift mit Hilfe von speziellem Werkzeug um in Ausgangsdaten,
kurz: Er macht Datenverarbeitung. Die Verfahrensvorschrift nennt man
<u>Algorithmus</u> ; das spezielle Werkzeug ist die Hardware des Rechners;
und Bild 3.2.2 sieht sehr ähnlich aus:

Bild 3.2.2

3.2.2 <u>Hardware</u>

Um die Analogie Fabrik-Rechner voranzutreiben, betrachten wir als nächstes die
Fabrik genauer:

> Wir finden den Maschinenpark, Gebäude, Lager, Transportsysteme,
> Bediensysteme, kurz all das, was man anfassen und notfalls pfänden kann.

Dem entspricht im Rechner die Hardware: das, was man anfassen kann und was
schießlich die Datenverarbeitung durchführt.

Was sind nun die Aufgaben der einzelnen Teile innerhalb der Fabrik:

Maschinenpark   : Be- und Verarbeitung von Rohmaterial

Lager   : Zwischenspeicherung von Rohmaterial, Halb- und
                     Fertigprodukten

Transportsystem   : Transport von Produkten von und nach außen und
                     innerhalb der Fabrik zwischen Lager und Maschinen

Bediensystem   : Leitwarte(n) in der Fabrik, Erzeugung der
                     Bedienungskommandos und Auswerten von Anzeigen
                     und Alarmen durch das Bedienpersonal

Bild 3.2.3 zeigt den genaueren Aufbau der Fabrik aus Bild 3.2.1.

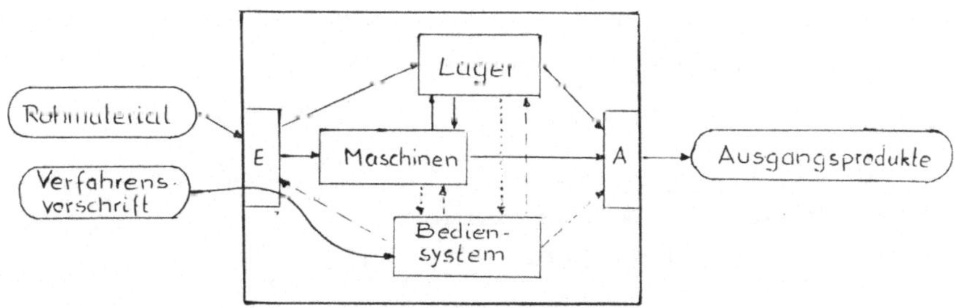

Bild 3.2.3

\-   Transportsystem; ---- Bedienkommandos;
       Anzeigen & Alarme; E: Eingang; A: Ausgang;

Die Verfahrensvorschrift muß durch das Bedienungspersonal gelesen und in
Bedienungskommandos für die Maschinen und das Lager umgesetzt werden.

Ganz analog zu diesem Bild einer Fabrik läßt sich ein Rechner beschreiben:

3.2.3 v.Neumann-Maschine

In der zuerst von J. v. Neumann 1947 angegebenen Modellvorstellung eines Rechners besteht dieser aus vier Teilen, die Bild 3.2.4 zeigt.

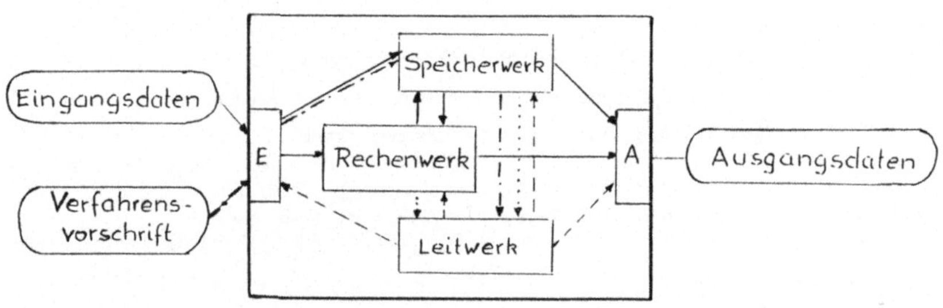

Bild 3.2.4

E, A: Ein- Ausgabewerk; -   Datentransportwege;
---- Steuersignale;   Bedingungen; - - - - Befehle;

- Ein- Ausgabewerk: Es bildet die Schnittstelle zur Außenwelt (Peripherie) mit Bildschirmen, Tastaturen, Druckern, Umsetzern für Prozeßsignale und entspricht der Ein- Ausgabe der Fabrik.

- Rechenwerk   : Es macht die Datenmanipulationen und entspricht den Verarbeitungsmaschinen einer Fabrik.

- Speicherwerk   : Es enthält Zahlen und Texte, kurz Daten, und entspricht dem Lager der Fabrik.

Hier liegt nun ein wesentlicher Unterschied zu einer Fabrik: Da Verfahrensvorschriften auch als Texte vorliegen, können sie im Speicherwerk des Rechners liegen. Sie heißen dann <u>Programme</u> .

- Leitwerk : Es steuert die Operationen von E/A-Werk, Rechenwerk und Speicherwerk, indem es Steuersignale erzeugt und verteilt und entspricht dem Bediensystem. Die Steuersignale werden dadurch erzeugt, daß Daten aus dem Speicherwerk als Befehle interpretiert werden. Die Signale können verändert werden auf Grund von Bedingungen, die aus dem Rechenwerk kommen (z.B. das Ergebnis einer Rechnung ist Null).

Im Unterschied zu einer Fabrik wird die Verfahrensvorschrift im Speicherwerk als eine Folge von Befehlen für das Leitwerk angesehen, das automatisch einen Befehl nach dem anderen aus dem Speicherwerk holt und die Steuersignale erzeugt.

Bedingungen aus dem Rechenwerk können die Reihenfolge verändern, in der Befehle aus dem Speicherwerk geholt werden (bedingte Sprünge).

Rechenwerk und Leitwerk bilden zusammen die Zentraleinheit (engl. central processing unit, CPU) des Rechners. Teile des E/A-Werks werden bisweilen auch dazu gerechnet.

Das Speicherwerk ist der Hauptspeicher (meist als Halbleiterspeicher realisiert). Massenspeicher in Form von Platten, Disketten oder Bändern sind meist noch extern an den Rechner angeschlossen.

CPU, Speicher und Ein- Ausgabegeräte hängen zusammen über einen oder bei großen Rechnern auch mehreren gemeinsamen Datenwegen (engl. bus) und so ergibt sich eine typische Konfiguration eines Rechners nach Bild 3.2.5.

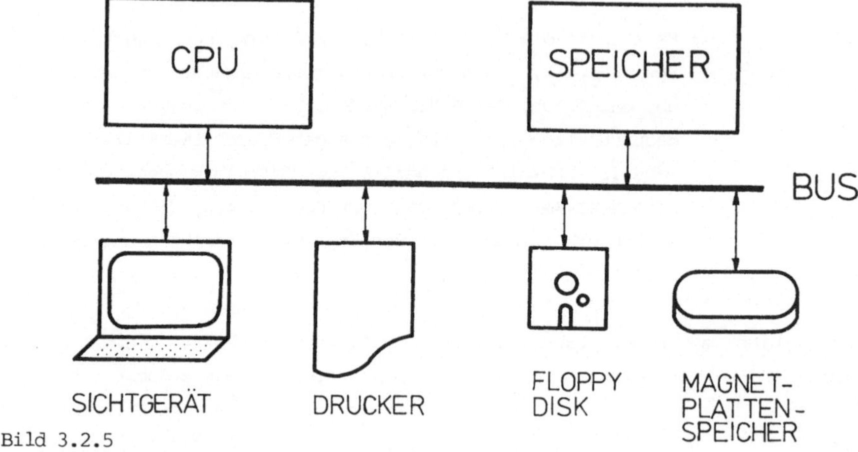

Bild 3.2.5

Wie bei einer Fabrik kann nun auch ein Rechner als eine Kollektion halbautomarer Einheiten organisiert sein mit jeweils eigenen Bediensystemen (Leitwerken), die nur lose über ein zentrales Bediensystem zusammenhängen.
Bei Rechnern entspricht dem eine Mehrprocessoranlage.

3.2.4   <u>Software</u>

Die Menge aller Programme, die es zu einem Rechner gibt, d.h. alle Verfahrensvorschriften, die als Texte so in den Speicher gebracht werden können, daß das Leitwerk sie als Folge von Befehlen abarbeiten kann, ist die Software des Rechners.

Ohne Software ist ein Rechner wie eine Fabrik ohne eingespielte Organisation der Arbeit: Man kann zwar im Prinzip alles machen, muß aber alles selber organisieren!

- Rohmaterial zu den Maschinen bringen lassen
- Jeden Handgriff selbst vormachen
- Eine Werkszeichnung umsetzen in die einzelnen Schritte der Bearbeitung
  (sehr kompliziert!)

Dabei will der Kunde doch nur ein Werkstück bearbeitet haben und hat Rohmaterial und Werkszeichnung mitgebracht.

Analog im Rechner:
Die einzelnen Schritte im Rechenwerk müssen als Befehle dem Leitwerk gegeben werden. Die Umsetzung einer Verfahrensvorschrift in eine Folge von Befehlen ist aufwendig und kompliziert. Die Verfahrensvorschrift wird der Benutzer des Rechners in einer einfachen, ihm verständlichen Form formulieren wollen; die einzelnen Befehle des Rechners aber sind sehr primitiv und eine Anweisung, so wie sie der Benutzer gerne geben möchte, muß in eine Vielzahl von Befehlen für das Rechenwerk umgeformt werden. Diese Arbeit sollte der Benutzer nicht selber machen müssen.

3.2.5 Betriebssystem

Eine Fabrik ist für den Kunden erst sinnvoll durch die Organisation der Arbeit in der Fabrik. Erst dadurch sind seine Probleme für ihn vernünftig lösbar: Er stellt Rohmaterial und Werkszeichnung; alles andere ist Sache der Fabrik.

Analog im Rechner:
Erst durch ein sehr komplexes Programm im Speicherwerk des Rechners, das Betriebssystem (engl. operating system, OS), wird der Rechner für den Benutzer eine Hilfe. Bevor der Benutzer sagt was er will (seine Verfahrensvorschrift eingibt) und den Rechner mit Eingangsdaten versorgt, steht im Rechner schon das Betriebssystem (B.S.), das ihm hilft, sein Problem in einer für ihn vernünftigen Weise zu formulieren und ihm die Eingabe seiner Daten erleichtert.

Indem man sich die Organisation einer Fabrik anschaut, kann man analog Teile im Betriebssystem eines Rechners finden:

Da ist zunächst die Zentrale Verwaltung (der Supervisor im B.S.):
   Hauptaufgabe ist die Koordinierung der Arbeit in der Fabrik i.A. simultan
   für viele Kunden.

Der Zentralen Verwaltung unterstehen Unterabteilungen:

   - Pforte   : weist Unbefugte ab, leitet Kunden weiter zur

   - Information   : erteilt Auskünfte über Dienstleistungen der Fabrik,
                      leitet Kunden weiter zu den Fachabteilungen;

   - Rechnungswesen: erstellt Rechnungen und Statistiken.

Eine gute Firma wird einen Service haben, der dem Kunden bei der Formulierung seiner Anliegen hilft. Im B.S. ist dies der Editor, der den Benutzer beim Schreiben von Programmen und Texten unterstützt.

Eine Lagerverwaltung wird Dinge im Lager der Fabrik ordnungsgemäß ablegen und wieder hervorholen können. Im B.S. ist dies eine Dateiverwaltung, die Programme und Daten für den Benutzer verwaltet und vorhält.

Die Transportabteilung wickelt Transporte innerhalb der Fabrik und nach außen ab. Ihr entsprechen im B.S. E-A-Treiber, die die Ein-Ausgabe von Daten unterstützen.

Schließlich wird eine Fabrik eine Reihe von Fachabteilungen haben, die auf die verschiedenen Arbeitsgebiete der Firma spezialisiert sind. Sie akzeptieren normgerechte Werkszeichnungen und erstellen daraus Stücklisten und detaillierte Arbeitsanweisungen. Im B.S. sind dies die Übersetzer (engl. compiler) und/oder Interpretierer (engl. interpreter), die Programme, geschrieben in problemorientierten (höheren) Programmiersprachen, umsetzen in die Befehlsfolgen für das Leitwerk des Rechners.

Es gibt sehr viele verschiedene höhere Programmiersprachen

z.B.   Fortran   für numerische Datenverarbeitung
        Cobol   für kommerzielle Datenverarbeitung
        Lisp   für nichtnumerische Probleme
        Pascal   für Ausbildungszwecke und z.T. für
                             Prozeßdatenverarbeitung

und entsprechend viele Compiler.

Die recht einfache höhere Programmiersprache Basic wird in Rechnern meist mit einem Interpreter direkt abgearbeitet.

Die Bedeutung eines Betriebssystems für einen Rechner entspricht der der Organisation einer Fabrik:

   Die Leistungsfähigkeit einer Fabrik (eines Rechners) wird mehr bestimmt
   durch die Qualität der Fachabteilungen (Compiler), der zentralen Verwaltung
   (des Supervisors), von Service (Editor) und Lagerverwaltung (Dateisystem)
   als durch den Maschinenpark (die Hardware).

So, wie dem normalen Kunden der Maschinenpark einer Fabrik unzugänglich ist, ist auch für den normalen Benutzer des Rechners das Rechenwerk nicht direkt zugänglich, er kann keine Befehlsfolgen schreiben, die direkt das Rechenwerk ansprechen.

Es wird ein Kunde z.T. auch fertige Lösungen angeboten bekommen, die vorfabriziert schnell auf seine persönlichen Wünsche zugeschnitten werden können. Er sieht dann von der Fabrik nur noch das Verkaufsbüro. Auch das hat eine Analogie im Rechner: fertige Anwenderprogramme (z.B. Computerspiele)

3.3 Sichtweisen eines Rechners

Der Benutzer eines Rechners sieht von der Maschine je nach seinem Status einen mehr oder weniger eingeschränkten Teil.

- Der Anwender sieht den Rechner als das ihm zugängliche Anwendersystem, das genau auf seine Bedürfnisse zugeschnitten ist und mit dem er in einer für ihn bequemen Sprache Daten manipulieren kann; Beispiel wäre ein Flugbuchungssystem. Der Anwender, ein Angestellter eines Reisebüros, kann Buchungen vornehmen, stornieren, ändern, ... Das Buchungssystem ist für ihn "der Rechner"; mehr sieht er nicht von der Maschine.

- Der Anwendungsprogrammierer sieht den Rechner als das Betriebssystem, das ihm Compiler für verschiedene höhere Programmiersprachen zur Verfügung stellt und für ihn Dienstleistungen wie Editor und Dateiverwaltung bereithält.

  Wie das Betriebssystem realisiert ist, braucht auf dieser Stufe den Anwendungsprogrammierer nicht zu interessieren. Für ihn ist "der Rechner" das Betriebssystem mit den Compilern.

- Der Systemprogrammierer sieht vom Rechner schon sehr viel mehr. Er kann alle Möglichkeiten der Hardware ausnützen und Programme als Befehlsfolgen für das Leitwerk schreiben.

  Er schreibt diese Befehle aber i.A. in einer für ihn lesbaren Form (Assemblersprache), die noch durch ein spezielles Programm, den Assembler, in eine Folge von O und 1 gewandelt werden muß, die allein das Leitwerk des Rechners interpretieren kann. Für ihn ist Rechner und Assembler fast synonym.

- Der Rechneringenieur beim Rechnerhersteller sieht die Hardware des Rechners in allen Einzelheiten und kennt den genauen Aufbau der Befehle, die sich z.T. aus Folgen einfachster Steuerkommandos (Mikroprogramm) zusammensetzen. Hier ist der interne Aufbau des Rechners von Interesse, und die technische Realisierung von Rechnwerk, Speicher und Leitwerk tritt in den Vordergrund.

Man kann diese verschiedenen Sichtweisen sich vorstellen als verschiedene
Milchglasscheiben, auf denen man die jeweiligen Sprachen sehr genau sieht,
den Rechner dahinter aber nur verschwommen, wie Bild 3.3.1 zeigt.

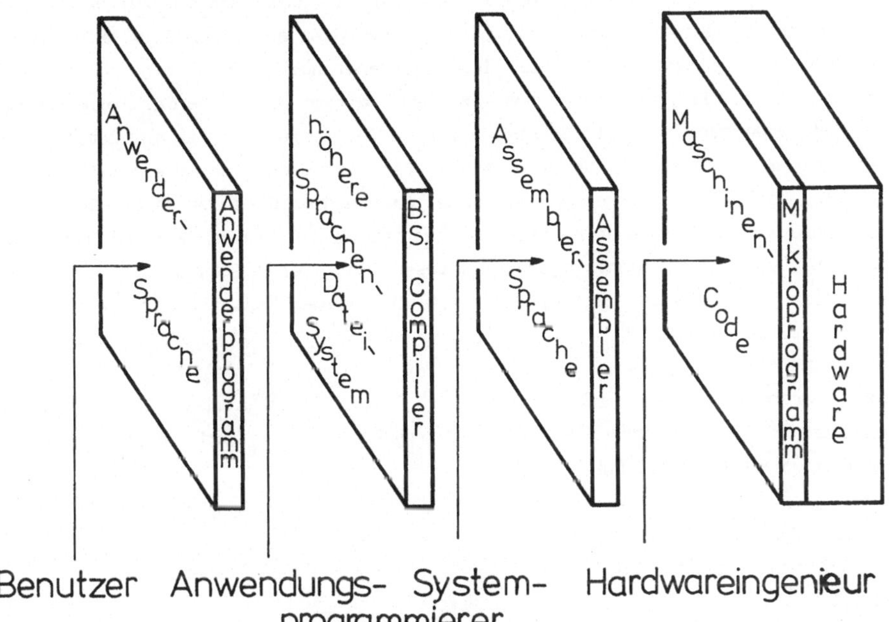

Bild 3.3.1

4 Vom Algorithmus zur Programmiersprache

4.1 Der Unterschied zwischen „tun können" und „exakt beschreiben können"

Jeder von uns kann in einer "alten" Telefonzelle (mit Wählscheibe) erfolgreich telefonieren. Nehmen wir an, wir hätten einen Gast aus einem Entwicklungsland, der perfekt deutsch spricht und liest, der aber noch niemals eine Telefonzelle benutzt hat. Er soll nun von uns auf einem Blatt Papier eine exakte Handlungsanweisung für die Benutzung dieser Telefonzelle erhalten, damit er uns nach einem Stadtbummel anrufen kann. Es wird sich also um ein Ortsgespräch handeln, und wir unterstellen, daß unser Gast einige Groschen in der Tasche hat und unsere Telefonnummer kennt. Außerdem setzen wir einige Randbedingungen als bekannt voraus, obwohl gerade diese in der Praxis oft zu großen Realisierungsproblemen führen, hier z.B. die Frage: "Was ist der Hörer und wie herum wird er gehalten?".

Von Personen, die sich bisher mit der algorithmischen Lösung solcher Alltagsprobleme nicht beschäftigt haben , wird meist folgende Handlungsanweisung genannt:

1. Nimm Hörer ab;
2. Wirf zwei Groschen ein;
3. Wähle ...

Bereits zwischen der ersten und zweiten Anweisung wurde übersehen, daß niemand von uns einen Groschen einwirft, wenn er in dem zum Ohr geführten Hörer keinen Dauerton hört. Und schließlich würden wir nicht wählen, wenn einer der eingeworfenen Groschen durchgefallen wäre. Auch der jetzt naheliegende Schritt, daß man diesen Groschen dem Rückgabefach entnimmt und es mit ihm nochmals probiert, muß nach wenigen gleichartigen Versuchen ersetzt werden durch das Austauschen des offensichtlich ungeeigneten Groschens. Denn ein derart "falsch" programmierter Computer würde den gleichen durchgefallenen Groschen immer wieder erneut einwerfen, da er entgegen dem Menschen diese Handlungsweise niemals als unsinnig erkennen würde.

Tatsächlich lautet die korrekte Handlungsanweisung, nach der wir alle in der Praxis vorgehen:

1. Nimm Hörer ab;
2. Falls Dauerton vorhanden, dann wirf zwei Groschen ein, sonst hänge Hörer ein und verlasse Telefonzelle;
3. Falls ein Groschen durchfällt, dann prüfe, ob dieser Groschen schon einmal durchgefallen ist, dann tausche ihn aus, sonst werfe ihn erneut ein;
4. Wähle ...

Die Lesbarkeit dieser Handlungsanweisung läßt sich durch eine geeignete graphische Strukturierung verbessern:

1. Nimm Hörer ab;
2. Falls Dauerton vorhanden ist,
        dann wirf zwei Groschen ein,
        sonst hänge Hörer ein und verlasse die Telefonzelle;
3. Falls ein Groschen durchfällt,
        dann,
                falls Groschen schon einmal durchgefallen ist,
                        dann wechsel Groschen aus,
                        sonst werfe Groschen erneut ein,
        sonst wähle;
4. ...

Es ist offensichtlich, daß bei alltäglichen Handlungen, also auch oder gerade bei berufsbezogenen Abläufen, ein großer Unterschied zwischen "tun können" und "exakt beschreiben können" besteht. Auch wenn man selbst nicht programmiert, so ist diese Art zu denken eine wichtige Grundlage für eine sinnvolle Anwendung von Computern und beim Gespräch mit denen, die im Betrieb programmieren.

Bei technischen Ausbildungsgängen ist es üblich, daß schwierige Sachverhalte durch Zeichnungen anschaulich dargestellt werden. Deshalb ist es an dieser Stelle bereits sinnvoll, wenn die Problemlösung auch mit den Symbolen für Programmablaufpläne nach DIN 66001 graphisch dargestelt wird. Dazu sind nur vier Sinnbilder notwenig: Grenzstelle (Beginn und Ende des Algorithmus), Operation (Rechteck), Verzweigung (Raute) und Ein- und Ausgabe (Parallelogramm).

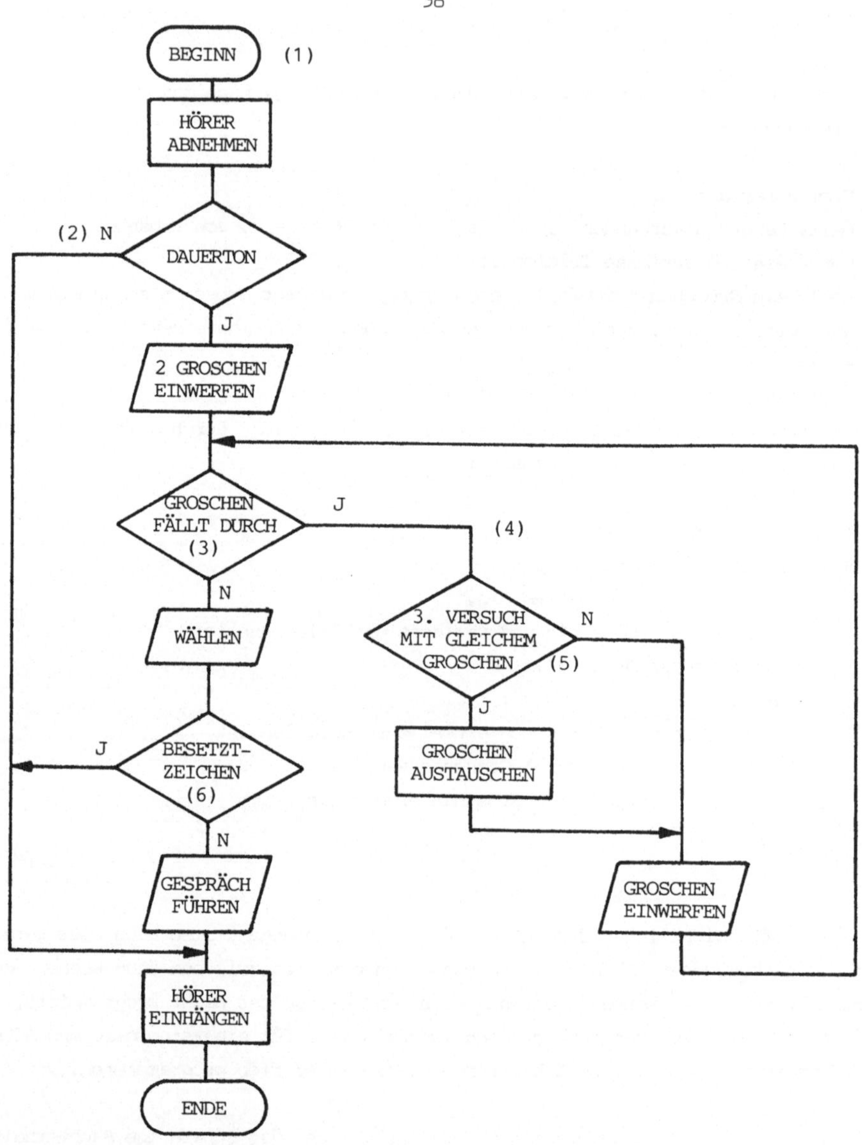

(1) Vorbedingung: Technik der Telefonzelle in Ordnung
(2) Z.B. durch Störung im Leitungsnetz oder Überlastung
(3) Es wird angenommen, daß höchstens ein Groschen durchfällt
(4) Das Entnehmen des Groschens aus dem Rückgabefach wird als bekannt
    vorausgesetzt
(5) Die Verwendung eines Zählers wird als bekannt vorausgesetzt
(6) Oder auch: falscher Anschluß

4.2 Vom Algorithmus zum Basic-Programm

4.2.1   Ein linearer Algorithmus

Es gibt Algorithmen, die z.B. durch eine Gleichung bereits weitgehend beschrieben sind. Der beim Algorithmus Telefonzelle vorhandene große Unterschied zwischen "tun können" und "exakt beschreiben können" besteht in dieser Form hier nicht. Die Formel zur Berechnung der Fläche eine Rechtecks X = A * B ist z.B. eine exakte Beschreibung und enthält mit A und B die Eingabedaten, mit X das Ausgabedatum und mit Hilfe der Symbole "=" und "*" den eindeutigen Zusammenhang zwischen Ein- und Ausgabewerten.

Zur maschinenausführbaren Lösung sind beim Taschenrechner die einzelnen Schritte einzutasten. Dabei sind bei jeder erneuten Berechnung außer den neuen Variablen alle anderen Teile ernout einzugehen. Bei Verwendung eines Computers ist es möglich, die einmal festgelegte Abfolge beliebig oft wieder aufzurufen. Dabei muß ein Computer zugrunde liegen, der die einzelnen Formeloperationen kennt oder diese müssen mit Hilfe weiterer Algorithmen programmierbar sein.

Auf Fälle unsinniger Eingaben, z.B. daß bei Divisionen der Nenner nicht Null sein darf oder in Wurzeln keine negative Zahlen zulässig sind, soll hier nicht weiter eigegangen werden, obwohl gerade dieses "Beachten aller Fälle" bei einem guten Anwenderprogramm wichtig und schwierig ist.

Ein linearer Algorithmus ist ein Algorithmus ohne Verzweigung. Das heißt alle Algorithmenschritte werden nacheinander abgearbeitet, was zu einem "geraden" Programmablaufplan führt.

Beispiel: Berechnungen am rechtwinkligen Dreieck

PROBLEM REWIDREI

Alle Werte in Meter, Quadratmeter bzw. Grad.
Gegeben: rechtwinkliges Dreieck mit den Katheten K1 und K2
Gesucht: Hypothenuse C, Umfang U, Winkel W (gegenüber K2), Fläche A

ALGORITHMUS REWIDREI

Die Zeichenfolge ":=" steht als Ersatz des Zeichens " " und wird als "ergibt" gelesen. Näheres hierzu in Kapitel 4.4.

(1) Lies K1, K2
(2) C := K1 + K2
(3) U := K1 + K2 + C
(4) W := ARCTAN (K1 / K2)
(5) A := K1 * K2 / 2
(6) Drucke C,U,W,A

BASIC-PROGRAMM REWIDREI ELEMENTAR

Zur Eingabe des Programms am Apple II befinden sich im Anhang allgemeine Hinweise zur Handhabung des Computers.

```
10 INPUT K1
15 INPUT K2
20 LET C = SQR (K1 2 + K2 2)
30 LET U = K1 + K2 + C
40 LET WB = ATN (K1 / K2)
45 LET W = WB * 180 / 3.14159
50 LET A = K1 * K2 / 2
60 PRINT C
70 PRINT U
80 PRINT W
90 PRINT A
```

Die Programmzeile 45 ist zur Umrechnung des Winkels vom Bogenmaß (WB) auf das Gradmaß (W) notwendig, da der Computer Winkel im Bogenmaß verarbeitet.

Nach dem Direktbefehl RUN gibt der Computer als Folge des INPUT K1 ein Fragezeichen aus, das zur Eingabe der ersten Variablen auffordert. Dabei ist ein Dezimalkomma durch einen Punkt zu ersetzen. Nach Eingabe der zweiten Varibalen erfolgen die Berechnungen und unmittelbar darauf werden durch die PRINT-Befehle die vier Ergebnisse untereinander am Bildschirm ausgegeben.

Beispiel	Erklärung
RUN	Befehl zum Programmstart
?1.5	Eingabe des Wertes für K1
?2	Eingabe des Wertes für K2
2.5	Ausgabe des Wertes von C
6	Ausgabe des Wertes von U
36.8699288	Ausgabe des Wertes von W
1.5	Ausgabe des Wertes von A

Das bisher dargestellte Programm hat einige Schwächen. Insbesondere fehlen

- Angaben wer, wann mit welchen Hilfsmitteln programmiert hat,
- Aufforderungen, was ein welcher Einheit einzugeben ist und
- Angaben, was in welcher Einheit ausgegeben wird.

Deshalb wird das Programm anschließend "anwenderfreundlich" erweitert. Der Befehl REM (Remark) erlaubt im Programm Bemerkungen, die bei der Programmausführung übergangen werden. Näheres hierzu im Kapitel Programmdokumentation.

Abb. 4.2.1   Arbeit im Mikrocomputerlabor an 15 Apple II ; Bild: Bauer

BASIC-PROGRAMM REWIDREI ANWENDERFREUNDLICH

```
1   REM  BIZ WORMS, 1984, ANWENDERFREUNDLICH
3   LET PI = 3.14159
5   HOME
7   PRINT "BERECHNUNGEN AM RECHTW. DREIECK"
8   PRINT
10  INPUT "GIB KAT1 IN METER EIN: ";K1
15  INPUT "GIB KAT2 IN METER EIN: ";K2
20  LET C = SQR (K1 2 + K2 2)
30  LET U = K1 + K2 + C
40  LET WB = ATN (K1 / K2)
45  LET W = WB * 180 / PI
50  LET A = K1 * K2 / 2
55  PRINT
60  PRINT "HYPOTH.= ";C;" M"
70  PRINT "UMFANG = ";U;" M"
80  PRINT "WINKEL = ";W;" GRAD"
90  PRINT "FLÄCHE = ";A;" QM"
```

In Zeile 3 wird die Konstante PI gesetz. HOME in Zeile 5 löscht den Bildschrim und bringt den Cursor nach oben. Der nach PRINT in Anführungszeichen stehende Text wird ausgedruckt. Der nach INPUT vor (!) der Variablen in Anführungszeichen stehende Text wird an Stelle des Fragezeichens als Aufforderung zur Dateneingabe ausgedruckt. Ein PRINT ohne weitere Zusätze führt zu einer Leerzeile.

Die Zeilen 60 bis 90 haben folgende allgemeine Struktur, bei der zu Verdeutlichung das Betätigen der "Leertaste" mit " " angegeben ist. Im Beispiel zur Wirkung wird angenommen, daß der Wert der Variblen X 12.34 ist.

Programmzeile: PRINT "BENENNUNG= ";X;" MASSEINHEIT"

Auswirkung: BENENNUNG= 12.34 MASSEINHEIT

Bei PRINT hat das Zeichen ";" die Wirkung, daß der nächste zu druckende Wert ohne weiteren Abstand in die gleiche Zeile gedruckt wird.

4.2.2   Ein Algorithmus mit Schleife

Das gewählte Problem

Multiplikation natürlicher Zahlen durch fortgesetzte Addition

ist allgemein bekannt und führt zu einem Algorithmus, der a l l e elementaren Strukturen enthält. Darüber hinaus kennzeichnet die Problemlösung ein allgemeines Prinzip von Programmiersprachen und Computern, wo in Form derartiger im Betriebssystem enthaltener Unterprogramme Befehle zur Verfügung gestellt werden, die die Hardware direkt nicht ausführen kann.

Zunächst wird mit Hilfe einiger Beispiele gezeigt, daß jede Multiplikation natürlicher Zahlen auf eine fortgesetzte Addition zurückzuführen ist. Dabei wird bewußt, daß das Verfahren für natürliche Zahlen allgemeingültig ist. Eine erste grobe Beschreibung wäre:

Addiere die Zahl Y Xmal mit sich selbst.

Dabei wird klar, daß es im Aufwand nicht gleichgültig ist, welche der beiden Zahlen aufaddiert wird. (Aufwandsbetrachtungen werden bei der folgenden Problemlösung nicht berücksichtigt.) Das verwendete technische System kann die angegebene grobe Beschreibung nicht umsetzen. Es ist eine Verfeinerung der Beschreibung nötig:

Algorithmus MULADD

(* Multiplikation durch fortgesetzte Addition. X und Y sind natürliche Zahlen (ohne Null). Z ist Teil- und Endprodukt von X und Y. N ist der Zähler *)

(1) Lies X und Y
(2) N := Ø
(3) Z := Ø
(4) N := N + 1
(5) Z := Z + Y
(6) Falls N = X dann drucke Z und höre auf
              sonst gehe nach (4)

Dieser Algorithmus stellt eine von vielen Lösungsmöglichkeiten dar. Es geht hierbei nicht um eine optimale Lösung. Vielmehr wird eine Lösung angestrebt, die 1:1 dem bereits bekannten Handeln entspricht. Dabei wird für den Zuordnungspfeil nach links die Zeichenfolge ":=" für "ergibt" eingeführt und festgestellt, daß grundsätzlich die Zielvariable (wohin) links und die Quelle(n) (woher) rechts stehen.

Anhand einer WERTETABELLE der Datenspeicher kann der Algorithmus beispielhaft angewendet und überprüft werden:

Beispiel für X=2, Y=3

Schritt	1	2	3	4	5	6	7	8	9
Algorithmus	1	2	3	4	5	6	4	5	6
Speicher X	2	2	2	2	2	2	2	2	2
Speicher Y	3	3	3	3	3	3	3	3	3
Speicher N	/	Ø	Ø	1	1	1	2	2	2
Speicher Z	/	/	Ø	Ø	3	3	3	6	6

Dabei bedeutet / : Speicher noch nicht belegt.

Eine "sparsamere" Lösungsmöglichkeit ist:

(1) Lies X und Y
(2) Z := Z + Y
(3) X := X - 1
(4) Falls X = Ø dann drucke Z und höre auf.
           sonst gehe nach (2)

Bei dieser Lösung wird das schrittweise Erhöhen eines Zählers N ersetzt durch das schrittweise Vermindern des Multiplikanten X um 1. Als Randbedingung wird vorausgesetzt, daß in (2) die Variable Z bei ihrer erstmaligen Nennung (als Quelle) den Wert Null erhält, wie dies in der anschließend verwendeten Programmiersprache BASIC der Fall ist.

Der Algorithmus MULADD wird links als Programmablaufplan (DIN 66001) und rechts als BASIC-Programm dargestellt:

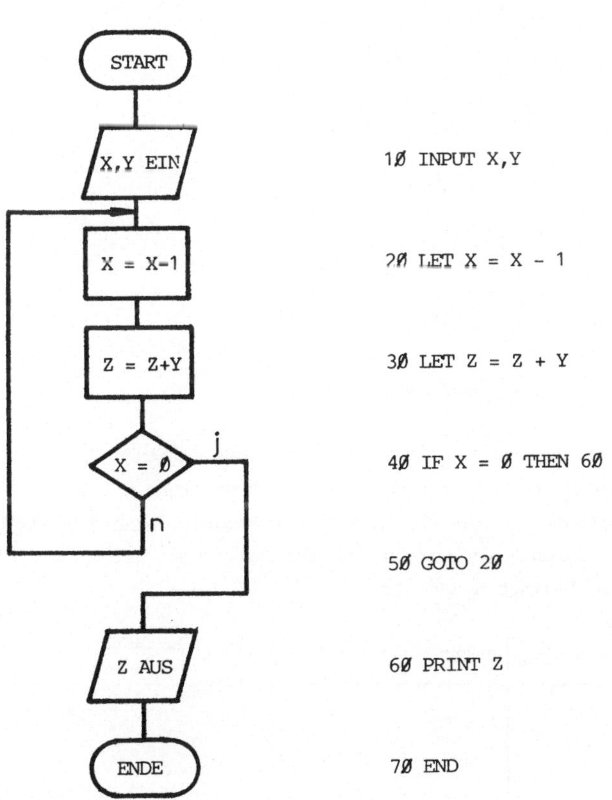


```
10 INPUT X,Y

20 LET X = X - 1

30 LET Z = Z + Y

40 IF X = 0 THEN 60

50 GOTO 20

60 PRINT Z

70 END
```

4.3 Zusammenfassung der elementaren Basic-Befehle

Anschließend wird eine Zusammenstellung der elementaren Befehle vorgenommen, die jede Programmiersprache als Mindestsprachvorrat enthalten muß. Dabei werden den allgemeinen Aussagen in deutscher Sprache die dazugehörigen üblichen BASIC-Befehle zugeordnet. Die folgende Tabelle ist durch andere Programmiersprachen erweiterbar.

TABELLE der elementaren BASIC-Befehle

	Allgemein	BASIC
1.	EINGABE/AUSGABE	INPUT/PRINT
2.	DATENZUORDNUNG/-TRANSFER	LET PI=3.14/LET A=B
3.	ARITHMETIK	+,-,*,/, ,SQR, ...
4.	BEDINGTER SPRUNG	IF ... THEN ...
5.	UNBEDINGTER SPRUNG	GOTO
6.	START/STOP	RUN/END

Außer der notwendigen Sequentialisierung durch das fehlende "sonst" und den damit verbundenen absoluten Sprung, der die Strukturierung und somit auch die Lesbarkeit des Programms erschwert, enthält die Programmiersprache BASIC eine weitere Problematik durch die Verwendung des gleichen Zeichens "=" beim Datentransfer und beim bedingten Sprung:

Allgemein/Algorithmus	BASIC
A := B	A = B
A := A + 1	A = A + 1
Falls A = Ø dann .. sonst ..	IF A = Ø THEN ...

Eine besondere Gefahr besteht in BASIC darin, daß aufgrund der Verwendung des Gleichheitszeichens beim Transfer von Speicherinhalten das Vertauschungsgesetz möglich erscheint. Es ist aber A = B nicht gleichbedeutend B = A. Es gilt z.B. für

$$A = B$$

Ziel | Quelle
(wohin) | (woher)

Es steht also links immer der Zielspeicher, rechts immer die Quelle(n). Sind z.B. vor der Ausführung des Befehls A = 2 und B = 3, dann sind nach der Ausführung des Befehls A = B beide Speicher mit dem Wert 3 belegt, da das "="-Zeichen hier "ergibt" bedeutet und beim "Kopieren" des Inhaltes der Datenquelle diese nicht verändert wird.

Ähnlich problematisch ist in BASIC die Übersetzung des Befehls "erhöhe den Speicherinhalt von A um 1" mit A = A + 1, was zwar bei Kenntnis der festgelegten Ziel- und Quellenfunktion der Seiten des Gleichheitszeichens eindeutig ist, aber aufgrund des mathematischen Widerspruchs zumindest in der Form als störend erscheint.

4.4 Schleifen und ihre Umsetzung in ein Programm

<u>4.4.1   Flußdiagramm und Kontrollstrukturen</u>

An Hand des eingeführten Beispiels MULADD soll allgemeiner die Formulierung eines Algorithmus und seine Beschreibung dargestellt werden. Das Beispiel ist also die Multiplikation zweier Zahlen.

Gegeben: zwei ganze Zahlen x, y $\geqslant \emptyset$
Gesucht: ihr Produkt z = x * y.

Als bekannt vorausgesetzt seien die Operationen der Addition zweier ganzer Zahlen, die Subtraktion von 1 von einer ganzen Zahl und die Abfrage einer Zahl auf Null. Mit Hilfe dieser als bekannt angesehenen Operationen wird die Multiplikation zurückgeführt auf eine fortlaufende Addition:

"addiere x y-mal zu sich selber und nenne das Ergebnis z.
Dann gilt z = x * y."

Gesucht wird nun eine formale Beschreibung, die die Aufeinanderfolge der Grundoperationen klar darstellt. Zur Darstellung wird hier das formale Hilfsmittel eines Flußdiagramms oder Programmablaufplans benutzt.

Elemente eines Flußdiagramms:

Eintrittspunkt	α	kennzeichnet den Anfang
Austrittspunkt	ω	kennzeichnet das Ende des Algorithmus
Aktionsboxen	▭	beschreiben, was getan werden soll.
Abfragen	◇	enthalten eine Aussage, die wahr oder falsch sein kann (ein Prädikat).

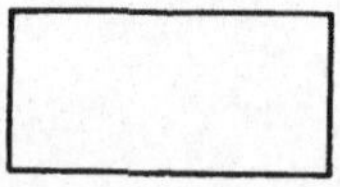

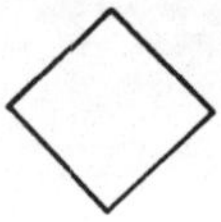

Flußlinien verbinden die Elemente.

Sie verzweigen sich bei Abfragen: Der JA-Zweig läuft z.B. unten weiter, der NEIN-Zweig nach rechts.

Nur wenn der Kontrollfluß zurückläuft, soll der NEIN-Ausgang nach links weiterlaufen, und dann zurück.

Läuft man, beginnend beim Anfang, durch das Diagramm längs der Flußlinie, so ist eindeutig beschrieben, welche Aktionen in welcher Reihenfolge auszuführen sind.

Die Aktionen werden in Zuweisungen bestehen: Der neue Wert einer Variablen ergibt sich durch Anwendung von Grundoperationen auf die Werte von Variablen.

Die Zuweisung wird durch das Zeichen ':=' ausgedrückt.

Das Ziel, das gestellte Problem zu lösen, wird i.A. auf mehrere Weisen erreichbar sein, so daß mehrere Flußdiagramme möglich sind, die alle im Endeffekt das gleiche beschreiben.

MULTIPLIKATIONSALGORITHMUS, 1. FASSUNG

Anfang;
Initialisierung:
Setze z gleich Null
(Zuweisung);
Markierung: '*';
Abfrage:
Wenn y = $\emptyset$ mache weiter,
sonst gehe zur Markierung

'ENDE';
Aktion:
Addiere zum momentanen
Wert von z den Wert von
x und weise die Summe
z zu (Zuweisung)
Zähle rückwärts, indem
vom momentanen Wert von
y 1 subtrahiert wird und
das Ergebnis y zugewiesen
wird (Zuweisung)
Gehe zur Markierung '*'
Markierung 'ENDE'

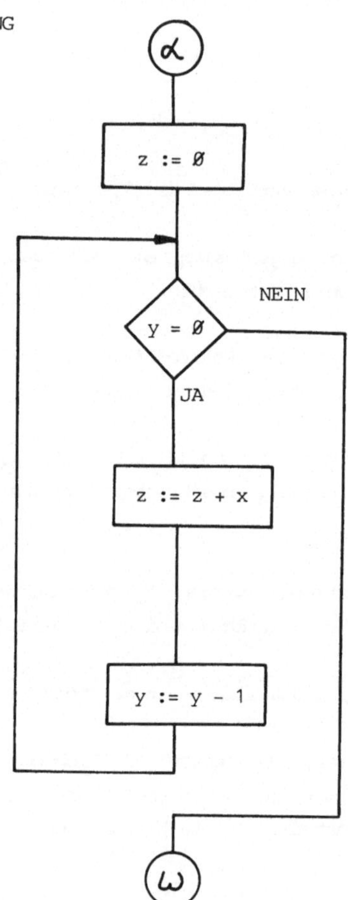

In der Aktionsbox innerhalb der Schleife muß etwas so geändert werden, daß nach endlich vielen Durchläufen die Abfrage irgendwann den Wert "falsch" ergibt, sonst dreht man sich in einer endlosen Schleife. (Das ist ein häufiger Fehler in Programmen.)

Bei dieser Betrachtung spielen die Einzelheiten der Aktionen und Abfragen keine Rolle. Es wird hier nur die Struktur des Flußdiagramms betrachtet, die Kontrollstruktur, die angibt, wie man im Prinzip das Flußdiagramm durchläuft.

MULTIPLIKATIONSALGORITHMUS, 2. FASSUNG

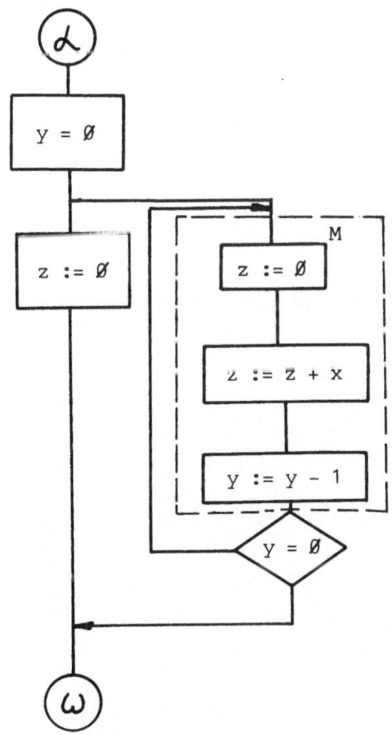

Anfang
Abfrage auf y = Ø:
Wenn ja, setze z := Ø
und gehe zu der Marke
'ENDE'
sonst:
Setze z := Ø
Markierung: '*'
Addiere x zu z und weise
z zu
Subtrahiere von y den Wert
1 und weise y zu
Abfrage auf y = Ø:
Wenn ja: Gehe zur Marke
        'ENDE'
sonst: Gehe zurück zur
        Marke '*'
Markierung: 'ENDE'

Am Ende angekommen steht in z das gesuchte Produkt: $z = x * y$.

Die Struktur des Flußdiagramms in dieser Fassung des Algorithmus zeigt Bild 4.4.1

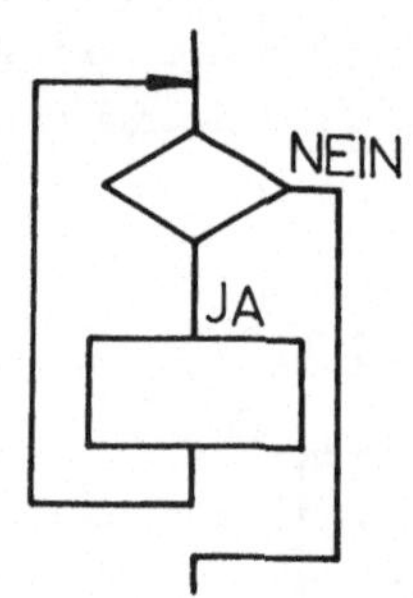

Initialisierung

Schleife mit Abfrage am Anfang:
"Solange die Aussage richtig ist, tue ..."
(engl.: while ... do ...)

Die Schleife wird nur durchlaufen, wenn die Aussage in der Rhombe beim Eintritt in die Schleife (noch) richtig ist.
Man spricht auch vom abweisenden Charakter einer Schleife dieser Art.

Wiederum steht am Ende angekommen in z das Produkt $z = x * y$.

Man kann wieder die Struktur des Flußdiagramms untersuchen:

Zunächst kann man den gestrichelten Teil als eine große Aktionsbox, hier M genannt, ansehen. Das Teildiagramm hat nur einen Eingang und einen Ausgang, und jedes derartige Teildiagramm läßt sich als eine Aktionsbox abstrahieren. Mit dieser Aktionsbox M ist die Grundstruktur des Flußdiagramms gegeben durch Bild 4.4.2

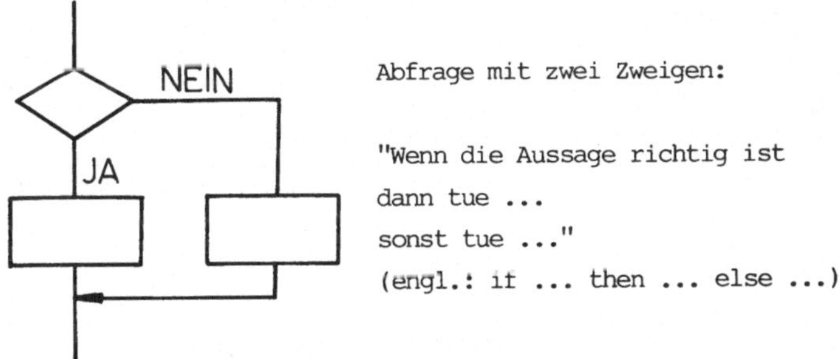

Abfrage mit zwei Zweigen:

"Wenn die Aussage richtig ist
dann tue ...
sonst tue ..."
(engl.: if ... then ... else ...)

Die Struktur des Teildiagramms, die zu M zusammengefaßt wurde, ist

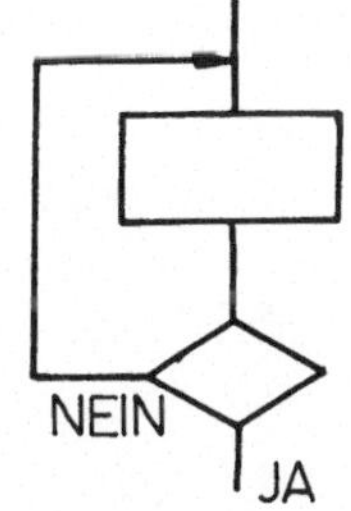

Initialisierung

Schleife mit Abfrage am Ende:
"Wiederhole ... bis die Aussage
richtig geworden ist."
(engl.: repeat ... until ...)
Die Schleife wird mindestens einmal
durchlaufen.

Auftretende Sonderfälle müssen vor Eintritt in die Schleife abgefangen werden. Innerhalb der Schleife muß durch die Aktionen sichergestellt sein, daß nach endlich vielen Durchläufen die Aussage, die abgefragt wird, richtig geworden ist. Sonst läuft man in einer endlosen Schleife.

Häufiger Fehler: Der Sonderfall, hier y = Ø, wird nicht vorher abgefangen,
und die Schleife liefert nach dem erstmaligen Durchlaufen
schon y = -1 und die Abfrage y = Ø wird immer das Prädikat
"falsch" liefern.

Formuliert man den Algorithmus in der Programmiersprache Pascal, so ist die
1. Fassung mit der Schleife mit Abfrage am Anfang

```
PROGRAM   muladdw;
   (* muladd mit while do *)
VAR X, Y, Z: INTEGER;
BEGIN
  Z := Ø;
  READ (X, Y);
  WHILE Y ≠ Ø DO
    BEGIN
      Z := Z + X;
      Y := Y - 1;
      END;
  WRITE (Z);
END.
```

Die 2. Version der Formulierung des Algorithmus sieht in der Pascal so aus:

```
PROGRAM  muladdw;
(* muladd mit repeat-until *)
VAR X, Y, Z : INTEGER;
BEGIN
  Z := Ø;
  READ (X, Y);
  IF Y = Ø
    THEN Z := Ø;
    ELSE REPEAT
          Z := Z + X;
          y := Y - 1;
          UNTIL Y = Ø;
  WRITE (Z);
END.
```

In beiden Fassungen enthält das Pascal-Programm keinerlei Anweisungen für Ein- und Ausgabe. Mit Ein-Ausgabe und entsprechenden Kommentaren könnte Muladd dann so aussehen:

```
PROGRAM  muladdw
(* muladd anwenderfreundlich mit while-do *)
VAR X, Y, Z: INTEGER
BEGIN (* des algorithmus *)
Z := Ø;
(* Ueberschrift *)
WRITELN ('MULADD Z = X * Y MIT NAT. ZAHLEN');
(* daten einlesen *)
WRITE ('GEBE X EIN:');
 READ (X);
WRITE ('GEBE Y EIN:');
READ (Y)
(* algorithmus muladd *)
WHILE Y ≠ Ø DO
 BEGIN
 Z := Z + X;
 Y := Y - 1;
END;
(* ergebnis ausgeben *)
 WRITELN ('X * Y =', Z)
END.
```

In der Programmiersprache BASIC kann die Bildung von Schleifen nicht so elegant gemacht werden, und insbesondere Programmverzweigungen (if...then...else) machen Schwierigkeiten, da sie in BASIC mit Sprüngen programmiert werden müssen.

So würde die Verzweigung nach Bild 4.4.1

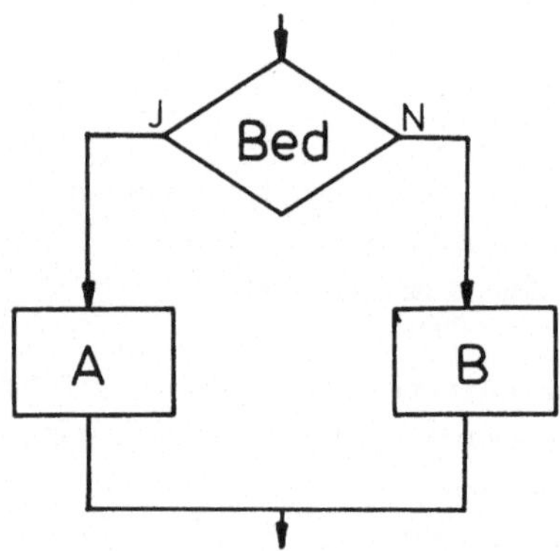

in BASIC so umzuformen sein:

```
100    IF Bed THEN GO TO 500
110    REM HIER BEGINNT DAS PROGRAMM B FÜR DEN ELSE-ZWEIG
489    REM HIER ENDET PROGRAMMTEIL B
490    GO TO 800
500    REM HIER BEGINNT DAS PROGRAMM A des THEN-ZWEIGS
799    REM HIER ENDET PROGRAMMTEIL A
800    REM AB HIER LÄUFT DAS PROGRAMM WEITER.
```

Das zugehörige Flußdiagramm entsteht durch Verzerrung aus dem Bild 4.4.1.

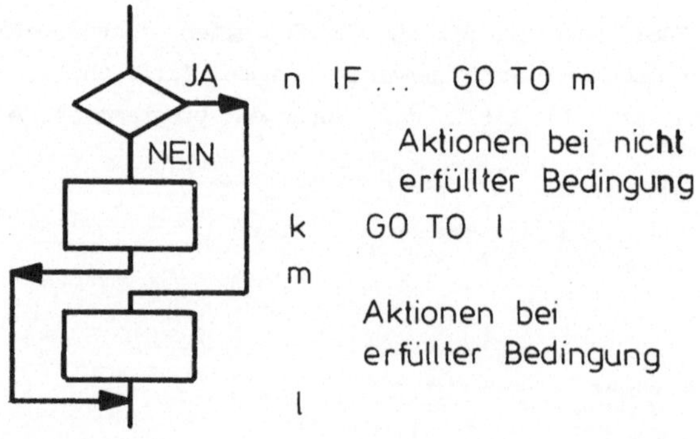

RICHTIGKEIT DER VERFAHRENSVORSCHRIFT

Es soll gezeigt werden, daß am Ende in der Tat $z = x * y$ gilt. Dazu wird noch eine Hilfsgröße i eingeführt, die als Zähler gebraucht wird.

Dann sieht das Flußdiagramm der 1. Version so aus:

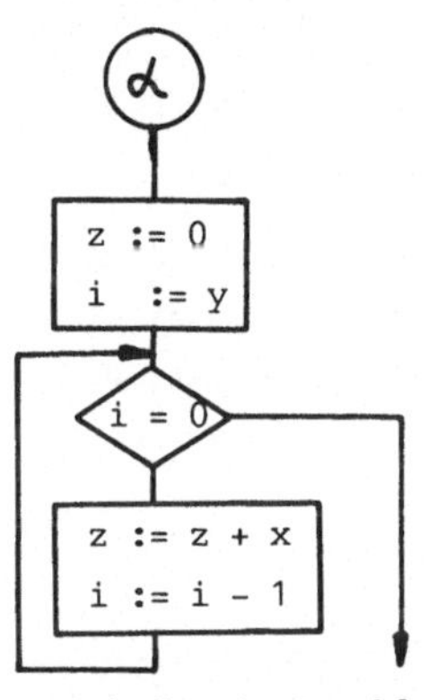

Initialisierung von z und Zähler i

 Beim Eintritt in die Schleife gilt stets

$z + i * x = y * x$

(Schleifeninvariante)

Vor dem ersten Durchlauf ist $z = \emptyset$ und $i = y$

$\Rightarrow \emptyset + y * x = y * x$

Nach dem 1. Durchlauf der Schleife ist $z = x$ und $i = y - 1$

$\Rightarrow x + (y - 1) * x = x * y.$

Vor dem letzten Durchlauf ist $i = 1$ und $z = (y - 1) * x$

$\Rightarrow (y - 1) * x + 1 * x = y * x$

Beim Verlassen der Schleife ist $i = \emptyset$ und $z = y * x$

$\Rightarrow y * x + \emptyset * x = y * x.$

Damit ist gezeigt, daß der Algorithmus in der Tat

$z = x * y$ liefert.

Diese Verifikation eines Algorithmus ist im Allgemeinen schwierig und nur in einfachen Fällen möglich.

Wo liegen Grenzen des hier eingeführten Algorithmus?

a) Einschränkung des Gültigkeitsbereichs:

   $(y * x)$ darf nicht so groß werden, daß die Zahl nicht mehr dargestellt,

   d.h. aufgeschrieben oder gespeichert werden kann.

b) Ausweitung der Menge der zulässigen Eingangsgrößen:
   Solange y ganzzahlig ist und $y \geq \emptyset$ gilt, kann x zunächst eine ganze Zahl
   sein, d.h. darf auch negativ sein.

   Wenn die Addition rationaler Zahlen als bekannt vorausgesetzt werden
   darf, kann x eine rationale Zahl sein.

4.4.2 <u>Variable</u>

Eine Variable wie im Beispiel die Größen x, y, z ist ein Paar (<name>,
<momentaner Wert>), bei dem einem Bezeichner ein Wert zugeordnet ist.
Vorstellbar als eine Wachstafel, auf deren Rand ein Name eingeprägt ist: x, y,
z, BERTA, PRODUKT ... und auf der der momentane Wert, der dem Namen assoziiert
ist, aufgeschrieben ist.

Der momentane Wert kann von ganz verschiedener Art (Typ) sein.

a) Seien die momentanen Werte Zahlen
   ganze Zahlen: 1, 2, -7, +21899, ...
   rationale Zahlen: 3,1415, 1.9Ø2.1Ø**-19, -273, ...

   Stets werden die Zahlen nur eine endliche Zahl von Ziffern haben können
   (mehr paßt auf die Wachstafel nicht drauf) z.B. gibt es in den meisten
   Rechnern für ganze Zahlen w die Einschränkung

   $$-2^{**}31 \leq w \leq 2^{**}31 - 1$$

   Ganze Zahlen in diesem Bereich nennt man vom Typ Integer.

b) Seien die momentanen Werte Buchstaben, Ziffern und Sonderzeichen, d.h.
   der Zeichensatz einer Schreibmaschine. Man spricht dann von einer Variablen
   vom Typ Char.

c) Der momentane Wert einer Variablen kann ein Text vorgegebener Länge sein,
   man spricht dann von Variablen vom Typ String.

d) Der Wert kann ein ganzes Feld von Zahlen sein, dessen einzelne Elemente
   separat ansprechbar sind. Ein solches Feld umfaßt eine feste Anzahl von
   Elementen. Man kann dann z.B. das 5. Element des Feldes ansprechen.
   (Variablen vom Typ Array)

e) Der Wert einer Variablen kann eine komplizierte Struktur sein von der Art
   einer Karteikarte:

        z. B.   Name: ......
                         Vorname: ......
                         Alter: ......
                         Adresse:
                                    Straße: ......
                                    Hausnr.: ......
                                    Postleitzahl: ......
                                    Ort: ......

   Man hat dann eine Variable vom Typ Record vor sich.

f) Der Wert kann auch eine Verfahrensvorschrift sein, ein Algorithmus, der
   als eindeutiger Text hingeschrieben ist.

4.4.3   Operatoren

Man kann mit Variablen eines Typs nur dann etwas anfangen, wenn zwischen ihnen
Rechenvorschriften (Operatoren) erklärt sind. Diese Rechenvorschriften müssen
dem Rechner bekannt sein, damit er einen Algorithmus abarbeiten kann.

So wären z.B. im Multiplikationsalgorithmus die Operatoren "Addition" und
"Subtraktion von 1" und "Vergleich auf Null" vorausgesetzt.

Üblicherweise sind für ganze Zahlen die Operatoren +, -, * erklärt. Die Division führt aus dem Bereich heraus; man erklärt die Operatoren mod: Rest bei der Division und div: ganzzahliger Anteil bei der Division.

Für reelle Zahlen sind typische Operatoren
$\div$, $\sqrt{}$, **, log, ln, ...

Vergleichsoperatoren (Relationaloperatoren)
wie $=$, $\neq$, $<$, $>$, $\leqslant$, $\geqslant$ sind nicht nur für Zahlen, sondern auch z.B. für Buchstaben erklärt; dort ist es die lexikalische Ordnung.

Bei Feldern und Records wird man Rechnungen mit den einzelnen Elementen anstellen und die Variablen vor allem zum geordneten Zusammenfassen von Daten verwenden.

4.4.4   <u>Ausblick auf komplexe Kontrollstrukturen</u>

Unterprogramm (engl. subroutine)

Man wird einem Programmteil (z.B. einen Teil eines Flußdiagramms) einen Namen geben können und dann nur diesen Namen im Programm angeben wollen: Der Programmteil soll dann an der Stelle des Namens im Programm ausgeführt werden. Er braucht nur einmal aufgeschrieben zu werden und kann beliebig oft aufgerufen werden.

Prozedur (engl. procedure)

Dies ist ein eigener Programmteil mit Namen, an den beim Aufruf die
momentanen Werte von Variablen mit übergeben werden können, oder auch
die Namen von Variablen, deren Werte durch die Prozedur verändert werden
sollen.

Funktion (engl. function)

Dies ist ein eigener Programmteil mit Namen, an den beim Aufruf die
momentanen Werte von Variablen mit übergeben werden können und der genau
einen Wert zurückliefert.

4.5 Programmdokumentation

4.5.1 <u>Einleitung</u>

Aus der "Kunst der Programmerstellung" wird zunehmend eine Ingenieurwissenschaft der Erstellung großer Systeme mit Hilfe einer Reihe von Softwarewerkzeugen und Methoden der Programmerstellung.

Ein größeres Programm (einige Tausend bis einige Millionen Instruktionen) ist ein sehr komplexes Gebilde und sollte in der Hand des Anwenders von diesem einfach verstanden werden können und vom Hersteller her wartbar sein (Änderungen, Erweiterungen, Anpassungen).

Dazu bedarf es zweier Voraussetzungen: einer Programmdokumentation des fertigen Produktes und eines systematischen Entwurfs.

Beide Aspekte sollen im Folgenden kurz behandelt werden und damit einen groben Überblick über ein großes Gebiet geben.

Häufiger als angenommen werden noch immer Programme so geschrieben: man fängt klein an und dann wächst und wächst das Programm. Die Dokumentation ist unvollständig und eine Änderung ein Jahr später löst ungewollte Nebenwirkungen aus mit einem Fehlverhalten an falscher Stelle ...

4.5.2 <u>Dokumentation von Programmen</u>

4.5.2.1 BEISPIEL

Am Beispiel eines komplexen elektronischen Produktes soll gezeigt werden, wie eine Dokumentation aufgebaut sein sollte: Ein Oszillograph ist sicherlich ein recht komplexes Gebilde und ohne Anleitung nicht handhabbar. Darum liefert der Hersteller auch ein dickes Handbuch mit, das vier Teilbereiche dokumentiert:

- eine Beschreibung der grundsätzlichen Wirkungsweise des Gerätes
- eine Bedienungsanleitung für den Benutzer
- eine Wartungsanleitung für den Service
- die kompletten Schaltpläne

Im Prinzip würden die Schaltpläne ausreichen: Sie enthalten alle Detailinformationen und der geübte Reparaturtechniker beim Hersteller bedient sich ihrer ausschließlich, doch schon der Service-Mann, der viele verschiedene Geräte zu warten hat, braucht Zusatzinformationen und noch viel mehr der Anwender.

Dieses in der Praxis für komplexe Meßgeräte bewährte Verfahren sollte auch bei der Dokumentation von Programmen angewandt werden.

4.5.2.2 BESCHREIBUNG DER GRUNDSÄTZLICHEN WIRKUNGSWEISE

Eine Beschreibung der grundsätzlichen Wirkungsweise sollte jedem Programm vorangestellt werden und nicht nur komplexen Systemen. In wenigen Sätzen läßt sich als Kommentar sagen, was das Programm tut. Dieser Abschnitt ist bei komplexen Systemen sicherlich länger, da in ihnen viel mehr geschieht, doch sollte er dem jeweiligen Anwender kurz sagen, was er mit dem System machen kann und wie es prinzipiell arbeitet.

Dabei interessieren Einzelheiten der Implementierung an dieser Stelle nicht. Der Anwender/Benutzer sollte das Programm in einem Kontext sehen können, der für ihn ein einfaches Bild der ihm durch das Programm zur Verfügung gestellten Funktionen bietet.

So ist z.B. in einem Editor eine Funktion "Save" <name> für den Anwender zunächst nur eine Möglichkeit, Daten unter einer Bezeichnung dauerhaft speichern zu können und das sollte der Kommentar sagen. Einzelheiten der Implementierung sind uninteressant an dieser Stelle.

Die Verwendung aussagekräftiger Programmnamen ist in vielen Fällen eine zusätzliche Hilfe, sollte aber den Kommentar nicht ersetzen. Wenn ein Benutzer oder auch ein Anwendungsprogrammierer Jahre später mit dem Programm wieder zu tun hat, ist die Beschreibung der grundsätzlichen Wirkungsweise eine gute erste Orientierung.

4.5.2.3 BEDIENUNGSANLEITUNG

In diesem Kapitel der Produktdokumentation darf der Benutzer erwarten, daß ihm gesagt wird, welche Einstellungen er vornehmen kann und darf, in welchem Bereich die Werte der Größen liegen dürfen, die er eingeben kann und welche Konsequenzen sich aus den von ihm gewählten Einstellungen für die Funktionsweise des Produktes ergeben.

Bei einem Editor könnten solche Einstellungen z.B. die Unterdrückung von Kleinbuchstaben sein oder ein automatisch ablaufender Randausgleich.

Die Angabe der erlaubten Bereiche für die Werte ist nicht nur bei einem Oszillographen nötig, um Schäden zu vermeiden; auch ein Programm kann auf unzulässige Eingabegrößen u.U. unvorhersehbar reagieren.

Deshalb gehört in den Kommentar zu Anfang eines jeden Programms auch die Angabe, welche Wertebereiche der Eingaben akzeptiert werden und welche Daten das Programm liefert. Dazu sollen die gewählten (abkürzenden) Bezeichner an dieser Stelle mit den Langnamen beschrieben werden: "die Tabelle T; der Steuerdruck PO; die Kreisfläche F ...", da über diese der Bezug zur Beschreibung der grundsätzlichen Wirkungsweise hergestellt wird.

Wiederum ermöglicht das ein schnelles Einarbeiten in ein Programm, das fremd ist oder geworden ist.

4.5.2.4 WARTUNGSANLEITUNG

Reichen eine Beschreibung der grundsätzlichen Wirkungsweise und eine Bedienungsanleitung für den Anwender eines Systems aus, so sollte für Zwecke der Wartung - bei Programmen sind dies Ergänzungen, Erweiterungen, Anpassungen und Beseitigen von Schwachstellen - erheblich mehr getan werden.

Es ist sehr schwierig, nur aus den Plänen bzw. Programmlistings heraus zu verstehen, wie die einzelnen in einem System verwendeten Strategien bzw. Algorithmen funktionieren sollen. Eine mögliche Form der Dokumentation für die Wartung ist dabei die dezentrale Anordnung dieser Beschreibungen in Form einer Beschreibung der grundsätzlichen Wirkungsweise und einer Bedienungsanleitung bei jedem Teilprogramm. Der Anwender ist dann der Programmierer, der ggf. Änderungen vornehmen kann.

Eine andere mögliche Form ist die Zusammenfassung dieser Beschreibungen in einem gesonderten Teil als Wartungsanleitung.

Dabei lassen sich i.A. die Querbezüge der einzelnen Teile zueinander besser herstellen und beschreiben als im dezentralen Fall. Die Wartungsanleitung sollte so gestaltet sein, daß Kommentare in den einzelnen Programmen weitgehend unnötig sind und Änderungen gemacht werden können, ohne die Funktionsweise des Systems zu schädigen.

4.5.2.5 PLÄNE/LISTINGS

Auf dieser untersten Stufe der Dokumentation stehen die eigentlichen Programmlistings. Sie werden nur in Sonderfällen in Assembler geschrieben sein; in der Mehrzahl der Fälle sind bei der Konstruktion höhere Programmiersprachen verwendet worden wie Pascal, Fortran, Cobol, Basic, ...

Es ist ein immer noch weitverbreiteter Irrtum zu glauben, ein Programmlisting reiche aus: die höheren Sprachen seien doch selbstdokumentierend!

Zum Überblicken einer Seite ja, nicht aber für 1000 Zeilen! Dazu kann ein Programm nur überblickt werden, wenn es hinreichend strukturiert ist. Ein Urwald von Sprüngen und Querverweisen oder eine zu kompakte Darstellung (APL) erschweren den Überblick ungemein, da man die Auswirkung von Änderungen nicht mehr auf einen Blick übersieht.

Das leitet über zu der Frage der Dokumentation der Programmerstellung: Nur ein strukturierter Entwurf läßt sich auch dokumentieren und die Entwurfsentscheidungen sich aufzeigen und festhalten.

4.5.3   Dokumentation der Programmerstellung

4.5.3.1   PFLICHTENHEFT DES ANWENDERS

Am Beginn einer Programmentwicklung wird ein Anwender stehen (gedacht oder real) der eine Vorstellung hat (oder unterlegt bekommt), was ein Gerät oder System für ihn leisten soll.

Diese Vorstellungen werden sich in einem Pflichtenheft niederschlagen, in dem der Anwender (Kaufmann, Ingenieur, Rechtsanwalt) in der ihm geläufigen Sprache sagt, was das System für ihn tun soll. Dazu gehört unter anderem die Beschreibung der Eingangs- und Ausgangsdaten, der Eingabesprache und prinzipiellen Arbeitsweise des Systems. Die Bedienungsanleitung wird später die Beschreibungen des Pflichtenheftes aufgreifen.

4.5.3.2 SPEZIFIKATION

Dieses Pflichtenheft ist dann umzusetzen in die Spezifikation des Systems. Sagt das Pflichtenheft, was das System aus Anwendersicht leistet, so beschreibt die Spezifikation das System aus der Sicht des Anwendungsprogrammierers, in den ihm geläufigen Fachworten der Informatik. An dieser Stelle ist ein u.U. komplizierter Abstimmungsprozeß zwischen Anwender und Anwendungsprogrammierer nötig, damit schließlich Pflichtenheft und Spezifikation übereinstimmen. Nur zu oft wird der Anwender auf das Glatteis der Software-Spezifikation gelockt und gleitet auf dem ungwohnten Gelände gründlich aus, wenn das Produkt schließlich der Spezifikation entspricht aber nicht seinen Vorstellungen, die er im Pflichtenheft hätte niederlegen sollen.

Die Spezifikation wird insbesondere die Daten schon anders beschreiben als das Pflichtenheft. Sie kann durch spezielle Spezifikationssprachen unterstützt werden.

4.5.3.3 GROBENTWURF

Aus der Spezifikation entwickelt dann der Anwendungsprogrammierer den Grobentwurf des Systems.

Die Dokumentation dieses Grobentwurfs kann z.B. erfolgen in Form von Datenflußgraphen (Instanzennetzen). Hier werden die Datenräume und Funktionen, die auf diesen Datenräumen arbeiten, durch Kreise bzw. Rechtecke gekennzeichnet mit Pfeilen, die lesenden oder schreibenden Zugriff angeben.

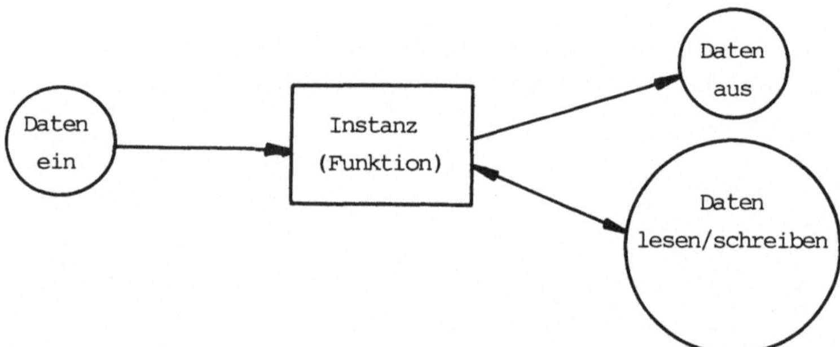

Diese Datenflußgraphen eignen sich gut zur Beschreibung der grundsätzlichen Wirkungsweise von Systemen, und schlagen sich dann an der entsprechenden Stelle der Programmdokumentation nieder.

Der Grobentwurf zerlegt das System in Teilsysteme und trifft damit erste Konstruktionsentscheidungen. Hier werden auch die verwendeten Datenräume festgelegt, und damit die Sichten auf die Daten.

4.5.3.4 DETAILENTWURF

Vom Grobentwurf ausgehend müssen die einzelnen Teile schrittweise verfeinert werden (engl. stepwise refinement) bis zu einer Ebene, auf der direkt Algorithmen implementiert werden können.

In diese Verfeinerungen gehen die Kenntnisse des Programmierers über mögliche Algorithmen und die Organisation von Daten ein. Die Verfeinerungen lassen sich aus Instanzennetzen entwickeln: Ein Datenraum kann aus Unterräumen bestehen wie Bild 4.5.1 zeigt.

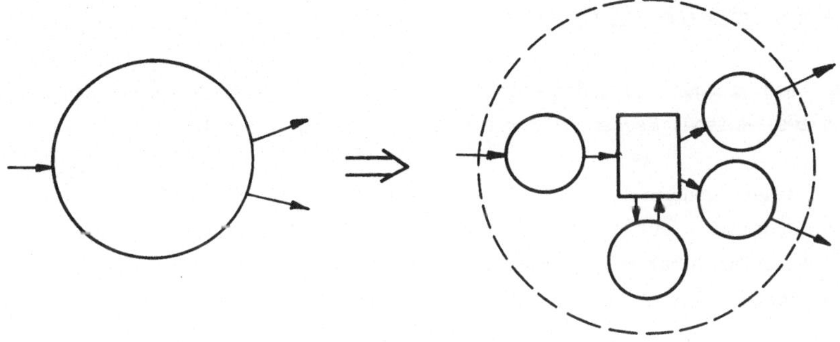

Bild 4.5.1

und aus einer Instanz können Unterinstanzen werden wie Bild 4.5.2 darstellt.

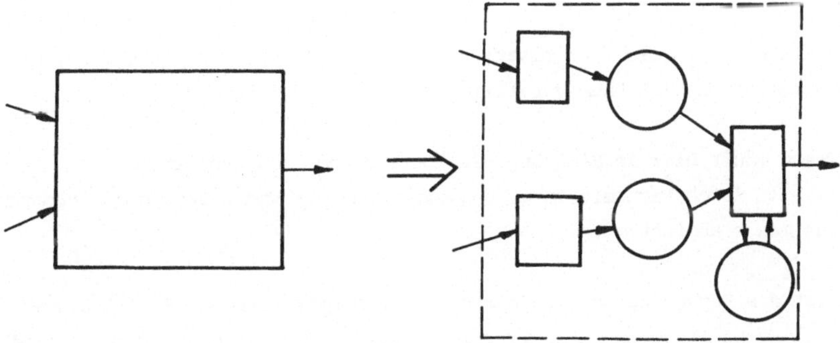

Bild 4.5.2

Das Ergebnis des Detailentwurfs ist dann ein Programm, geschrieben in einer höheren Programmiersprache (Pascal, C, Fortran, Cobol, Lisp) in der das Programm auf dem Rechner nach Übersetzung ablaufen kann.

4.5.3.5 TEST UND VERIFIKATION

Man muß zeigen, daß das erstellte Programm den Anforderungen genügt. Das kann auf zwei Weisen geschehen: durch Tests und durch Verifikation.

Mit einer genügenden Anzahl typischer Beispiele (Tests) kann man zeigen, daß das Programm richtig arbeitet. Man zeigt allerdings immer nur, daß das Programm keine offensichtlichen Fehler mehr enthält. Alle möglichen Testsituationen wird man sowieso nicht einstellen können und kann nur versuchen, die Tests so auszuwählen, daß sie einen möglichst großen Bereich der denkbaren Situationen erfassen.

Im Gegensatz dazu stehen Verfahren der Verifikation: Mit speziellen Programmen versucht man zu zeigen, daß ein vorgelegtes Programm das offensichtlich keine Fehler mehr enthält der Spezifikation genügt.

Der Aufwand für die Verifikation von Programmen ist sehr groß, und große Programme lassen sich kaum verifizieren.

Der Trend läuft hier in Richtung der "Berechnung" von Programmen:
Man stellt durch Nachweis fest, daß auf Grund der Konstruktion das Programm tun muß was man beabsichtigt.

Hier ist die Forschung in der Informatik noch sehr im Fluß. Es existieren eine Reihe von Hilfsmitteln zur Programmerstellung (Editoren, Spezifikationssprachen, Verifizierer) doch wird eine Dokumentation dabei erst in Ansätzen automatisch erstellt.

4.5.4 Basic zur Programmentwicklung und -dokumentation?

Basic als eine sehr einfache Sprache hat eine Reihe von Vor- und Nachteilen für Programmentwicklung und -dokumentation.

Vorteile: - einfache Sprache, schnell zu lernen
- integrierte Kommandosprache eines einfachen Betriebssystems Teil von Basic

Nachteile: - globale Variable
- kein Prozedurkonzept oder Modulkonzept
- kein Massenspeicher aus der Sprache ansprechbar
- nur Datentypen real, array und string vorhanden
- Schleifen müssen mit Go-to programmiert werden

Solange nur kleine Programme (weniger als eine Seite Code) zu schreiben sind, ist Basic sinnvoll einsetzbar. Man liegt im Rahmen der durch die Sprache vorgegebenen Möglichkeiten. Mit REM lassen sich die Programme "vor Ort" mit Kommentaren versehen und die Beschreibung der prinzipiellen Wirkungsweise und Bedienschnittstelle einfügen.

Es gibt größere Tischrechner, die Basic als Sprache anbieten und für die recht anspruchsvolle Programme z.B. für CAD-Anwendungen in Basic geschrieben sind. Die Dokumentation dieser Programme macht dann allerdings Schwierigkeiten. Vor allem die Verwendung globaler Variablennamen erzwingt Disziplin in der Namensgebung: Mindestens ein Zeichen jedes Namens wird für das Unterprogramm reserviert, in dem der Name (als globale Variable) verwendet wird. Aus einer Referenzliste kann man dann entnehmen, zu welchem Programmteil eine Variable gehört.

Man hat drei Arten der Verwendung von Variablen und sollte diese Verwendung im Namen kenntlich machen.

- Nurlese-Variable   : Verwendung wie der Anschlag am Schwarzen Brett; jeder kann sie lesen, verändern darf sie nur ein privilegiertes Programm.

- lokale Variable   : Verwendung wie ein Schmierzettel, auf dem man für eine Nebenrechnung kurz Werte aufschreibt, die später nicht mehr gebraucht werden.

- Nachrichtenvariable: Verwendung wie eine Unterschriftsmappe; die Daten, die ein Programmteil produziert hat, werden in ihnen an nachfolgende Programme weitergereicht.

Abb. 4.5.4 Typischer Mikrocomputerarbeitsplatz; von links nach rechts: ein Matrixdrucker, der Monitor, der Mikrocomputer, zwei Diskettenlaufwerke (halb verdeckt) und ein Color-Plotter. Bild: Bauer

4.6 Möglichkeiten der Eingabe

4.6.1 Einleitung

Der Benutzer eines Rechners muß die Möglichkeit haben, der Maschine zu "sagen", was sie für ihn tun soll. Das kann auf verschiedene Weisen geschehen, die hier kurz dargestellt werden sollen. Dabei wird kurz auf die verschiedenen Eingabegeräte eingegangen und dann auf die Realisierung der Schnittstelle Mensch-Maschine im Rechner, indem einige Möglichkeiten vorgestellt werden, wie das Programm mit dem Benutzer zusammen die Eingaben macht.

4.6.2 Eingabegeräte

4.6.2.1 TASTATUREN

Das heute am weitesten verbreitete Eingabegerät für Daten in einen Rechner ist eine Tastatur, die im wesentlichen der einer Schreibmaschine entspricht. Mit ihr kann im Prinzip ein beliebiger Text in die Maschine eingegeben werden und die Maschine muß prüfen, ob der Text sinnvoll und erlaubt ist.

Die Tastatur wird vielfach um ein Nummernfeld ergänzt, um rasch Folgen von Ziffern eintippen zu können.

Daneben finden sich dann einige Tasten mit Sonderbedeutungen: häufig eine BREAK-Taste (von engl. break = unterbrechen), mit der ein laufendes Programm unterbrochen werden kann - intern wird dabei im Rechner ein Interrupt ausgelöst - und eine RESET-Taste (von engl. reset = zurücksetzen) mit der der Rechner auf den Anfangszustand zurückgesetzt werden kann. Man steht dann wieder ganz am Anfang, als hätte man eben den Rechner eingeschaltet. Man findet vielfach noch zwei weitere Gruppen von Tasten: Cursorsteuertasten und Funktionstasten.

Die Cursorsteuertasten erlauben einen Punkt auf dem Bildschirm, den Cursor, durch Tastendruck zu steuern und damit die Stelle zu bestimmen, wo das nächste Zeichen geschrieben werden soll. Mit 9 Tasten kann man den Cursor nach rechts, links, oben, unten, in die vier Diagonalrichtungen und mit der mittelsten Taste an den Anfang links oben in die Ecke des Bildschirms steuern. Funktionstasten erlauben auf einfache Weise, komplizierte Tätigkeiten des Rechners auf Knopfdruck abzurufen. Welche Wirkung dabei das Drücken einer Funktionstaste hat, wird von Anwenderprogramm zu Anwenderprogramm verschieden sein.

Für Taschenrechner, die nur ein fest eingestelltes Anwenderprogramm ablaufen lassen - die Fähigkeit, rechnen zu können - hat sich eine Tastatur eingeführt, die aus einem Nummerntastenfeld und einer Reihe von Funktionstasten besteht. So bewirkt das Drücken der Nummerntaste "3", der Funktionstaste "+", der Nummerntaste "5" und der Funktionstaste "=" nacheinander, daß der Rechner 3 + 5 rechnet und das Ergebnis anzeigt.

4.6.2.2 GRAPHISCHE EINGABEGERÄTE

So gut sich Texte und Zahlen mit Tastaturen eingeben lassen, so mühsam ist es, mit einer Tastatur Zeichnungen einzugeben oder auf ein Bild zu "zeigen". Dazu sind spezielle Geräte entwickelt worden:

- Lichtgriffel, Stifte mit einer Photodiode als Spitze, bei denen der Rechner erkennen kann, wohin er gerade auf dem Schirm zeigt und dann an dieser Stelle einen leuchtenden Punkt auf den Schirm bringen kann, womit sich Zeichnungen erstellen lassen

- Graphische Tabletts mit speziellen Stiften, deren Position auf dem Tablett der Rechner erkennen kann, womit sich Zeichnungen auf dem Tablett nachfahren lassen

- Digitalisierer als Geräte zur Eingabe der Koordinaten von Zeichnungen: man fährt das Fadenkreuz einer Lupe auf den gewünschten Punkt und drückt einen Knopf, womit die Koordinaten des Punktes eingegeben sind

- Steuerknüppel mit Bewegungsmöglichkeiten in zwei Achsen, deren Stellung gemessen und als Position auf dem Schirm interpretiert wird (als joystick notwendiges Requisit bei Computerspielen)

- "Maus", ein zigarettenschachtelgroßer Kasten mit einer Rollkugel unten und ein oder mehreren Tasten oben, bei der die Stellung der Kugel gemessen wird und als Position auf dem Bildschirm interpretiert wird

- Tastfelder (engl. touchpad), ein postkartengroßes Feld, das berührempfindlich ist und die Position des Fingers auf dem Feld mißt und als Position auf dem Sichtschirm interpretiert. Dabei wird ausgenutzt, daß wir Finger sehr feinfühlig durch Abrollen bewegen können.

4.6.2.3 EINGABEGERÄTE FÜR PHYSIKALISCHE GRÖßEN

Steht bei den im vorhergehenden Abschnitt beschriebenen Geräten die Funktion des "Zeigens" im Vordergrund, so sollen hier kurz Eingabegeräte für physikalische Werte vorgestellt werden:

- Drehknöpfe (engl. paddle) in denen die Stellung des Schleifers eines Potentiometers gemessen und an den Rechner gegeben wird (Eingabegeräte für einfache Computerspiele)

- Drucktasten, die das Vorhandensein oder Nichtvorhandensein eines Signals angeben

- Analog-Digital-Wandler, mit denen der Rechner eine Spannung messen kann, die in Kapitel 9 näher beschrieben werden

- Zähler, deren Zählstand vom Rechner abgefragt und die von ihm auf einen gewünschten Wert gesetzt werden können.

4.6.3   <u>Unterstützung der Eingabe durch das Anwenderprogramm</u>

4.6.3.1 TEXT- UND ZAHLENEINGABE

Bei der Eingabe von Texten und Zahlen sind Fehler immer möglich und sollten durch das Anwenderprogramm abgefangen werden.

Dazu ein Beispiel:

Das Basic-Kommando 10 INPUT A druckt beim Ablaufen des Programms ein Fragezeichen aus und fordert damit den Benutzer auf, eine Zahl einzugeben, die dann als Wert der Variablen A zugewiesen wird.

Was passiert, wenn der Benutzer aus Versehen einen Buchstaben oder ein Sonderzeichen eingibt oder eine "Zahl" 3!7;5 ?
Dann sollte der Basic-Interpreter den Unsinn nicht stillschweigend schlucken und versuchen, daraus eine Zahl zu machen oder das Programm abbrechen, sondern den Fehler erkennen und rückmelden, z.B. durch Drucken von zwei Fragezeichen.

Daß der Text eines eingetippten Programms analysiert und Fehler gemeldet werden, ist Standard bei allen Programmiersprachen; der Komfort bei der Fehlermeldung ist allerdings sehr unterschiedlich, vom allgemeinen "SYNTAX ERROR" (Fehler in der Grammatik) bis hin zu einer detaillierten Angabe, was wo falsch gemacht wurde.

Bei Anwenderprogrammen im kommerziellen Bereich sind häufig Formulare auszufüllen. Da unterstützt der Rechner den Benutzer, indem das Formular auf dem Sichtgerät präsentiert wird und der Cursor an der richtigen Stelle blinkend den Benutzer zur Eingabe auffordert, die dann sofort auf Plausibilität überprüft wird. So ist sicherlich R2D2 kein Familienname und ein Monatsgehalt von 0.15 DM ein Tippfehler, was das Programm erkennen sollte und den Benutzer auffordern, etwas sinnvolleres einzugeben. Erst dann springt der Cursor auf das nächste Feld des Formulars.

Eine verwandte Art der Unterstützung der Eingabe ist die Menütechnik: Dem Benutzer wird eine Auswahl von verschiedenen Dienstleistungen des Rechners auf dem Sichtgerät angeboten und der Benutzer wählt durch Eingabe einer Ziffer oder eines Buchstabens die gewünschte Dienstleistung aus wobei die Dienstleistung auch in der Präsentation eines neuen Menüs bestehen kann.

Bei allen Eingaben, die Abläufe im Rechner auslösen, deren Konsequenzen irreparabel sind, muß die Kontrolle auf Plausibilität besonders sorgfältig sein.

Dazu drei Beispiele:

- Das Löschen einer Datei zerstört Information irreparabel; daher fragen die meisten Systeme den Benutzer noch einmal zurück: "Willst Du wirklich diese Datei löschen; Antworte mit JA (J) oder NEIN (N)"; allerdings häufig abgekürzt: "KILL? J/N."

- Der Zutritt zu Daten, die dem Datenschutz unterliegen, muß durch Passworte und andere Maßnahmen gegen Mißbrauch geschützt sein; der Benutzer muß sich als rechtmäßig legitimieren.

- Funktionstasten, die technische Prozesse auslösen, müssen besonders sorgfältig verriegelt sein, um Unglücke durch Falschbedienung auszuschließen.

In Anwenderprogrammen sind die Programmteile, die die Eingabeüberprüfungen machen, häufig die kompliziertesten und umfangreichsten Teile des Ganzen.

4.6.3.2 GRAPHISCHE EINGABE

Mit hochauflösenden Sichtgeräten (800 x 600 Bildpunkte mindestens) läßt sich mit einer Maus als Eingabegerät eine sehr viel stärker graphisch orientierte Schnittstelle zwischen dem Benutzer und dem Rechner aufbauen. In einer Menüliste werden dem Benutzer ständig einige Grundfunktionen angeboten, die der Benutzer durch Ansteuern eines Zeigers mit Hilfe der Maus durch Tastendruck

ansprechen kann. Dann erscheint unter der angewählten Funktion ein weiteres Menü als ob ein Rollo heruntergezogen würde, auf dem das Menü steht. Durch Ansteuern mit der Maus kann dann eine Unterfunktion aktiviert werden. Dann schnellt das Rollo wieder hoch und der Text oder die Zeichnung, die vorher auf dem Schirm sichtbar waren, und durch das Rollo zum Teil verdeckt waren, erscheinen wieder.

Viel gebrauchte Funktionen sind durch einfache Symbole gekennzeichnet: z.B. ein Papierkorb für das Fortwerfen eines Textes oder ein Aktenschrank als Symbol für eine Datei: das Aktivieren des "Aktenschrankes" bringt das Inhaltsverzeichnis auf den Sichtschirm.

Diese Art der Schnittstelle ist für den Anwender einfacher zu handhaben als textorientierte Eingaben; der Aufwand im Anwenderprogramm allerdings ist erheblich. Man findet diese graphische Schnittstelle bei größeren 16-Bit Personal Computern und Großrechnern.

Sie wird sich vermutlich für viele Anwenderprogramme durchsetzen.

5 Exemplarische Beispiele mit weiteren Basic-Befehlen

5.1 Schleifen mit FOR-TO-(STEP-)NEXT

Besonders bei numerischen Problemlösungen, wie sie im technischen Bereich oft vorkommen, müssen Programmteile mehrfach wiederholt werden.

Am Beispiel der Berechnung einer WERTETABELLE wird gezeigt, daß häufig vorkommende Abfolgen elementarer Befehle durch Befehle mit "höherem Komfort" ersetzt werden können. Es soll eine Wertetabelle für die Gleichung Y = 2.35 * X * X - 0.9045 * X + 3.5075 von X=-3 bis X=+3 in Abständen von 1/2 berechnet werden.

Lösung 1 mit elementaren Befehlen

```
10 LET X = -3
20 LET Y = 2.35 * X * X - 0.9045 * X + 3.5075
30 PRINT X,Y
40 LET X = X + 1/2
50 IF X <= 3 THEN 20
60 END
```

Lösung 2 mit FOR-TO-(STEP-)NEXT

```
10 FOR X = -3 TO 3 STEP 1/2
20 LET Y = 2.35 * X * X - 0.9045 * X + 3.5075
30 PRINT X,Y
40 NEXT X
```

Bei dieser Lösung werden alle Anweisungen zwischen FOR und NEXT von X = -3 bis X = 3 in Schritten von 1/2 ausgeführt. Das heißt, zunächst wird Y mit X = -3, dann mit X = - 2.5, dann mit X = - 2 usw. bis X = 3 berechnet und ausgedruckt. Ohne STEP ist die Schrittweite grundsätzlich +1.

Auch hier ist zu beachten, daß die reellen Zahlen bei Applesoft-BASIC rechnerintern als Dualzahlen dargestellt werden. Es können bei Zahlen, die dezimal unproblematisch aussehen, Ungenauigkeiten in der letzten Stelle auftreten. Dies wäre in der Zeile FOR X=-3 TO 3 STEP 0.1 für X der Fall.

5.2 Hochauflösende Graphik

Bei den Mikrocomputern Apple II+, IIe und IIc sind graphische Darstellungen mit einer Auflösung von 280 mal 192 Punkten (X mal Y) möglich, wenn man den gesamten verfügbaren Bildschirmbereich nutzt. Die hierzu notwendigen BASIC-Befehle lassen sich nicht auf die eingeführten elementaren Befehle zurückführen.

Es ist möglich und meistens sinnvoll, daß man am unteren Bildschirmrand für Textausgaben vier Textzeilen beläßt. Dabei sind folgende Vorgaben zu berücksichtigen:

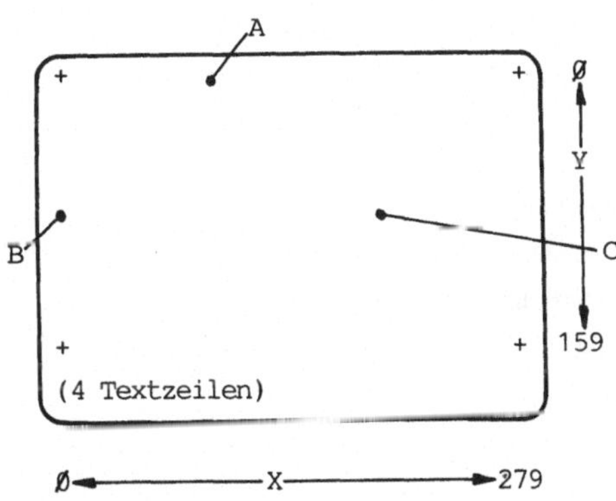

Abb. 5.2

Die Punkte A,B und C sind auf der nächsten Seite erläutert

Befehl	Wirkung
HGR	Umschaltung auf hochauflösende Graphik mit 280 mal 160 Punkten
HPLOT X,Y	Setzt einen Punkt bei X in der Horizontalen und Y in der Vertikalen. HPLOT Ø,Ø ist oben links
HPLOT X1,Y1 TO X2,Y2	Zeichnet eine Linie vom Punkt 1 mit den Koordinaten X1,Y1 zum Punkt 2 mit X2,Y2
TEXT	Schaltet den Bildschirm von HGR auf Textausgabe zurück (auch mit CTRL-RESET möglich)

Beipiel zur Direkteingabe

Befehl   Wirkung

CTRL-RESET   Bringt den Cursor an den unteren Bildschrimrand, damit
                         nach der Umschaltung auf HGR die Ein- und Ausgaben in
                         den vier Textzeilen angezeigt werden

HGR   Schaltet den HGR-Modus mit 280 mal 160 Punkten ein und
                         löscht den Bildschirmbereich

HCOLOR=3   Setzen der Farbe auf 3., da sonst evt. nicht alle
                         Punkte angezeigt werden

HPLOT Ø,Ø   Erzeugt einen Punkt in der oberen linken Ecke
HPLOT 1ØØ,Ø   Erzeugt einen Punkt bei X=1ØØ und Y=Ø (in Abb. A)
HPLOT Ø,1ØØ   Erzeugt einen Punkt bei X=Ø und Y=1ØØ (in Abb. B)
HPLOT 2ØØ,1ØØ   Erzeugt einen Punkt bei X=2ØØ und Y=1ØØ (in Abb. C)
HPLOT 2ØØ,16Ø   Erzeugt die Fehlermeldung xxx
HPLOT Ø,5Ø TO 279,5Ø   Zeichnet eine horizontale Linie
HPLOT 5Ø,Ø TO 5Ø,159   Zeichnet eine vertikale Linie
HPLOT Ø,Ø TO 279,159   Zeichnet eine Diagonale

Beispiel NORMALPARABEL

Zur Darstellung einer Normalparabel mit Hilfe der hochauflösenden Graphik ist
zunächst eine Vorbetrachtung notwendig:

Wertetabelle für Y = X * X

```
X |  -3 ... Ø ... +3
--+----------------------
Y |  +9 ... Ø ... +9
```

Aus der Wertetabelle ergibt sich bei einer X-Differenz von 6 Einheiten (von -3
bis +3) eine Y-Differenz von 9 Einheiten (von Ø bis +9). Eine direkte Übernahme
dieser Werte in HPLOT würde zu einer sehr kleinen Graphik führen. Um die
Normalparabel dem Bildschirm entsprechend zu vergrößern ist ein Multiplikator
erforderlich, der für eine unverzerrte Wiedergabe für X und Y gleich sein muß.

Zur Bestimmung des Vergrößerungsfaktors bestehen folgende Verhältnisse:

	X	Y
Wertetabelle	6	9
HPLOT	28Ø	16Ø

Daraus ergibt sich ein maximaler Vergrößerungsfaktor von 160 geteilt durch 9. Gewählt wurde im Beispiel der Faktor 15.

Da der Koordinaten-Nullpunkt der hochauflösenden Graphik links oben liegt, positive X-Werte zwar nach rechts, postive Y-Werte aber nach unten abgebildet werden, müssen zur üblichen Darstellung der Normalparabel die Y-Werte negiert und der Koordinatenursprung nach unten in die Mitte gelegt werden.

Lösung:

```
1Ø HGR
2Ø HPLOT 14Ø,Ø TO 14Ø,155
3Ø HPLOT Ø,15Ø TO 279,15Ø
4Ø FOR X = -3 TO 3 STEP 1/16
5Ø Y = X * X
6Ø HPLOT X * 15 +140, -Y * 15 +15Ø
7Ø NEXT X
```

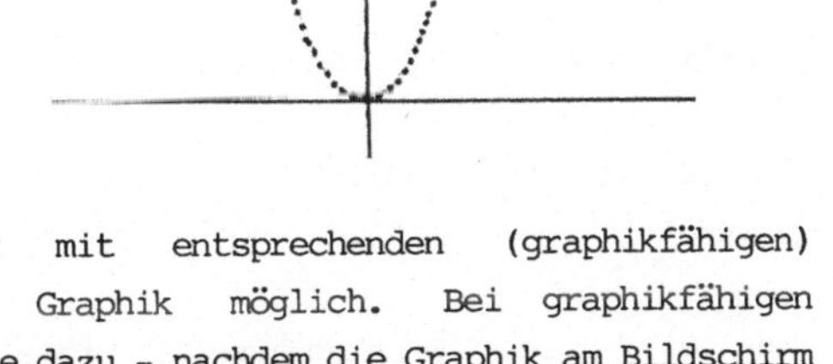

Nach der Programmabarbeitung ist mit entsprechenden (graphikfähigen) Matrixdruckern ein Ausdruck der Graphik möglich. Bei graphikfähigen Matrixdruckern (z.B. Epson FX80) wäre dazu - nachdem die Graphik am Bildschirm vorhanden ist - nur folgende Schritte nötig:

Befehl   Wirkung

PR#1   Schaltet die Ausgabe auf das Peripheriegerät um, dessen
           Interface sich im Slot (Steckplatz) Nr. 1 befindet (hier Drucker)
CTRL-Q   (Gemeinsames Drücken der CTRL-Taste und der Q-Taste)
           Befehl zum Ausdruck der hochauflösenden Graphik

5.3 Unterprogramme mit GOSUB-RETURN

Die Befehle GOSUB und RETURN lassen sich auf elementare Befehle zurückführen, d.h. Unterprogramme sind - weniger komfortabel - auch mit elementaren Befehlen möglich. Zum besseren Verständnis werden beide Möglichkeiten dargestellt.

Dazu wird als Beispiel für ein Unterprogramm die

RUNDUNG A

von Ausgabewerten auf die zweite Stelle nach dem Komma verwendet.

Applesoft-BASIC kennt keinen Befehl zu Formatieren bzw. Runden von reellen Zahlen. Das heißt, daß Rechenergebnisse mit bis zu neun tragenden Ziffern ausgegeben werden. Die im technischen Bereich übliche Rundung von Ergebnissen auf z.B. drei tragende Ziffern wird anschließend nicht verwendet, da der zugrundeliegende Algorithmus umfangreich ist und den Blick auf das Thema GOSUB-RETURN beeinträchtigen würde. Verwendet wird ein Rundungsalgorithmus, wie er bei Preisberechnungen notwenig ist.

Beispiele

Berechneter Wert	Gerundeter Wert
123.4549	123.45 (abgerundet)
123.4551	123.46 (aufgerundet)

Wenn die dritte Nachkommastelle größer oder gleich Fünf ist, dann wird aufgerundet, sonst wird abgerundet.

Hierzu wird der berechnete Wert (B) folgendermaßen manipuliert

Berechneter Wert B	123.4549	123.4551
Multiplikation mit 1Ø	12345.49	12345.51
Addition von Ø.5	12345.99	12346.Ø1
Ganzzahliger Anteil	12345	12346
Division durch 1ØØ	123.45	123.46
ergibt gerundeter Wert (G)		

Eine erste Lösung in BASIC wäre:

```
1Ø INPUT B
2Ø LET X = B * 1ØØ
3Ø LET Y = X + Ø.5
4Ø LET Z = INT(Y)
5Ø LET G = Z/1ØØ
6Ø PRINT G
```

Oder zusammengefaßt:

```
1Ø INPUT B
2Ø LET G = INT ( B * 1ØØ + Ø.5 ) / 1ØØ
3Ø PRINT G
```

Auch hier sind durch die rechnerinterne Verwendung von Dualzahlen Ungenauigkeiten in der letzten Stelle der reellen Zahlen zu beachten, sodaß der Algorithmus in Grenzfällen falsch rundet. Beispiel für eine falsche Rundung: Eingabe von xxx.

Zur Darstellung der Unterprogrammtechnik in BASIC wird nun die Problemlösung Runden in das im Kapitel 4.2 (Ein linearer Algorithmus) eingeführte BASIC-Programm zu Berechnungen am rechtwinkligen Dreieck eingefügt. Damit ergibt sich zunächst:

Lösung ohne Unterprogramm

```
1Ø INPUT K1
15 INPUT K2
2Ø LET C = SQR (K1 2 + K2 2)
3Ø LET U = K1 + K2 + C
4Ø LET WB = ATN (K1 / K2)
45 LET W = WB * 18Ø / 3.14159
5Ø LET A = K1 * K2 / 2
6Ø PRINT  INT ( C * 1ØØ + Ø.5 ) / 1ØØ
7Ø PRINT  INT ( U * 1ØØ + Ø.5 ) / 1ØØ
8Ø PRINT  INT ( W * 1ØØ + Ø.5 ) / 1ØØ
9Ø PRINT  INT ( A * 1ØØ + Ø.5 ) / 1ØØ
```

In dieser Lösung wurde der Rundungsalgorithmus viermal verwendet. Hier und noch mehr bei größeren im selben Programm wiederholt vorkommenden Algorithmen ist es sinnvoll, wenn man den Algorithmus als Unterprogramm einmal programmiert und von verschiedenen Stellen des "Hauptprogramms" aus mehrfach verwendet.

Lösung mit Unterprogramm ohne GOSUB-RETURN (nicht anwenderfreundlich)

```
1Ø  INPUT K1
15  INPUT K2
2Ø  LET C = SQR (K1 2 + K2 2)
3Ø  LET U = K1 + K2 + C
4Ø  LET WB = ATN (K1 / K2)
45  LET W = WB * 18Ø / 3.14159
5Ø  LET A = K1 * K2 / 2
6Ø  LET X = C
62  LET I = 1
64  GOTO 1ØØ
7Ø  LET X = U
72  LET I = 2
74  GOTO 1ØØ
8Ø  LET X = W
82  LET I = 3
84  GOTO 1ØØ
9Ø  LET X = A
94  GOTO 1ØØ
99  END
1ØØ REM UNTERPROGRAMM
11Ø PRINT INT ( X * 1ØØ + Ø.5 ) / 1ØØ
12Ø IF I = 1 THEN 7Ø
13Ø IF I = 2 THEN 8Ø
14Ø IF I = 3 THEN 9Ø
15Ø GOTO 99
```

Das in diesem Programm notwendige Setzen der Variablen I und deren Abfrage im Unterprogramm kann durch die Befehle GOSUB-RETURN ersetzt werden. Darüber hinaus wurde die folgende Lösung anwenderfreundlich gestaltet.

Lösung mit GOSUB-RETURN (anwenderfreundlich)

```
1   REM  BIZ WORMS, 1984, GOSUB-RETURN, AF
3   LET PI = 3.14159
5   HOME
7   PRINT "BERECHNUNGEN AM RECHTW. DREIECK"
8   PRINT
10  INPUT "GIB KAT1 IN METER EIN: ";K1
15  INPUT "GIB KAT2 IN METER EIN: ";K2
20  LET C = SQR (K1 2 + K2 2)
30  LET U = K1 + K2 + C
40  LET WB = ATN (K1 / K2)
45  LET W = WB * 180 / PI
50  LET A = K1 * K2 / 2
55  PRINT
59  LET X = C
60  PRINT "HYPOTH.= ";
61  GOSUB 100
62  PRINT " M"
69  LET X = U
70  PRINT "UMFANG = ";
71  GOSUB 100
72  PRINT " M"
79  LET X = W
80  PRINT "WINKEL = ";
81  GOSUB 100
82  PRINT " GRAD"
89  LET X = A
90  PRINT "FLÄCHE = ";
91  GOSUB 100
92  PRINT " QM"
99  END
100 REM UP RUNDEN
110 G = INT ( X * 100 + 0.5 ) / 100
120 PRINT G;
130 RETURN
```

Ein großer Arbeitsvorteil entsteht natürlich dann, wenn das Unterprogramm nicht nur aus einer Zeile (hier 11Ø), sondern aus mehreren Zeilen besteht. Ein ab der Zeile 11Ø einfügbares Unterprogramm zum Runden auf eine Anzahl tragender Stellen ist im folgenden Kapitel über $-Variable enthalten.

5.4 Variable (String)

Bisher wurden Variablen der Art A ... Z, AA ... ZZ und AØ ... Z9 für reelle Zahlen verwendet. Zum Verarbeiten von Zeichenketten (Strings), z.B. "TEXT1", verwendet man die sogenannten $-Variablen. In den meisten BASIC-Dialekten kann eine $-Variable bis zu 255 Zeichen enthalten.

Beispiel 1   Ausführung

1Ø INPUT A$ RUN
2Ø INPUT B$?ZEICHEN
3Ø LET C$ = A$ + B$?FOLGE
4Ø PRINT C$ ZEICHENFOLGE

Bei $-Variablen führt "+" also zu einer Verkettung von Zeichenfolgen.

Beispiel 2

In einem Programm soll mit der Formel Geschwindigkeit = Weg / Zeit eine der drei Umstellungsmöglichkeiten gewählt werden können. Eine mögliche Lösung wäre:

```
10 PRINT "BERECHNUNG MIT V,S,T"
2Ø PRINT
3Ø PRINT "WAS IST GESUCHT?"
4Ø INPUT "WÄHLE V,S ODER T: ",A$
5Ø PRINT
6Ø IF A$ = "S" THEN 2ØØ
7Ø IF A$ = "T" THEN 3ØØ
1ØØ REM BERECHNUNG VON V MIT S,T
11Ø INPUT "GIB S IN M EIN: ";S
12Ø INPUT "GIB T IN S EIN: ";T
13Ø LET V = S / T
14Ø PRINT "V= ";V;" M/S"
15Ø GOTO 1Ø
2ØØ REM BERECHNUNG VON S MIT V,T  usw.
```

Für die Verarbeitung von $-Variablen gibt es eine Anzahl weiterer Befehle.

```
X = LEN(A$)          X ergibt die Zeichenanzahl von A$
X$ = STR$(X)         Wandelt den numerischen Wert X um in die Zeichenfolge X$
X = VAL(A$)          Wandelt eine Zeichenfolge A$ in eine Zahl X um
L$ = LEFT$(A$,X)     L$ ergibt die X linken Zeichen von A$
R$ = RIGHT$(A$,X)    R$ ergibt die X rechten Zeichen von A$
M$ = MID$(A$,X,Y)    M$ ergibt Y Zeichen ab dem X-ten Zeichen
X = ASC(A$)          X ergibt den Wert im ASCII-Code des ersten Zeichens von A$
A$ = CHR$(X)         A$ ergibt das ASCII-Zeichen, dessen Code X ist
```

5.5 Indizierte Variable (Array)

Bisher wurden "einfache" Variable wie A, B ... Z, AA, AB ... ZZ oder A0, A1 ... A9 verwendet. In den Kapiteln 3.8.1 und 3.8.2 wurden mit FOR-TO-(STEP-)NEXT-Schleifen Wertetabellen berechnet. Dabei wurden die einzelnen zusammengehörigen Wertepaare X und Y nach der jeweiligen Berechnung sofort ausgedruckt oder zum Plotten verwendet, so daß bei der Berechnung des folgenden Wertepaares die gleichen Variablennamen X und Y erneut verwendet werden konnten.

Damit waren alle berechneten Werte zwar in Form einer Wertetabelle oder einer Graphik am Bildschirm oder auf Papier dokumentiert. Eine Weiterverwendung - z.B. eine nachträgliche Analyse - der Werte war aber nicht möglich, da die gesamte Wertetabelle im Computer nicht mehr zur Verfügung stand.

Es soll deshalb nun ein Verfahren vorgestellt werden, das sich mit Hilfe indizierter Variablen zur Speicherung von Tabellen (z.B. auch Meßwerten) im Interspeicher eignet.

Die folgende Übung im Direktmodus zeigt das Prinzip:

```
A = 1
A1 = 2
A(1) = 3
PRINT A
1
PRINT A1
2
PRINT A(1)
3
N = 1
A(N) = 5
PRINT A(1)
5
A(3) = 10
M = 2
PRINT A(N+M)
10
```

Programmbeispiel:

```
10 REM INDIZIERTE VARIABLE
20 PRINT "INDIZIERTE WERTEERFASSUNG"
30 PRINT
40 INPUT "WIEVIELE WERTE SOLLEN ERFASST WERDEN? ";N
50 DIM W$(N) : REM DIMENSIONIERUNG DES SPEICHERS
60 FOR I = 1 TO N
70 PRINT "GIB WERT NR. ";I;" EIN:"
80 INPUT W$(I)
90 NEXT I
100 PRINT "INDIZIERTE WERTEAUSGABE"
110 PRINT
120 INPUT "AUSGABE VON WERT NR.: ";J
130 PRINT "ERGEBNIS= ";W$(J)
140 PRINT
150 PRINT "ENDE MIT CTRL-RESET"
160 GOTO 110
```

5.6 Daten auf der Diskette

Auch bei Anwendungen von Mikrocomputern in der Meß- und Regelungstechnik ist es notwendig, Daten auf der Diskette zu sichern.

Deshalb wird anschließend das Schreiben und Lesen für sequentielle Textfiles (File = Ablage) dargestellt. Textfiles können aus Zeichenketten oder Zahlen bestehen.

```
10 REM SEQUENT. SCHREIBEN AUF DISK      10 REM SEQUENT. LESEN VON DISK
20 D$ = CHR$(4)                         20 D$ = CHR$(4)
30 INPUT "ANZAHL DATEN: ";N             30 PRINT D$;"OPEN SEQDAT"
40 FOR I=1 TO N                         40 PRINT D$;"READ SEQDAT"
50 INPUT A$(I)                          50 INPUT N
60 NEXT I                               60 FOR I=1 TO N
70 PRINT D$;"OPEN SEQDAT"               70 INPUT A$(I)
80 PRINT D$;"WRITE SEQDAT"              80 NEXT I
90 PRINT N                              90 PRINT D$;"CLOSE SEQDAT"
100 FOR I=1 TO N                        100 FOR I=1 TO N
110 PRINT A$(I)                         110 PRINT A$(I)
120 NEXT I                              120 NEXT I
130 PRINT D$;"CLOSE SEQDAT"             130 REM ENDE SEQDAT LESEN
140 REM ENDE SEQDAT SCHREIBEN
```

In diesem Programm wird D$ als Abkürzung von CHR$(4) nach PRINT verwendet, womit der folgende Befehl an die Diskettenstation übermittelt wird. Danach senden alle zwischen WRITE und CLOSE eingeschlossenen PRINT-Befehle Daten auf die Diskette während alle zwischen READ und CLOSE eingeschlossen INPUT-Befehle Daten von der Diskette lesen.

5.7 Technisches Zahlenformat

Das folgende (Unter-)Programm rundet den Zahlenwert X auf eine festzulegende (signifikante) Stellenanzahl SS. Dabei wird, soweit erforderlich, das Ergebnis in technisch üblicher Zehnerpotenzschreibweise ausgegeben.

```
10   REM  TECHNIK-FORMAT, GERHARD JUNKER, WORMS, JUNI 84
15   HOME : INVERSE : PRINT "DEMONSTRATION TECHN.-FORMAT" : NORMAL : PRINT
17   PRINT "<1> EINGABE / <2> ZUFALLSZAHLEN ";
18   GET X$: ON VAL (X$) GOTO 19,25: GOTO 18
19   HOME
20   PRINT : INPUT "SIGN. ST. (3-8), ZAHL ";SS,X
22   IF SS > 8 OR SS < 3 THEN 20
23   GOSUB 1000: PRINT "     "X: GOTO 20
24   :
25   HOME : INPUT "SIGNIFIKANTE STELLEN (3-8) ";SS
27   IF SS > 8 OR SS < 3 THEN 25
30   PRINT : FOR I = 1 TO 20: PRINT RIGHT$ ("    " + STR$ (I),2) + ":";
40   X = I * ( RND (I) - RND (5)) * 10 ^ (2 * I - 17)
50   GOSUB 1000: PRINT SPC( 5);X
60   NEXT : PRINT : PRINT "RETURN DRUECKEN ";
70   GET X$: GOTO 25
80   :
1000   REM UNTERPROGRAMM TECHNIK-FORMAT
1005   REM SS = SIGNIFIKANTE STELLENANZAHL
1006   REM  X = ZU FORMATIERENDE ZAHL
1010   XE = 0 : H = ABS (X)
1020   IF X = 0 THEN XM$ = " 0.": GOTO 1100
1030   XE$ = RIGHT$ ( STR$ (H),4)
1040   IF LEFT$ (XE$,1) < > "E" THEN H = H * 1E15: XE = -15: GOTO 1030
1050   XM = H / VAL ("1" + XE$) + 5 / 10 ^ SS
1060   IF XM > = 10 THEN XM = XM / 10: XE = XE + 1
1070   H = VAL ( RIGHT$ (XE$,3)) + XE
1072   XE = INT ( H / 3 + .5) * 3
1076   H = H - XE: XM$ = STR$ (XM * 10 ^ H)
1080   IF X < 0 THEN XM$ = "-" + XM$: GOTO 1090
1085   XM$ = " " + XM$
1090   IF MID$ (XM$,H + 3,1) < > "." THEN XM$ = XM$ + "."
1100   XM$ = LEFT$ (XM$ + "000000000",SS + 2)
1110   IF XE = 0 THEN X$ = XM$ + "     ": GOTO 1180
1120   XE$ = STR$ (ABS (XE)): X$ = "+"
1150   IF XE < 0 THEN X$ = "-"
1160   XE$ = X$ + RIGHT$ ("00" + XE$,2)
1170   X$ = XM$ + "E" + XE$
1180   PRINT X$;: RETURN
```

Beispiele mit signifikanter Stellenzahl SS = 3

zu formatierende Zahl   formatierte Zahl mit Maßeinheit
                         z.B. mit PRINT X;" WATT"

  1.Ø9749982E-13   .13ØE-15 WATT

 -1.61517353E-11   -16.2E-12 WATT

  .Ø1Ø96220Ø72   11.ØE-Ø3 WATT

 17.9Ø58532   17.9   WATT

 1898.62429   1.9ØE+Ø3 WATT

 -3.65874381E+11   -.366E+12 WATT

Erläuterungen zum Programm:

Vor Unterprogrammaufruf (GOSUB 1ØØØ) müssen die Variablen
X (zu formatierende Zahl) und SS (signifikante Stellenzahl) gesetzt sein.

Zeile(n) :

1Ø1Ø   : Startwerte setzen
1Ø2Ø   : Spezialfall X=Ø abfangen
1Ø3Ø-1Ø4Ø : wissentschaftliche Darstellung erzeugen und
            Exponent in XE$ und XE kombiniert halten
1Ø5Ø   : Mantisse erzeugen und runden
1Ø6Ø   : Mantisse überprüfen, ob eventuell durch Rundung ein Wert = 1Ø
            entstanden ist (z.B. X=9.997 SS=3)
1Ø7Ø-1Ø72 : Exponent in technische Form bringen (3-er Sprung)
1Ø76   : Mantisse entsprechend dem geänderten Exponenten anpassen
1Ø8Ø-1Ø85 : Mantisse mit Vorzeichen versehen (für "+" Blank)
1Ø9Ø   : Dezimalpunkt in Mantisse sicherstellen
11ØØ   : Mantisse auf gewünschte Stellenzahl bringen
111Ø   : bei Exponent Ø den dafür vorgesehenen Platz mit 4 Blanks belegen
112Ø-115Ø : Exponentenvorzeichen ermitteln
116Ø   : Exponent auf erforderliches Format bringen
117Ø   : darzustellendes Format erzeugen
118Ø   : erzeugtes Format ausgeben (";" am Ende ist erforderlich, um in
            einer Reihe mehrere Zahlen ausgeben zu können)

5.8 Verwendung eines Color-Plotters

Beim Ausdruck hochauflösender Graphik mit einem Matrixdrucker ergeben sich
häufig Probleme, da Linien aus Punkten zusammengesetzt werden. In vielen
technischen Anwendungen aber benötigt man sowohl eine höhere Präzision, als
auch Farbe. Deshalb wird anschließend am Beispiel des Apple-Color-Plotters eine
exemplarische Anwendung mit der schon bekannten Normalparabel gegeben.

Der Plotter hat vier Farben und ist in den Programmiersprachen BASIC und PASCAL
sehr einfach ansteuerbar. Das nun folgende kleine Programm ist so gestaltet,
daß es die grundlegenden Plotterkommandos enthält.

Basic-Programm Nr.1

```
10 PR#2
20 PRINT "PS1"
30 PRINT "MA350,200"
40 PRINT "XT2,150,11"
80 PRINT "MA1100,50"
90 PRINT "YT2,150,11"
330 PRINT "PS2"
340 FOR X = -4 TO 4 STEP 1/100
350 Y = X * X
360 IF X = -4 THEN PRINT "MA";1100+X*150,200+Y*150
370 PRINT "DA";1100+X*150,200+Y*150
380 NEXT X
390 PRINT "CH"
400 PR#0
```

Betrachtet man dieses Basic-Programm, so fallen sofort die zahlreichen
PRINT-Befehle auf.Das liegt daran, daß sämtliche Plotterkommandos in diesen
Basic-Befehl eingebaut werden, wobei die ersten beiden Buchstaben des Kommandos
einen Code für den Plotter darstellen, durch den er den Befehl identifizieren
kann (z.B. "MA...").

Auf diesen Code folgen dann, je nach Kommando, die Parameter, die durch sog.
Seperatormarken voneinander getrennt werden (hier wurde das Komma gewählt).
Auch ist es möglich mehrere Plotterbefehle in einem einzigen PRINT-Befehl
unterzubringen (Trennung durch Semikolon).

Bsp.: PRINT "PS1;DA1ØØØ,1ØØØ;DR5Ø,5Ø"

Der besseren Übersicht und dem Verständnis wegen aber werden hier alle Befehle getrennt angeführt. Der anschließende Ausdruck ist aus drucktechnischen Gründen nur schwarz/weiß.

Erklärung des Basic-Programms Nr.1

Zeile(n)   Erklärung

1Ø   Umschalten der Ausgabe auf Slot 2 (Plotteranschluß)

2Ø   Wahl der Plotterfarbe n (hier n=1, Farbe schwarz)
             Allgemeine Befehlsform: PSn (n=1-4)

3Ø   Absolute Positionierung des Plotterstiftes auf die Koordinaten
             x und y
             Allgemeine Befehlsform: MAx,y
             x = Vertikale Koordinate   (Werte von Ø-2394 sind erlaubt)
             y = Horizontale Koordinate (Werte von Ø-1759 sind erlaubt)
             Der Nullpunkt befindet sich auf dem Papier in der linken oberen
             Ecke
             Wichtig : Bei diesem Kommando wird nichts gezeichnet

4Ø   Plotten der X-Achse: Allgemeine Befehlsform: XTp,q,r(,tp,tn)
             Der Parameter p kann hiebei Werte von Ø-3 annehmen
             Wählt man für p den Wert Ø oder 2, dann gibt der Parameter q die
             Länge eines Intervalls an, andernfalls die Gesamtlänge der Achse
             Der Unterschied der Werte Ø oder 2 bzw. 1 oder 3 für p liegt darin,
             daß jeweils im 1.Fall mit einer Achsenmarkierung begonnen und
             danach das 1.Intervall gezeichnet wird, im 2.Fall genau umgekehrt
             Die optionalen Parameter tp/tn geben die Länge der
             Achsenmarkierungen an (tp in positive, tn in negative Richtung)
             Fehlt die Angabe diese Parameter, wird automatisch eine Länge von
             1Ø Einheiten (=1mm) beide Richtungen gewählt
             Im Programm selbst hat also die X-Achse eine Intervall-Länge von
             15Ø Einheiten (15mm), die 1.Achsenmarkierung wird nach dem
             1.Intervall gesetzt

80   Absolute Positionierung des Plotterstiftes auf die Koordinaten
            1100,50

90   Plotten der Y-Achse
            Allgemeine Befehlsform: YTp,q,r(,tp,tn)
            (siehe Erklärung zu Zeile 40)

330   Wahl der Plotterfarbe 2 (rot)

340-380   FOR-TO-Schleife zur Berechnung der Y-Werte und zum Plotten des
            Graphen
            Die X-Werte reichen dabei von -4 bis 4 mit der Schrittweite 1/100
            (dadurch wird der Funktionsgraph besonders genau)

350   Berechnung des Funktionswertes (y = x * x)

360   Absolute Positionierung des Plotterstiftes auf den 1.Funktionswert
            (dabei wird nicht gezeichnet)
            Bei sofortigem Zeichnen würde eine Linie vom derzeitigen Standpunkt
            des Plotterstiftes bis zu diesem Funktionswert entstehen
            Da der Ursprung des Koordinatensystems bei 1100,200 liegt, müssen
            bei der Intervall-Länge von 150 Einheiten zu diesen Koordinaten
            jeweils noch x * 150 bzw. y * 150 addiert werden

370   Zeichnet eine Linie von der jetzigen Position zu dem Punkt mit den
            Koordinaten x und y (dadurch wird z.B das Plotten von stetigen
            Funktionen möglich)
            Allgemeine Befehlsform: DAx,y(,x,y...)

380   Ende der FOR-TO-Schleife

390   Bewegt den Plotterstift ohne zu Zeichnen wieder zum Ausgangspunkt
            (Home-Status) zurück (dadurch wird beispielsweise der Papierwechsel
            ermöglicht)
            Allgemeine Befehlsform: CH

400   Zurückschalten auf Bildschirmausgabe

Zur weiteren Verfeinerung dieses Programms werden nun weitere Befehle zur Beschriftung der Achsen, sowie zur besonderen Kennzeichnung einiger Funktionswerte eingebaut. Es ergibt sich damit folgendes Aussehen:

Basic-Programm Nr.2

```
10 PR#2
20 PRINT "PS1"
30 PRINT "MA350,200"
40 PRINT "XT2,150,11"
50 PRINT "LS120"
60 PRINT "LR-90"
70 PRINT "PM10"
80 PRINT "MA1100,50"
90 PRINT "YT2,150,11"
100 PRINT "LR0"
110 PRINT "PM10"
120 PRINT "PS3"
130 PRINT "MA2050,250"
140 PRINT "LS60"
150 PRINT "PLX";CHR$(3):REM CTRL-C
160 PRINT "MA1000,1680"
170 PRINT "PLY";CHR$(3)
180 PRINT "LS30"
190 PRINT "PS4"
200 FOR I = -5 TO 5
210 PRINT "MA";1070+I*150;",160"
220 PRINT "PL";I;CHR$(3)
230 NEXT I
240 FOR I = 1 TO 9
250 PRINT "MA1060,";185+I*150
260 PRINT "PL";I;CHR$(3)
270 NEXT I
280 PRINT "PS1"
290 FOR X = -3 TO 3
300 Y = X * X
```

```
310 PRINT "CA10,";1100+X*150,200+Y*150
320 NEXT X
330 PRINT "PS2"
340 FOR X = -4 TO 4
350 Y = X * X
360 IF X = -4 THEN PRINT "MA";1100+X*150,200+Y*150
370 PRINT "DA";1100+X*150,200+Y*150
380 NEXT X
390 PRINT "CH"
400 PR#0
```

Erklärung des Basic-Programms Nr.2

Zeile(n)	Erklärung

10-40   Siehe Basic-Programm Nr.1

50   Wahl der Buchstabenhöhe h (hier 120 Einheiten = 12mm)
Wird der Befehl weggelassen, beträgt die Höhe automatisch
30 Einheiten
Allgemeine Befehlsform: LSh

60   Alle nachfolgend geplotteten Zeichen werden um den Winkel k gedreht
Der Winkel wird von der X-Achse aus im Uhrzeigersinn gemessen
Wird der Befehl weggelassen, hat k automatisch den Wert 0 Grad
Allgemeine Befehlsform: LRk

70   Plotten des Spezial-Zeichens n (hier der X-Achsenpfeil)
Allgemeine Befehlsform: PMn (n=2-15)

80-90   Siehe Basic-Programm Nr.1

100-110   Siehe Erklärung zu Zeile 60-70 (Plotten des Y-Achsenpfeils, deshalb
Winkel = 0 Grad)

120   Wahl der Plotterfarbe 3 (grün)

130   Absolute Positionierung auf den Punkt 2050,250

140   Buchstabenhöhe wird auf 60 Einheiten gesetzt (6mm)

150   Plotten von Zeichen bzw. Zeichenketten
           (hier ein X zur Achsenkennzeichnung)
           Der Abschluß der Zeichenkette muß mit einem CTRL-C
           (Text-Ende-Zeichen) erfolgen
           Allgemeine Befehlsform: PL<text>CTRL-C

160   Positionierung auf den Punkt 1000,1680

170   Plottet ein Y zur Y-Achsen-Kennzeichnung

180   Wahl der Buchstabenhöhe 3mm (Normalhöhe)

190   Wahl der Plotterfarbe 4 (blau)

200-230   FOR-TO-Schleife zur Skalierung der X-Achse
           (Bereich von -5 bis 5)

210   Absolute Positionierung des Plotterstiftes an die jeweiligen
           Markierungen der X-Achse

220   Plotten der ganzen Zahlen von -5 bis 5

230   Ende der FOR-TO-Schleife

240-270   FOR-TO-Schleife zur Skalierung der Y-Achse
           (Bereich von 1-9)

250   Absolute Positionierung des Plotterstiftes an die jeweiligen
           Markierungen der Y-Achse

260   Plotten der ganzen Zahlen von 1 bis 9

27Ø   Ende der FOR-TO-Schleife

28Ø   Wahl der Ploterfarbe 1 (schwarz)

29Ø-32Ø   FOR-TO-Schleife zur besonderen Kennzeichnung einiger Funktionswerte
           (für alle ganzzahligen X-Werte von -3 bis 3)

3ØØ   Berechnung der Funktionswerte (y = x * x)

31Ø   Plotten eines Kreises mit Radius r um den Punkt mit den Koordinaten
           x und y
           Bei fehlender Angabe der optionalen Parameter x und y wird der
           Kreis um die derzeitige Plotterstiftposition gezeichnet
           Allgemeine Befehlsform: CAr(,x,y)

32Ø   Ende der FOR-TO-Schleife

33Ø-4ØØ   Siehe Basic-Programm Nr.1

Weitere wichtige Plotterbefehle :

Arbeitsgebiet-Kommandos :

Kommando   Aktion

SPn (n=Ø-8)   Festlegung des Papierformats
VPa,b,c,d   Es kann nur noch im rechtwinkligen "Fenster" von der Ecke
                      a,b zur Ecke c,d geplottet werden

Plotterstift-Kommandos :

Kommando   Aktion

PVn (n=1-1Ø)   Plot-Geschwindigkeit in cm/sek

Bewegungs-Kommandos (ohne Zeichnen) :

Kommando	Aktion
MRx,y	Relative Positionierung um x Einheiten in x-Richtung und y Einheiten in y-Richtung weiter (von der derzeitigen Position aus)

Zeichen-Kommandos :

Kommando	Aktion
DRx,y(,x,y...)	Zeichnet gerade Linie(n) von der derzeitigen Position um x Einheiten in x-Richtung und y Einheiten in y-Richtung
PM1	Zeichnet einen einzelnen Punkt an die derzeitige Position
ACr,a,b(,x,y)	Zeichnet einen Kreisbogen mit Radius r vom Winkel a zu Winkel b um den derzeitigen Standpunkt, bzw. um den Punkt x,y (der Winkel wird von der X-Achse aus gegen den Uhrzeigersinn gemessen)

Text-Schreib-Kommandos :

Kommando	Aktion
SLk	Zeichnet nachfolgende Buchstaben um k Grad kursiv von der vertikalen Richtung der Buchstaben aus gesehen
LFn (n=0-6)	Wahl des Zeichensatzes n

Linien-Muster-Kommandos :

Kommando	Aktion
LTp(,k)	Wahl des Standardmusters p (Muster wird alle k Einheiten wiederholt)
ULd1,m1	Festlegung eines selbst zusammengestellten Musters ("Benutzer-Muster")
(,d2,m2...d6,m6)	d:Zeichen-Intervall, m:Leerraum-Intervall
LT0	Benutzung des zusammengestellten Linienmusters

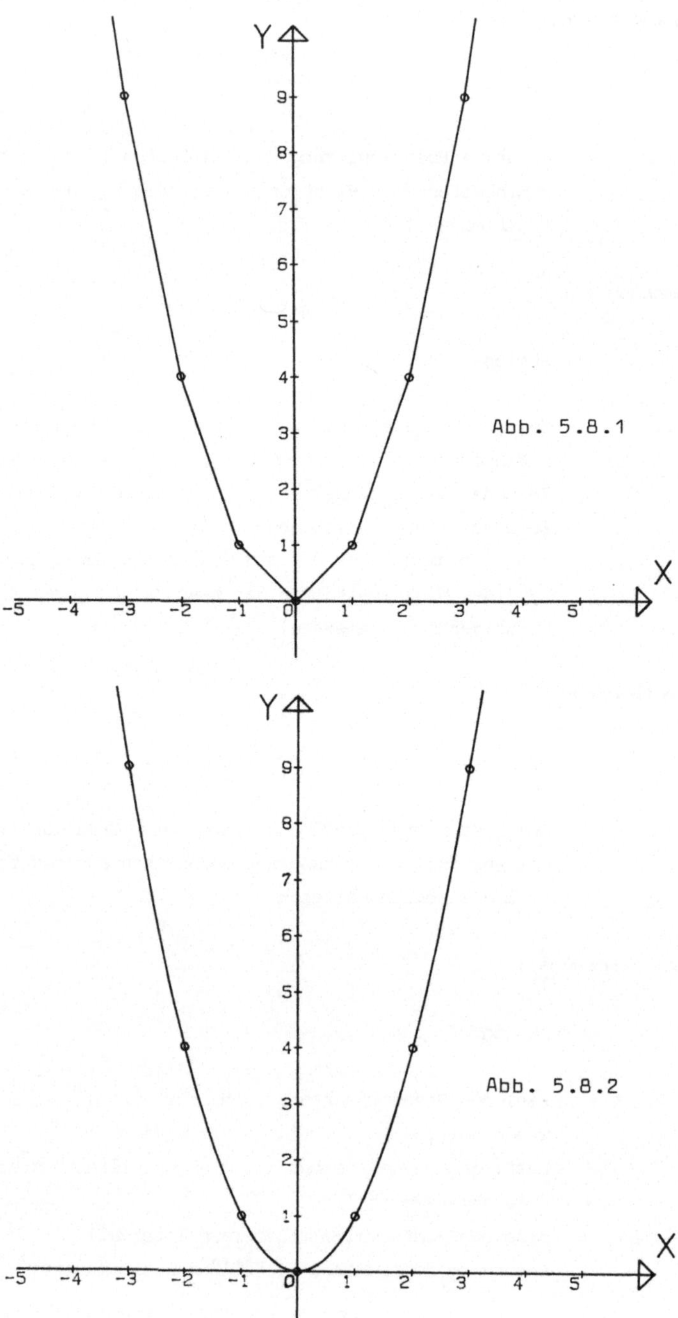

Abb. 5.8.1

Abb. 5.8.2

5.9 Meß- und Regelungstechnik mit dem Mikrocomputer

Mikrocomputer eignen sich auch für die Meß- und Regelungstechnik. Die anschließend beschriebene Schaltung und die Programmbeispiele benutzen zur Kostensenkung anstatt zusätzlicher Schnittstellen die durch den Ein-/Ausgabe-Anschluß (Spielregleranschluß) im Apple II-Grundgerät eingebauten analogen und digitalen Ein- und Ausgänge. Der Ein-/Ausgabe-Anschluß wird im Apple II-Benutzerhandbuch Seite 25ff genau beschrieben.

Eine einfache Demonstration der Eigenschaften eines analogen Eingangs, der analoge Änderungen eines Widerstandswertes (Ø Ohm bis 15Ø kOhm) digitalisiert, ist zu erreichen, wenn zwischen +5 Volt und dem ersten analogen Eingang (Nr.Ø) eine Diode in Sperrichtung geschaltet und das folgende Programm gestartet wird:

```
1Ø REM ANALOGWERT AUSGEBEN
2Ø PRINT PDL(Ø)
3Ø GOTO 2Ø
4Ø REM ENDE MIT CTRL-RESET
```

Beim Erhitzen der Diode z.B. mit einem Feuerzeug verändert sich der durch PRINT PDL(Ø) am Bildschirm angezeigte dezimale Wert von zunächst 255 in Richtung kleinerer Werte. Eine andere Form der Auswertung ist:

```
1Ø REM ANALOGWERT AUSWERTEN
2Ø LET A=PDL(Ø)
3Ø IF A>22Ø THEN PRINT "ZU KALT"
4Ø IF A>=5Ø AND A<=22Ø THEN PRINT "OPTIMAL"
5Ø IF A<5Ø THEN PRINT "ZU WARM"
6Ø VTAB 1: HTAB 1
7Ø GOTO 2Ø
8Ø REM END MIT CTRL-RESET
```

Beim Anschluß einer Leuchtdiode am Digitalausgang Nr.0 kann man die Temperaturzustände z.B. durch die Zustände Aus, Blinken und Ein der Leuchtdiode darstellen:

```
1Ø REM ANALOGWERT SCHALTET
2Ø A=PDL(Ø)
3Ø IF A>22Ø THEN POKE 49241,Ø
4Ø IF A>=5Ø AND A<=22Ø THEN GOSUB 1ØØ
5Ø IF A<5Ø THEN POKE 4924Ø,Ø
6Ø GOTO 2Ø
1ØØ REM UNTERPROGRAMM BLINKEN
11Ø POKE 4924Ø,Ø
12Ø FOR I=1 TO 1ØØ:NEXT I
13Ø POKE 49241,Ø
14Ø FOR I=1 TO 1ØØ:NEXT I
15Ø RETURN
2ØØ REM END MIT CTRL-RESET
```

Durch POKE 4924Ø,X wird der Digitalausgang Nr.Ø ausgeschaltet, durch
POKE 49241,X wird er eingeschaltet. Hierbei kann X einen beliebigen Wert
zwischen Ø und 255 annehmen.

Nun soll ein Regelschaltkreis mit einem Mikrocomputer dargestellt werden.
Nachdem der Regelschaltkreis gemäß dem Schaltbild (Abb. 5.9, nächste Seite)
aufgebaut und über den Game I/O-Connector mit dem Computer verbunden wurde,
kann mit der Regelung begonnen werden. Dabei wird vorausgesetzt, daß sich an
der Netzregelseite zum Beispiel ein Föhn mit 1ØØØ Watt Leistung befindet. Es
existieren über den Game I/O-Connector neben der Stromversorgung zwei
Verbindungen nach draußen:

Eingabe: Ein Heißleitwiderstand mit dem Nennwert 15ØK Ohm reagiert als
Temperatursensor. Dabei werden die analogen Temperaturwerte zwischen 2Ø und
etwa 2ØØ Grad Celsius umgewandelt in einen dezimalen Wert zwischen Ø und 255.
Temperaturen kleiner oder gleich 2Ø Grad Celsius entsprechen dem Dezimalwert
255, höhere Temperaturen werden durch kleinere Zahlen signalisiert (Achtung:
Diese Umwandlung ist nicht linear, daß heißt eine doppelt so hohe Temperatur
hat keinen doppelt so kleinen Dezimalwert!).

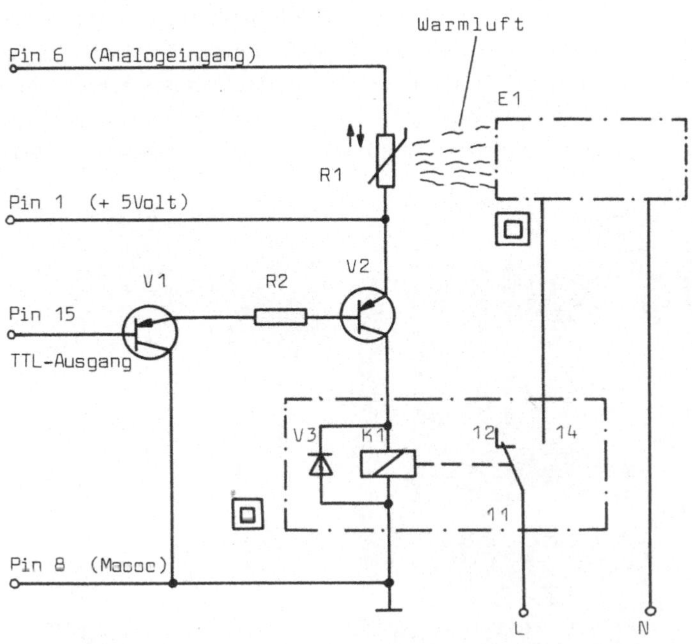

Stückliste

V1: BC 56Øc
V2: 2N 492Ø
V3: BA 159
E1: Fön 22ØV/ca. 8ØØW

R1: 15Ø KΩ /NTC
R2: 82Ø Ω
K1: Relais 8V/22ØV 1ØA
    z.B. SCHUPA IFR-1lll

Abb. 5.9   Regelschaltung in Ruhestellung

Originalausdruck am Epson FX 80 (verkleinert)

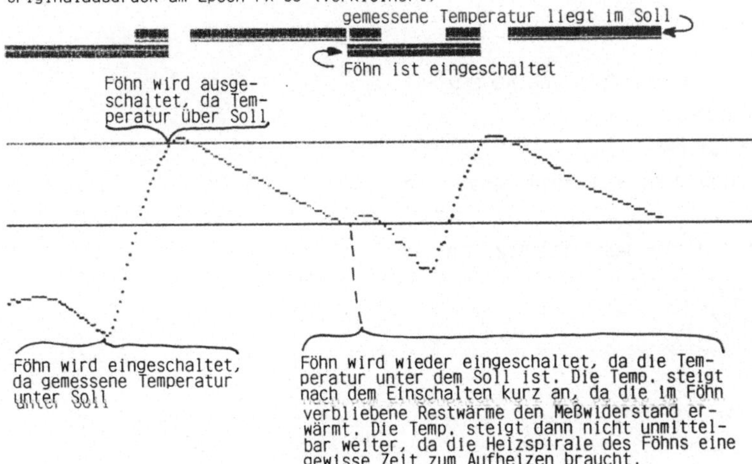

Ausgabe: Als Regelleitung fungiert eine digitale Leitung, die die Werte Ø oder
1 annimmt. Dieses schwache digitale Signal wird mit Hilfe eines Darlington -
Verstärkers an den Regeleingang eines Umschaltrelais gebracht. Liegt an der
digitalen Leitung Ø an, so wird der Netzregelkreis umgeschaltet (wenn alles
gemäß dem Schaltplan angeschlossen ist, bedeutet dies, Netzregelkreis ist aus).

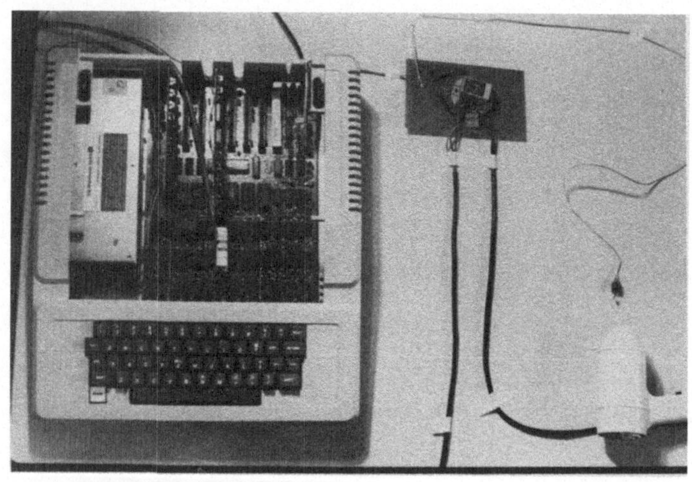

Das nun folgende Basic-Programm soll einen ersten praktischen Regelvorgang
ermöglichen; es zeigt außerdem wie einfach ein analoger Regelvorgang mit einem
digitalen Rechner gemeistert werden kann. Das Programm schaltet den Föhn am
Netzschaltkreis ein, wenn die dezimale Temperatur den Wert 14Ø überschreitet
und es schaltet den Föhn aus, wenn der Temperatursensor einen dezimalen Wert
kleiner als 12Ø meldet.

```
1Ø REM ANALOG ERFASSEN UND REGELN
2Ø POKE 4924Ø,Ø
3Ø Y=PDL(Ø):PRINT Y
4Ø IF Y>14Ø THEN POKE 49241,Ø:GOTO 6Ø
5Ø GOTO 3Ø
6Ø IF Y<12Ø THEN POKE 4924Ø,Ø:GOTO 3Ø
7Ø Y=PDL(Ø):PRINT Y
8Ø GOTO 6Ø
```

Erläuterungen:

Zeile(n)

20   Dieser Befehl schaltet den Netzregelkreis aus.

30   PDL(Ø) liefert den dezimalen Temperaturwert zwischen Ø und 255. Der Temperaturwert wird der variablen Y zugewiesen und zur Kontrolle auf dem Bildschirm ausgedruckt.

40 - 5Ø Der Rechner befindet sich in einer Schleife zwischen den Befehlen der Zeilen 3Ø-5Ø, solange die gemessene Temperatur wärmer als der Dezimalwert 14Ø ist. Sobald diese Temperatur unterschritten wird (d.h. der dezimale Temperaturwert ist größer als 14Ø), schaltet der Rechner den Netzschaltkreis ein und springt zu Zeile 6Ø.

6Ø - 8Ø Wenn der Rechner von Zeile 4Ø in Zeile 6Ø springt, ist der Föhn eingeschaltet, liefert also warme Luft an den Temperatursensor, der damit an den Rechner kleinere Dezimalwerte liefert. Der Rechner verhält sich passiv, bis wärmere Temperaturen wie 12Ø (Dezimalwert) auftauchen; dann wird der Föhn ausgeschaltet und die Verarbeitung geht in Zeile 3Ø weiter.

Das zweite Basic-Programm unterscheidet sich vom ersten nur unwesentlich. Es gibt dem Benutzer nun zusätzlich die Möglichkeit die Ein- bzw. Ausschalttemperatur selbst zu wählen. Da die Temperaturkurve des Heißleitwiderstandes nicht linear und die Umwandlung in lineare Grad Celsiuswerte recht kompliziert ist, müssen diese Werte dezimal eingegeben werden. Die Werte hängen von vielen Faktoren ab, unter anderem die Heizleistung des Föhns, seine Reaktionszeit und die Entfernung zwischen Sensor und Föhndüse. Anschauliche Werte sind nach einiger Übung bestimmt einfach zu finden.

Basic-Programm mit variablen Ein- und Ausschalttemperaturen

```
1Ø REM ANALOG ERFASSEN UND REGELN (TEIL 2)
2Ø POKE 4924Ø,Ø
24 INPUT "UNTERE GRENZE : ";U
26 INPUT "OBERE GRENZE  : ";O
3Ø Y=PDL(Ø): PRINT Y
4Ø IF Y>U THEN POKE 49241,Ø: GOTO 6Ø
5Ø GOTO 3Ø
6Ø IF Y<O THEN POKE 4924Ø,Ø: GOTO 3Ø
7Ø Y=PDL(Ø): PRINT Y
8Ø GOTO 6Ø
```

Die Erläuterungen zum ersten Programm gelten entsprechend für dieses zweite Programm. `Das Erste ist einfach ein Spezialfall des Zweiten mit U=14Ø und O=12Ø.

Beide Programme speichern die Information, ob der Föhn ein- oder ausgeschaltet ist in zwei Programmschleifen.

Eine andere Art diese sehr wichtige Information zu speichern wäre, den Zustand des Föhns in einer Variablen zu hinterlegen. Dabei ist im Programm nur eine Programm- oder Regelschleife erkennbar; den jeweiligen Zustand steuert eine Variable. Gemäß diesem Verfahren arbeitet das dritte und letzte Basic-Programm. Es zeigt zusätzlich die Regelung in einer graphischen Form an. Das Programm wurde ohne Kommentare geschrieben, damit die Funktionsweise klarer zu Tage tritt.

```
1Ø REM ANALOG ERFASSEN UND REGELN (TEIL 3)
2Ø REM MIT GRAPHISCHER DARSTELLUNG
3Ø TEXT
4Ø POKE 4924Ø,Ø
5Ø HOME
6Ø PRINT "ANALOG REGLER ..."
7Ø PRINT "VON PETER STURM"
8Ø PRINT
9Ø INPUT "EINSCHALTEN AB  : ";U
1ØØ INPUT "AUSSCHALTEN AB  : ";O
11Ø INPUT "ZEITVERZÖGERUNG : ";D
12Ø E=Ø
13Ø HGR:HCOLOR=3
14Ø HOME
15Ø VTAB 24: HTAB 5: PRINT "ZWISCHEN ";U;" UND ";O;" AKTZEPTIERT";
16Ø HPLOT Ø,U*159/255 TO 279,U*159/255:
    HPLOT Ø,O*159/255 TO 279,O*159/255
17Ø FOR X=Ø TO 279
18Ø FOR Q=Ø TO D: NEXT Q
19Ø Y=PDL(Ø)
2ØØ IF Y>U AND E=Ø THEN POKE 49241,Ø: E=1 : VTAB 22: HTAB 5:
    PRINT "WERT ";Y;TAB(13);" -- > EIN"
```

```
21Ø IF Y<O AND E=1 THEN POKE 4924Ø,Ø: E=Ø : VTAB 22: HTAB 5:
    PRINT "WERT ";Y;TAB(13);" -> AUS"
22Ø HPLOT X,Y*159/255
23Ø IF E=1 THEN HPLOT X,6 TO X,1Ø
24Ø IF Y<=U AND Y>=O THEN HPLOT X,Ø TO X,4
25Ø VTAB 22: HTAB 1Ø: PRINT Y;TAB(13);
26Ø NEXT X
27Ø GOTO 13Ø
```

Erläuterungen:

Zeile

4Ø	Hier wird der Netzschaltkreis umgeschaltet, das heißt bei richtiger Verdrahtung Föhn aus.
12Ø	Die Variable E ist der Speicher für den Zustand des Föhns. Dabei gilt: E=Ø bedeutet, daß der Föhn ausgeschaltet ist; E=1 umgekehrt.
13Ø	Diese Zeile schaltet den Graphik-Modus ein.
16Ø	Die Ein- bzw. Ausschalttemperatur werden durch horizontale Striche sichtbar gemacht.
18Ø	Hier wird die gewählte Zeitverzögerung durchgeführt. Diese Zeitverzögerung bestimmt die Messintervalle.
19Ø	Y wird der gemessene Temperaturwert zugewiesen.
2ØØ	Wenn die gemessene Temperatur kälter als die Einschalttemperatur und der Föhn aus ist, wird der Föhn eingeschaltet; dies wird durch E=1 gespeichert. Eine Meldung, daß der Föhn eingeschaltet ist, wird auf dem Bildschirm ausgegeben.
21Ø	Analog zu 2ØØ, wenn die Temperatur wärmer als die Ausschalttemperatur und der Föhn eingeschaltet ist.
22Ø	Der aktuelle Meßpunkt wird graphisch dargestellt.
23Ø	Falls der Föhn eingeschaltet ist, wird dies durch einen kleinen Balken oben in den Graphikzeilen 6 bis 1Ø sichtbar gemacht.
24Ø	Falls der Meßwert innerhalb des gewählten Temperaturintervalls liegt, dann wird auch dies durch einen kleinen Balken über dem Einschaltbalken dargestellt.

Mit Hilfe dieser drei Beispielprogramme sollte gezeigt werden, wie einfach eine analoge Regelung mit Hilfe eines digitalen Rechners durchgeführt werden kann. Es ist klar, daß noch viele Verbesserungen an diesen Regelprogrammen durchgeführt werden können, zum Beispiel eine verzögerte Regelung.

6 Vom Algorithmus zur Maschinensprache

6.1 Der Unterschied zwischen analoger und digitaler DV

Bisher wurde stillschweigend vorausgesetzt, daß zur Lösung der in BASIC formulierten Algorithmen eine hinreichend genau erbeitende Maschine - ein digitaler Rechner - zur Verfügung steht. Und tatsächlich führt die alltägliche Verwendung von digital arbeitenden Taschenrechnern zu einer Gewöhnung an deren "absolute" Genauigkeit, wie sie früher z.B. beim Einsatz des Rechenschiebers nicht üblich war und wie sie insbesondere nicht den natürlichen Bedingungen in unserer Umwelt entspricht.

Tatsächlich sind aber alle in der Natur vorkommenden Daten, die man sehen, fühlen, hören usw. kann, analoger Art. Auch einige der ersten elektrischen bzw. elektronischen Systeme zur Datenverarbeitung - z.B. Telefon und Radio - waren und sind bis heute analog.

Am Beispiel der Datenverarbeitung an einem herkömmlichen Mikrophon-Lautsprechersystem kann man die jedem analogen System eigenen Vor- und Nachteile erkennen.

Der Lautstärke eines Schalls, z.B. der gesprochenen Worte in ein Mikrophon, entspricht eine analoge Luftdruckschwankung, wobei zwischen einem Minimum (z.B. Hörgrenze) und einem Maximum (z.B. Schmerzgrenze) jeder beliebige Wert möglich ist. Das Mikrofon hat die Aufgabe die Druckschwankungen in elektrische Schwankungen - z.B. Stromschwankungen - zu wandeln. Dabei wird lediglich aus einer analogen Druckänderung eine analoge Stromänderung erzeugt. Diese analoge elektrische Größe kann nun über Verstärker, Leitungen und Funk übertragen werden. Am Ende der Kette hat ein Lautsprecher die Aufgabe die Stromänderung in eine entsprechende Druckänderung (Schall) zurückzuwandeln.

6.1.1 BEISPIEL EINER ANALOGEN VERARBEITUNG

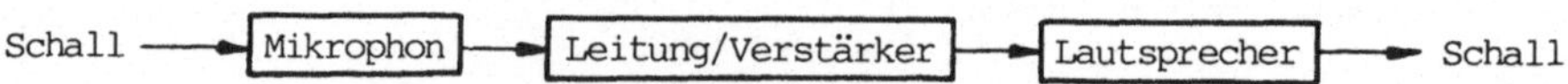

Der Vorteil bei diesem System ist, daß die "natürliche" analoge Darstellung der Daten in der gesamten Datenverarbeitungskette beibehalten wird.

Aufgrund physikalischer Gesetzmäßigkeiten gibt es aber keine technischen Systeme, die ohne Verfälschungen in der Lage sind, analoge Daten zu wandeln, zu übertragen oder zu verstärken. Das heißt, daß sich die Ausgangsdaten nicht proportional (verhältnisgleich) zu den Eingangsdaten verhalten. Anders ausgedrückt: Die Ein-Ausgangskennlinien technischer Systeme sind niemals vollständig linear (gerade). Aufgrund dieser Verfälschung hat jedes technische System eine aufwandsabhängige relative Genauigkeit. Die HiFi-Norm läßt z.B. eine Verfälschung (Verzerrung) von 3% zu. Tatsächlich akzeptieren wir bereits bei einfachsten Bauelementen wie elektrischen Widerständen eine Toleranz bis zu einigen Prozenten.

Eine relative Genauigkeit von 1% würde bei einem analogen Rechner bedeuten, daß bei einer Bezugsgröße von DM 1,- eine Abweichung von einem Pfennig, bei einer Bezugsgröße von DM 1000,- eine Abweichung von DM 10,- vorhanden sein könnte. Nicht nur für kaufmännische Berechnungen sind in vielen Bereichen höhere Genauigkeiten erforderlich, wie sie mit analogen Systemen auch bei größtem Aufwand nicht erreichbar sind. Deshalb waren bereits viele der ersten mechanischen Rechenhilfsmittel im Prinzip digitale - wenn auch nicht immer duale - Systeme.

Digital bedeutet "mit dem Finger". Mit den Fingern kann man natürliche Zahlen wie 0,1,2 usw. sinnvoll darstellen - aber keine Zwischenwerte. Digital muß also nicht binär (dual, zweiwertig) bedeuten, wenn auch die heutigen digitalen Systeme binär arbeiten und deshalb im Computerbereich mit digital immer auch binär gemeint ist.

Anhand eines einfachen Vergleichs einer analogen mit einer digitalen Datenverarbeitung wird anschließend gezeigt, daß es nur beim Einsatz digitaler Systeme möglich ist, Verfälschungen zu vermeiden. Dabei wird angenommen, daß von einem Ort A zu einem Ort B Daten übertragen werden sollen.

ANALOGE VERARBEITUNG

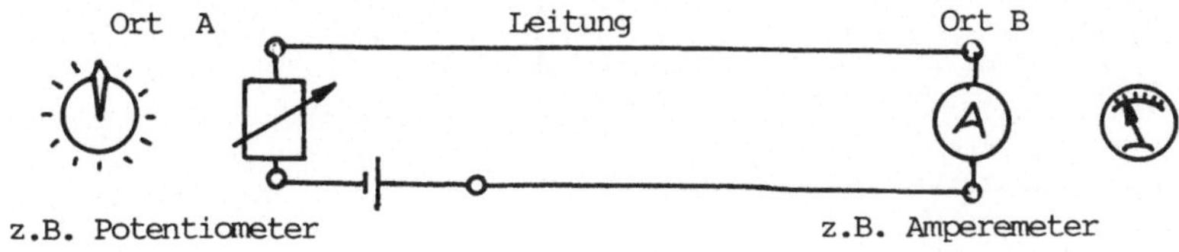

Am Ort A werden die Daten eingegeben, indem ein Potentiometer (Drehwiderstand) auf einen gewünschten Skalenwert eingestellt wird. AM Ort B werden die Daten ausgegeben, indem ein Zeigermeßinstrument (Amperemeter) abgelesen wird.

Wenn man mit diesem System viele verschiedene Werte darstellen und übetragen will, ergeben sich z.B. folgende Probleme:

- Einstell- und Präzisionsprobleme am Potentiometer
- Übertragungsverfälschungen durch Schwankungen der Spannungsquelle und
  des Leitungswiderstandes (z.B. Oxidation oder Temperaturänderungen)
- Ablese- und Präzisionsprobleme am Zeigerinstrument (z.B. Parallaxe)

Darüberhinaus wäre eine regelmäßige Eichung des Gesamtsystems erforderlich, z.B. wegen der Veränderungen durch Alterung der Bauteile.

Naheliegend ist nun folgender Gedanke: Diese gesamte Problematik vermindert sich in dem Maß, wie man die Anforderung an die Genauigkeit der zu übertragenden Daten vermindert. Im Extremfall könnte man mit dem beschriebenen System eine hohe Übertragungssicherheit erhalten, wenn man am Potentiometer nur noch die beiden Zustände "linker Anschlag" und "rechter Anschlag" zuläßt, die am Zeigerinstrument nur noch zu zwei entsprechend weit voneinander entfernten Anzeigepositionen führen. Damit ist die Grundidee der digitalen Verarbeitung gegeben.

6.1.2 BEISPIEL EINER DIGITALEN VERARBEITUNG

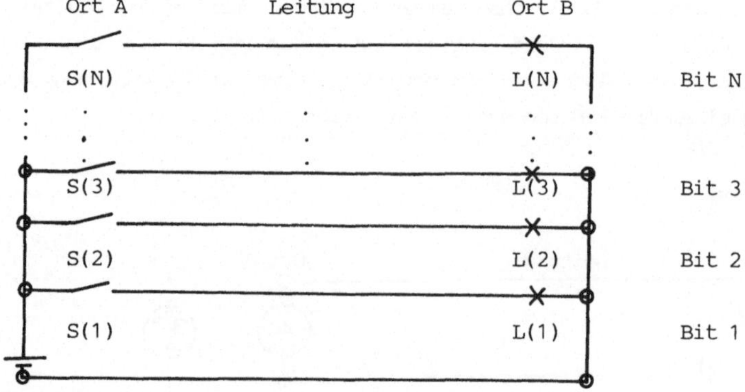

Am Ort A werden die Daten eingegeben, indem die Schalter S(1) bis S(N) ein-
bzw. ausgeschaltet werden. Am Ort B werden die Daten ausgegeben, indem das
Leuchten bzw. Nichtleuchten der Lämpchen L(1) bis L(N) abgelesen wird. Wenn man
nun mit einem Bit die Informationseinheit bezeichnet, die genau zwei Zustände
annehmen kann (aus oder ein, anschließend dargestellt als 0 oder 1), dann
ergeben sich folgende mögliche Zustände:

Wertetabelle für 1 Bit:

Bit-Nr.	1
Wort 1	0
Wort 2	1

Die Wertetabelle für 2 Bit ergibt sich, wenn man zu den beiden möglichen
Zuständen von einem Bit zunächst 0 und dann darunter 1 hinzufügt:

Wertetabelle für 2 Bit:

Bit-Nr.	2 1
Wort 1	0 0
2	0 1
3	1 0
4	1 1

Somit ergeben sich mit zwei Bit vier verschiedene "Bitmuster" bzw. digitale
Worte. Wenn man die Systematik fortsetzt, entsteht eine

Wertetabelle für 3 Bit:

Bit-Nr.	3 2 1
Wort 1	0 0 0
2	0 0 1
3	0 1 0
4	0 1 1
5	1 0 0
6	1 0 1
7	1 1 0
8	1 1 1

Mit drei Bit lassen sich demgemäß acht verschiedene Zustände darstellen und übertragen. Aus der bisherigen Entwicklung ergibt sich, daß sich mit jedem weiteren Bit die Anzahl der darstellbaren Zustände genau verdoppelt, da man immer wieder alle Bitmuster der vorherigen Tabelle zunächst mit Ø und darunter die gleichen nochmals notierten Bitmuster mit 1 erweitern muß. Mathematisch ausgedrückt: Mit n Bit kann man "2 hoch n" verschiedene Bitmuster darstellen.

Damit ergibt sich folgende Tabelle:

Bitanzahl	Bitmusteranzahl
1	2
2	4
3	8
4	16
.	.
8	256
.	.
1Ø	1Ø24
.	.
2Ø	1Ø48576

Es lassen sich also mit 2Ø Schaltern am Ort A, 2Ø Datenleitungen von A nach B und 2Ø Lämpchen am Ort B mehr als eine Million verschiedene Werte darstellen und übertragen.

Mit einer entsprechend hohen Bitanzahl läßt sich somit jede beliebig hohe "absolute" Genauigkeit erreichen, die nur vom technischen Aufwand und damit den Kosten begrenzt wird. Im dargestellten Beispiel werden die Bitmuster parallel übertragen, d.h. die Bits eines Bitmusters werden gleichzeitig übetragen. Natürlich ist auch eine Übertragung Bit nach Bit, d.h. eine serielle Übertragung möglich.

Der Vorteil dieser digitalen Datenverarbeitung entsteht also dadurch, daß auf einer Leitung zu einer Zeit immer nur zwei Zustände dargestellt und übertragen werden. Legt man für Ø und 1 jeweils bestimmte definierte Spannungs- bzw. Stromwertebereiche fest, dann entfallen die bei der analogen Verarbeitung dargestellten Probleme vollständig. Durch Störungen auftretende Verfälschungen kann man durch Prüfsummen und Prüfbits (Paritätsbit) mit Übertragungswiederholungen im Fehlerfall praktisch vollständig ausschließen.

Der Prinzipnachteil, daß am Anfang und Ende der digitalen Datenverarbeitungskette jeweils ein Umsetzer notwendig ist, wird in der Praxis zunehmend unwichtig, da die Massenproduktion entsprechender integrierter Bausteine auch hier zu niedrigen Preisen geführt hat.

Derartige Umsetzer sind z.B. Analog/Digital-Wandler, die analoge in digitale Werte wandeln, Digital/Analog-Wandler, die digitale in analoge Werte wandeln oder Decoder, die bei Betätigung einer Buchstabentaste (z.B. A) das dazugehörige Bitmuster (für A z.B. 01000001) erzeugen.

Da die Nichtlinearitäten magnetischer Systeme beim Aufzeichnen und Wiedergeben analoger Informationen auf Tonbändern besonders groß sind, werden beispielsweise jetzt auch "Tonbandgeräte" mit digitaler Aufzeichnung für den Hausgebrauch angeboten.

Das am Anfang eingeführte Lautsprechersystem könnte man digital so lösen:

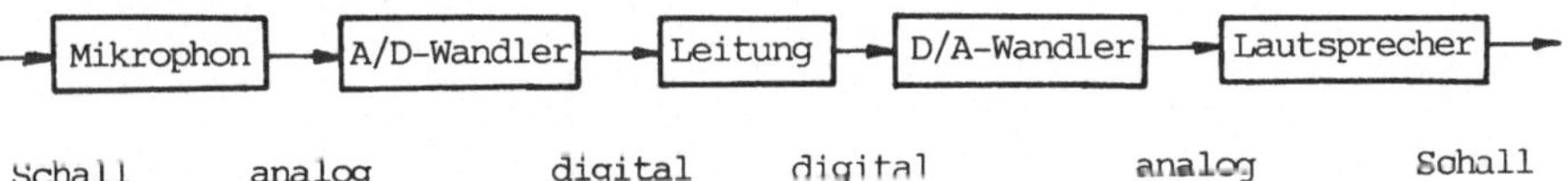

Schall   analog   digital   digital   analog   Schall

Die Verfälschungen durch die Nichtlinearitäten der Wandler beim Übergang von einer Energieform (hier Schall) auf die elektrische und umgekehrt ist auch bei der digitalen Lösung vorhanden. Dies ist beim Einsatz digitaler Rechner in der Meß-, Steuerungs- und Regelungstechnik zu beachten, wo Verfälschungen immer Probleme der Wandler sind. Die Verfälschung bei der Übetragung oder Speicherung entfällt.

Beim Einsatz der typischen Ein- und Ausgabegeräten von Computern wie Tastaturen, Monitoren und Druckern, entfällt das Problem der Wandlerungenauigkeiten, da keine Wandlung der Energieform sondern nur eine Codierung erforderlich ist. Das heißt, ein elektronischer Baustein ordnet 1:1 ein bestimmtes Zeichen genau einem bestimmten Bitmuster zu und umgekehrt.

Damit ist die "absolute" Genauigkeit digitaler Rechner - vom Taschenrechner bis zum Großcomputer - erklärt.

Zusammenfassender Vergleich

	ANALOG	DIGITAL
Bedeutung	ähnlich, verhältnisgleich	Finger, ziffernmäßig
Beispiele	Flüssigkeitsthermometer, Telefon, Radio	Schalter, Abakus, Taschenrechner, Computer
Vorteil	"natürlich" in Bezug auf die Umwelt	Verfälschungen vermeidbar
Nachteil	Verfälschungen nicht vermeidbar	Umsetzer bei Ein- und Ausgabe

Diagramm

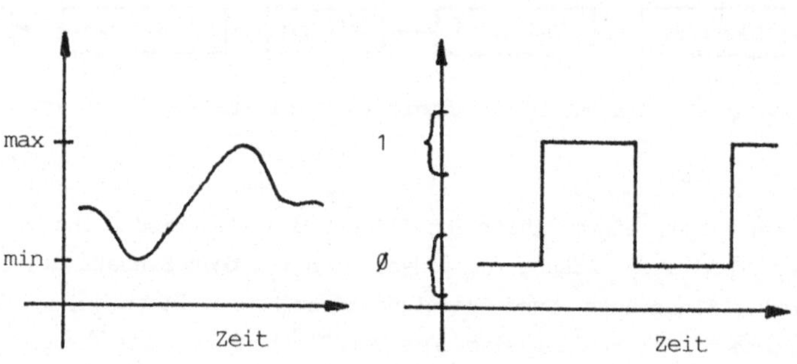

Eingabe z.B.	Potentiometer, Mikrophon,	Schalter, Tastatur
Ausgabe z.B.	Zeigerinstrument, Lautsprecher	Lämpchen, Zeichen am Bildschrim

6.2 Eine Einführung in die Maschinensprache

Die folgenden Handhabungshinweise und Programme beziehen sich auf den Mikroprozessor 65Ø2 in Verbindung mit dem Betriebssystem der Mikrocomputer Apple II+, IIe und IIc.

6.2.1 PRINZIP DER MASCHINENSPRACHE

Bisher wurde eine einfache höhere Programmiersprache (BASIC) verwendet, die aus einer Teilmenge der englischen Umgangssprache besteht. Dabei wurden Variable durch "Namen" wie z.B. X oder Y beschrieben und es war nicht erforderlich, die tatsächlichen Adressen der Speicherzellen des Internspeichers zu kennen, an denen die Werte der Variablen abgelegt sind. Kommandos wie INPUT und Operatoren wie "+" oder "*" kennzeichneten die durchzuführenden Operationen. Innerhalb der Hardware eines digitalen Rechners sind Befehle, Adressen und Daten dargestellt als eine Folge von elektrischen Ein-Auszuständen. Eine solche Folge nennt man "Bitmuster" oder "digitales Wort" oder einfach "Wort". Dabei versteht man unter einem Bit die Kurzform für Binärzeichen oder auch Dualziffer. Jede Stelle eines Bitmusters kann aus genau zwei Zeichen bestehen. Unter den beliebigen Zeichen, die man verwenden kann (z.B. ein/aus oder ja/nein) werden anschließend nur die Zeichen Ø und 1 verwendet. Ein Bitmuster mit einer Wortbreite von 8 Bit nennt man üblicherweise ein Byte. In der Maschinensprache des Mikroprozessors 6502 hat der Additionsbefehl das Bitmuster Ø11Ø11Ø1. Solche Bitmuster sind schwer les- und merkbar, sie sind für die Praxis ungeeignet. Auch die dazugehörige leichter handhabbare hexadezimale Schreibweise 6D hat keinen Symbolwert in Bezug auf die Addition.

In der Praxis verwendet man Mnemoniks (Gedächtniskunst, Merkverse als Lern- und Merkhilfen), die Teil der sogenannten Assemblersprache sind. Für die Addition kann diese "Eselsbrücke" z.B. ADD heißen. Zwischen jedem Befehl in Assemblerform und dem tatsächlichen binären Befehl in der Maschine besteht eine 1:1 Zuordnung. In Assembler erfolgt die Angabe der Adressen der Speicherzellen für die Variablen meistens in Form "symbolischer Adressen", die den Namen der Variablen (z.B. X oder Y) entsprechen können.

Die meisten Befehle der Maschinensprache bestehen aus einem Operationscode (was ist zu tun?) und einem Adreßcode (womit ist es zu tun?).

Wenn man den Algorithmusschritt

$$Z := X + Y$$

in Maschinensprache darstellen will, benötigt man die drei Adressen der Speicherzellen, wo die Werte der Variablen X, Y und Z stehen und den Befehl für die Addition. Diese Form einer Maschinensprache nennt man

6.2.2 DREIADRESSFORM:

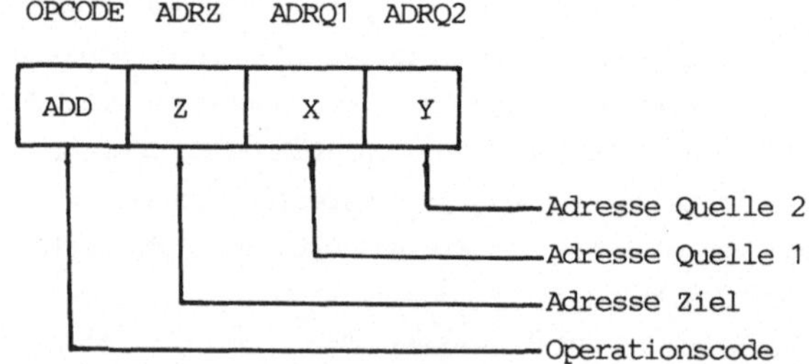

Zur Verminderung des technischen Aufwands wird bei Mikroprozessoren im Regelfall eine Maschinensprache in Einadreßform verwendet, bei der sich jeder Befehl auf höchstens eine Daten- oder Sprungadresse bezieht. Dabei verlaufen alle Datenoperationen grundsätzlich über ein zentrales Register (Speicher für ein Wort im Prozessor), das man Akkumulator oder kurz Akku nennt. Die Lösung von $C := X + Y$ in

6.2.3 EINADRESSFORM:

Schritt	OPCODE	ADR	Bedeutung
(1)	LOAD	X	Akku := X
(2)	ADD	Y	Akku := Akku + Y
(3)	STORE	Z	Z := Akku

Im ersten Schritt wird der Inhalt des Speichers mit der Adresse X in den Akkumulator geladen (LOAD). Im zweiten Schritt wird der Inhalt des Speichers mit der Adresse Y zum Inhalt des Akkumulators addiert (ADD). Im dritten Schritt wird der Inhalt des Akkumulators in den Speicher mit der Adresse Z gebracht (STORE).

Mit 8 Bit für den Operationscode und 16 Bit für die eine Adresse benötigt man hier insgesamt je Befehl 24 Bit. Dem Vorteil eines niedrigeren technischen Aufwands steht der Prinzipnachteil eines größeren zeitlichen Aufwands gegenüber, da man z.B. beim Addieren statt zusammen 56 Bit bei der Dreiadreßform nun zusammen 72 Bit bei der Einadreßform benötigt.

6.2.4 TABELLE DER ELEMENTAREN BEFEHLE EINER MASCHINENSPRACHE IN EINADRESSFORM

Die Struktur der Tabelle entspricht der bereits bei BASIC verwendeten.

MNEMONIK	BEDEUTUNG und Hinweis
IN M	Bringe Tastatureingabe in den Speicher mit der Adresse M
OUT M	Bringe Speicherwert mit der Adresse M auf den Bildschirm
	(Diese Befehle werden nicht verwendet, da die Datenein- und -ausgaben über das "Monitorprogramm" oder in BASIC erfolgen)
LOAD M	Lade den Dateninhalt von Adresse M in den Akku
STORE M	Speichere den Akkuinhalt in die Datenadresse M
ADD M	Addiere den Inhalt der Datenadresse M zum Akkuinhalt
GOTO M	Absoluter Sprung zur Programmadresse M
IFØ M	Falls Akkuinhalt=Ø, dann Sprung zur Programmadresse M. Einer der möglichen bedingten Sprünge in Abhängigkeit vom Akkuinhalt, der auf "Null" (z.B. kleiner, größer, gleich ...) geprüft wird.
START	Der Programmstart erfolgt über den "Monitor"
STOP	Programmabarbeitung beenden

Darüber hinaus ist der folgende Befehl häufig gut zu gebrauchen:

DEC M	(Decrement) Vermindere den Inhalt der Datenadresse M um "1"

Hinweis: Das Monitorprogramm, kurz: der Monitor, ist ein Teil des im Festwertspeicher enthaltenen Betriebssystems beim Apple II. Der Monitor ermöglicht ein komfortable Handhabung des Mikrocomputers auf der Maschinenebene.

6.2.5 MASCHINENPROGRAMM MULADD IN (PSEUDO-) ASSEMBLER

Es wird der Algorithmus MULADD in der bereits eingeführten Form verwendet:

(1) Lies X und Y

(2) Z:=Z+Y

(3) X:=X-1

(4) Falls X=Ø, dann drucke Z, höre auf,

                  sonst gehe nach (2)

Bei dem folgenden Pseudo-Maschinenprogramm wird vorausgesetzt, daß die Datenein- und -ausgaben über den "Monitor" erfolgen und somit beim Programmstart die Daten in den Adressen X und Y stehen und der Speicher mit der Adresse Z den Wert Ø hat.

    (1) LOAD Z

    (2) ADD Y

    (3) STORE Z

    (4) DEC X

    (5) IFØ (7)

    (6) GOTO (1)

    (7) STOP

In diesem Programm ersetzt (4) DEC X die drei Schritte:

    (4a) LOAD X

    (4b) SUB "1"

    (4c) STORE X

Dabei bedeutet SUB "1": Vermindere den Inhalt des Akkumulators um 1. Das heißt, daß die in Anführungszeichen eingeschlossene Zahl unmittelbar den zu subtrahierenden Datenwert angibt.

Um das bisher dargestellte Programm in reale Maschinensprache übersetzen, in den Mikrocomputer eingeben und ausführen zu können sind folgende

6.2.6 GRUNDLAGEN erforderlich:

6.2.6.1 Hexadezimales und duales Zahlensystem

Alle Ein- und Ausgaben und die Darstellung der Programme erfolgen auf Maschinenebene in hexadezimaler Form. Dabei bestehen folgende Zusammenhänge:

dezimal	hexadez.	dual (Bitmuster) 8421 - dez. Stellenwert
Ø	Ø	ØØØØ
1	1	ØØØ1
2	2	ØØ1Ø
3	3	ØØ11
4	4	Ø1ØØ
5	5	Ø1Ø1
6	6	Ø11Ø
7	7	Ø111
8	8	1ØØØ
9	9	1ØØ1
1Ø	A	1Ø1Ø
11	B	1Ø11
12	C "Cwölf"	11ØØ
13	D "Dreiz."	11Ø1
14	E	111Ø
15	F "Fünfz."	1111

Mit e i n e r Stelle (Ziffer) einer hexadezimalen Zahl kann man jede Kombination von 4 Bit eindeutig bezeichnen. Für 1 Byte = 8 Bit werden also 2 hexadezimale Stellen verwendet.

Beispiel: 1Ø1Ø 11ØØ (dual) = AC (hex) = 172 (dez)

Die Kenntnis der drei Darstellungsarten ist deshalb notwendig, weil beim Messen an der Rechnerelektronik nur duale Werte (2 Potentiale) vorhanden sind, bei der Handhabung im Monitor eine hexadezimale Darstellung erfolgt, während von der Ebene einer höheren Programmiersprache aus im Regelfall die Werte dezimal dargestellt werden.

6.2.6.2 Bitmuster und Wortbreite

Anzahl der mit n Bit darstellbaren verschiedenen Bitmuster = "2 hoch n".

Der Mikroprozessor 6502 ist ein 8-Bit-Prozessor, weil sein Akkumulator gleichzeitig ein 8 Bit "breites" Wort (Bitmuster) verarbeiten kann. Er hat also eine "Datenwortbreite" (Zahl der in einer Speicheradresse zusammen abgelegten Bits, zugleich Anzahl der Datenleitungen auf dem Bus (Datenbus) zwischen Prozessor und Speicher) von 8 Bit = 1 Byte, womit sich genau 256 verschiedene Bitmuster darstellen lassen. Der 6502 hat eine "Adresswortbreite" von 16 Bit, zu deren Angabe man im Monitor vier hexadezimale Stellen benötigt. Damit lassen sich 2 hoch 16 = 65536 Speicherplätze adressieren, wobei jeder Speicher eine Kapazität von einem Byte besitzt. Mit 1 K = 2 hoch 10 = 1024 sind das 64K Speicherplätze oder ein Interspeicher von 64 KB (KByte). Es ist ersichtlich, daß hier K nicht Kilo bedeutet.

6.2.6.3 Auszug aus dem Befehlssatz des Mikroprozessors 6502

Mnemonic	Bez. 6502	Hex.-Code	Adressierung	Bez.-Erklärung 6502
LOAD	LDA	AD	absolut	Load accu with memory
STORE	STA	8D	absolut	Store accu with memory
DEC	DEC	CE	absolut	Decrement memory by one
IF0	BEQ	F0	relativ	Branch if equal zero
ADD	ADC	6D	absolut	Add mem. to accu with carry
GOTO	JMP	4C	absolut	Jump
STOP	RTS	60	–	Return from subroutine

Für eine Programmversion, die statt DEC die unmittelbare Adressierung (hier: SUB "1") verwendet, ist zusätzlich notwendig:

SUB	SBC	E9	immediate	Sub mem. to accu with borrow

6.2.6.4 Adressierungsarten

Bei der ABSOLUTEN Adressierung wird die ganze (tatsächliche) 16-Bit-Adresse (2 Byte) angegeben. Zusammen mit dem Operationscode (Hex.-Code, 1 Byte) ergibt dies "3-Byte-Befehle".

Bei der RELATIVEN Adressierung, die beim Mikroprozessor 6502 nur bei bedingten Sprüngen möglich ist, wird ein zum momentanen Wert des Befehlszählers zu addierender bzw. subtrahierender Wert angegeben. Dies bedeutet, daß das Programm nicht mit dem Befehl fortgesetzt wird, der auf den gerade bearbeiteten folgt, sondern ein Sprung vorgenommen wird. Hierzu wird nur 1 Adreß-Byte verwendet. Es handelt sich also um einen 2-Byte-Befehl. Da das erste Bit des relativen Adreßbyte als Vorzeichenbit verwendet wird, ist die Sprungweite -128 (zurück) bis +127 (nach vorn, da die erste positive Dualzahl +0 ist) bezogen auf die aktuelle Befehlsadresse.

Im übertragenen Sinn liegt eine relative Adressierung vor, wenn man einem Boten für eine Nachricht A die Adresse X-Straße 123 nennt und als Adresse für die Nachricht B anstatt der absoluten Adresse X-Straße 130 angibt, daß er 7 Hausnummern weiter (nach vorn) gehen soll.

Bei der UNMITTELBAREN (immediate) Adressierung enthält das zweite Byte unmittelbar den Datenwert, der zu verarbeiten ist. Auch dabei handelt es sich um einen 2-Byte-Befehl.

Der Befehl RTS ist ein typischer 1-Byte-Befehl, da er nur aus dem Operationscode ohne Adressteil besteht. Andere 1-Byte-Befehle sind Befehle mit EINGEBUNDENER Adressierung, z.B. Datentransferbefehle zwischen dem Akkumulator und den anderen internen Registern des Mikroprozessors, auf die in den folgenden Beispielen kein Bezug genommen wird.

6.2.6.5 Handhabung des Apple II-Monitors

(R) bedeutet: Drücken der RETURN-Taste

Ziel	Befehl(e)
Von BASIC aus mit dezimalen Werten:	
Aufruf eines Unterprogramms in Maschinensprache	CALL(dez.Adresse) (R)
Aufruf des Monitors	CALL-151 (R)
Vom Monitor aus mit hexadez. Werten:	
Abfragen eines Adresseninhaltes	Adresse (R)
Reihenweises Abfragen	Beginnadresse (R)(R)(R) ... (Nach dem ersten Byte erfolgt die weitere Ausgabe in Blöcken je 8Byte)
Eingeben eines Adresseninhaltes	Adresse: Inhalt (R)
Reihenweises Eingeben	Beginnadresse: Byte1 Byte2 ... (R)
Disassemblieren	Startadresse L (R)
Starten des Programms	Startadresse G (R)

6.2.7 MASCHINENPROGRAMM MULADD IN HEXADEZIMALER FORM

Zum Schreiben des Maschinenprogramms in hexadezimaler Form sind die tatsächlichen Adressen für das Programm und die Daten festzulegen. Da beim Apple II BASIC-Programme automatisch ab der Adresse 0800 (hex) im Schreib-Lese-Speicher abgelegt werden und später ein kleines BASIC-Programm das Maschinenprogramm als Unterprogramm verwenden soll, wurden als Anfangsadresse des Maschinenprogramms 1800 (hex) und der Daten 1900 (hex) gewählt.

Die Eingabe der 2-Byte-Adressen der 3-Byte-Befehle erfolgt aus technischen Gründen Byte-vertauscht. Z.B. wird die Adresse 1902 in der Form 02 19 eingegeben. Bei der folgenden Darstellung wurde jeweils nur die Adresse des Speichers, in dem der Operationscode des Befehls steht, angegeben. Das heißt

Adresse	Inhalt
1800	AD
1801	02
1802	19
1803	..

wird ersetzt durch

Adresse	Befehl
1800	AD 02 19
1803	..

Damit erhält man folgende Form, die mit Ausnahme der Spalte Bemerkung der
disassemblierten Ausgabe am Bildschirm des Apple II entspricht.

Adresse	Befehl OP ADR	Assembler	Bemerkung
1800	AD 02 19	LDA $1902	AKKU:=Z
1803	6D 01 19	ADC $1901	AKKU:=AKKU+Y
1806	8D 02 19	STA $1902	Z:=AKKU
1809	CE 00 19	DEC $1900	X:=X-1
180C	F0 03	BEQ $1811	FALLS DEC ZU X=0 FÜHRT, DANN GEHE 3 ADRESSEN WEITER (siehe Anmerkung!)
180E	4C 00 18	JMP $1800	GOTO 1800
1811	60	RTS	STOP (Zurück zum Monitor)

Adresse	Dateninhalt
1900	X
1901	Y
1902	Z

Beim Ersatz des Befehls DEC durch die unmittelbare Adressierung müßte ab
Adresse 1809 programmiert werden:

1809	AD 00 19	LDA 1900
180C	E9 01	SUB "1"
180E	8D 00 19	STA 1900
1811	F0 ..	

6.2.7.1 HANDHABUNG DES MASCHINENPROGRAMMS

- Sprung in den Monitor: CALL-151 (R); Ergebnis: *
- Programmeingabe : *1800:AD 02 19 6D 01 19 8D ... 18 60 (R)
  Nach Eingabe der Programmbeginnadresse werden nach dem Doppelpunkt alle
  Befehle fortlaufend jeweils getrennt durch eine Leertaste eingegeben.
- Kontrolle der Eingabe mit Hilfe des Disassemblers: *1800L (R)
  Damit wird das Programm wie oben stehend (strukturiert) und zusätzlich
  in Assembler (Mnemonkis) ausgegeben.

- Eingabe der Daten (Beispiel X=3;Y=4): *19ØØ:Ø3 Ø4 ØØ (R)
- Kontrolle des Datenspeichers Z vor dem Programmlauf: *19Ø2 (R);
  Ergebnis: 19Ø2 - ØØ
- Programmstart: *18ØØG (R); Ergebnis: Abarbeitung des Programms
- Kontrolle des Datenspeichers Z nach der Programmabarbeitung: *19Ø2 (R);
  Ergebnis: 19Ø2 - ØC (3 mal 4 = 12 (dez) = ØC (hex)

6.2.7.2 ANMERKUNGEN ZUM MASCHINENPROGRAMM

Nach Ausführung des RUN-Befehls (18ØØG) liest der Prozessor zunächst den in der Startadresse stehenden Operationscode. Aufgrund seiner Befehlsliste erkennt er den Befehl als 3-, 2- oder 1-Byte-Befehl. Vor der Ausführung des Befehls erhöht der Prozessor den bisherigen Inhalt des Befehlszählregisters um die entsprechende Zahl, so daß im Befehlszählregister grundsätzlich vor jeder Befehlsausführung bereits die Adresse vom Operationscode des nächsten Befehles steht.

Allgemein lautet der zugrunde liegende "Von-Neumann-Zyklus":

1. Befehl holen
2. Befehlszähler erhöhen
3. Befehl ausführen u.s.w.

Bei der Ausführung des bedingten Sprungsbefehls in 180C ist somit der Inhalt des Adresszählregisters bereits 18ØE. Falls die Prüfbedingung erfüllt ist, muß der Inhalt des Adresszählregisters um genau 3 auf 1811 erhöht werden, da dort das erste Byte (der Operationscode) des gewünschten STOP-Befehls steht.

Tatsächlich bewirkt beim Mikroprozessor 65Ø2 der Befehl DEC M ein Laden des Speicherinhalts von Adresse M in ein Hilfsregister des Prozessors. Dort wird der Inhalt um den Wert 1 vermindert und das Ergebnis in den Speicherplatz mit der Adresse M zurückgespeichert. Falls dabei als Ergebnis der Wert Null entsteht, merkt sich der Mikroprozessor dies in einem anderen Hilfsregister. Es ist dann möglich, diese Bedingung mit dem bedingten Sprungbefehl IFØ (FØ hex) abzufragen.

6.2.8 VERBINDUNG ZWISCHEN BASIC UND MASCHINENEBENE - POKE UND PEEK

Für die Einbeziehung von Schnittstellen, z.B. A/D-Wandler oder Digitalausgänge, oder die Verwendung von Maschinenprogrammen als Unterprogramme von BASIC-Programmen ist es erforderlich, daß von der höheren Programmiersprache aus einzelne Speicherplätze gesetzt (beschrieben) oder gelesen werden können.

Die beiden BASIC-Befehle PEEK und POKE sind als Direktbefehle und Programmbefehle verwendbar. Dabei sind alle Adressen und Daten dezimal anzugeben.

BASIC-Befehl	Bedeutung
PRINT PEEK(M)	Dezimale Ausgabe des Inhaltes des Speicher-platzes mit der dezimalen Adresse M
POKE M,W	In den Speicherplatz mit der dezimalen Adresse M wird der dezimale Wert W geschrieben

Beispiel zur Verwendung von POKE und PEEK:

Handlung	Bedeutung und Ergebnis
CALL-151	Aufruf des Monitors von BASIC aus
*Ø0ØC:ØA	Der Speicherplatz ØØØC (hex) erhält den Wert ØA (hex)
*ØØØC	Prüfen des Inhalts; Ergebnis: ØØØC-ØA
CTRL-RESET	Rücksprung zur BASIC-Ebene
?PEEK(12)	Ausgabe des Inhalts der Adresse 12 (dez); Ergebnis: 1Ø (dez)
POKE 12,15	Der Speicherplatz 12 (dez) erhält den Wert 15 (dez)
?PEEK(12)	Prüfen des Inhalts; Ergebnis: 15 (dez)
CALL-151	Aufruf des Monitors
*ØØØC	Prüfen des Inhalts; Ergebnis: ØØØC-ØF

Mit diesen Befehlen ist z.B. ein BASIC-Programm MULADD möglich, das die Daten für das Maschinensprachen-Unterprogramm MULADD.B ein- und ausgibt. Dabei ist zu beachten, daß BASIC-Programme im RAM-Bereich des Internspeichers ab Ø8ØØ (hex) abgelegt werden und es zu keiner Überschneidung kommen darf. Dies ist bei der Wahl des Speicherbereichs ab 18ØØ (hex) für das eingeführte Maschinenprogramm berücksichtigt.

6.2.9 BASIC-PROGRAMM MULADD.A MIT UNTERPOGRAMM IN MASCHINENSPRACHE MULADD.B

Das folgende BASIC-Programm MULADD.A (A für Applesoft) liest X und Y von der Tastatur ein, schreibt die beiden Werte in die festgelegten Speicherplätze des Internspeichers, setzt den Speicher für Z auf Null, startet das Maschinensprachen-Unterprogramm MULLADD.B (B für Binär) und gibt schließlich den Inhalt von Z als Ergebnis über BASIC am Bildschirm aus.

```
1Ø REM MULADD.A = APPLESOFT-BASIC
1ØØ INPUT "GEBE X,Y EIN: ";X,Y
11Ø POKE 64ØØ,X : REM 64ØØ(DEZ)=19ØØ(HEX)
12Ø POKE 64Ø1,Y
13Ø POKE 64Ø2,Ø : REM Z:=NULL
14Ø CALL 6144 : REM START MASCHINENPROGRAMM ADR. 6144(DEZ)=18ØØ(HEX)
15Ø PRINT "ERGEBNIS= ";PEEK(64Ø2)
16Ø GOTO 1ØØ
2ØØ REM ENDE MIT CTRL-RESET
```

6.2.9.1 MASCHINENPROGRAMM SPEICHERN UND LADEN

Das Maschinenprogramm kann mit dem Befehl BSAVE MULADD.B,A6144,L18 auf der Disk abgespeichert werden. Dabei bedeuten:

BSAVE: Abspeichern eines binären Programms auf Disk
MULADD.B: Name des Programms
A6144:   Anfangsadresse (dezimal), ab der das abzuspeichernde Programm steht
L18:   Länge (dezimal) des abzuspeichernden Programms ab A6144

Das Maschinenprogramm kann mit dem Befehl BLOAD MULADD.B auch ohne Angabe der Adresse und Länge von der Diskette in den Internspeicher geladen werden, wobei die bei BSAVE verwendeten Angaben verwendet werden. Der Befehl BLOAD ist vom Monitor und von BASIC aus verwendbar. Es ist auch ein automatisches Laden des Maschinenprogramms vom BASIC-Programm aus möglich. Hierzu muß das BASIC-Programm ergänzt werden:

```
5Ø D$=CHR$(4) : REM CTRL-D FUER DISK-ZUGRIFF
6Ø PRINT D$;"BLOAD MULADD.B"
```

Darüber hinaus ist mit POKE's ein Maschinenprogramm unmittelbar in ein BASIC-Programm einbindbar.

6.3 Eine Einführung in Assembler

Die zuletzt benutzte Version des Programmes MULADD war die eines
Maschinenprogramms, bestehend aus einer Aneinanderreihung von hexadezimalen
Ziffern. Der Speicherauszug vom Monitor für dieses Programm sah dabei wie folgt
aus:

```
1800:AD 02 19 6D 01 19 8D 02
1808:19 CE 00 19 F0 03 4C 00
1810:18 60 .. .. .. .. .. ..
```

Programme dieser Art sind für den Programmierer bereits nach wenigen Tagen so
gut wie nicht mehr zu lesen. Deshalb wäre es sinnvoll, das Programm nicht in
obiger Weise zu formulieren und zu bearbeiten, sondern in folgender Form:

```
1800 LDA $1902    ( Das $ markiert hexadezimale Zahlen )
1803 ADC $1901
1806 STA $1902
1809 DEC $1900
180C BEQ $1811
180E JMP $1800
1811 RTS
```

Obige Version ist mit Sicherheit besser lesbar, denn hier stehen wieder die
Mnemonics anstelle der hexadezimalen Operationscodes. Diese Ebene der
Beschreibung eines Maschinenprogrammes wurde bereits im Kapitel 6.2 erreicht.

Noch lesbarer und verständlicher wird das Programm, wenn anstelle der
hexadezimalen Operandenadressen ein eindeutiger symbolischer Name verwendet
wird:

```
1800 LDA Z
1803 ADC Y
1806 STA Z
1809 DEC X
180C BEQ 1811
180E JMP 1800
1811 RTS
```

Da nun die Operandenadressen durch ihre symbolischen Namen ersetzt wurden, müßen jetzt diese Namen der jeweiligen Adresse gleichgesetzt (engl.: equal) werden, durch Voranstellen der Zeilen:

```
ZAHL1    EQU $1900 ; X wurde durch den symbolischen Namen ZAHL1
                   ; ersetzt, da dem symbolischen Namen X im
                   ; Mikroprozessor des Apple bereits eine bestimmte
                   ; Operandenadresse zugewiesen wurde.
ZAHL2    EQU $1901 ; Y wurde aus obigen Gründen durch den symbolischen
                   ; Namen ZAHL2 ersetzt.
PRODUKT EQU $1902 ; Z wurde aus obigen Gründen durch den symbolischen
                   ; Namen PRODUKT ersetzt.
```

In einem letzten Schritt kann man nun auch die hexadezimalen Sprungadressen mit einem symbolischen Namen versehen. Außerdem läßt sich an den Programmanfang eine Zeile (ORG $1800, d.h. "original adress $1800") hinzufügen, die die Startadresse angibt und somit die Adresszählung von Hand wegfällt:

```
; MULTIPLIKATION DURCH ADDITION
; PETER STURM
;
ZAHL1    EQU $1900    ;ZAHL1:=$1900
ZAHL2    EQU $1901    ;ZAHL2:=$1901
PRODUKT EQU $1902    ;PRODUKT:=$1902
         ORG $1800    ;PROGRAMMANFANG
MULADD   LDA PRODUKT ;
         ADC ZAHL2    ;PRODUKT:=PRODUKT+ZAHL2
         STA PRODUKT ;
         DEC ZAHL1    ;ZAHL1:=ZAHL1-1
         BEQ ENDE     ;FALLS ZAHL1=0 DANN SPRINGE ZU ENDE
         JMP MULADD  ;SPRINGE ZU MULADD
ENDE     RTS          ;PROGRAMMENDE
```

Obiges Programm ist ein Programm in der "höheren Maschinensprache" Assembler und deshalb wesentlich besser lesbar und korrigierbar.

- SAVE MULADD (R) ; Das Programm wird auf Diskette unter MULADD ab-
                  ; gespeichert. Der Assembler kann nur Programme auf
                  ; Diskette übersetzen.

- ASM MULADD (R) ; Assembler starten, der dann das Programm MULADD
                  ; übersetzt und dabei den Übersetzungsvorgang
                  ; protokolliert. Es entsteht eine Datei MULLADD.OBJ0,
                  ; die den Maschinencode enthält.

- END (R)   ; zurück zu Basic.

- CALL -151 (R)   ; Monitor aufrufen.

- BLOAD MULADD.OBJ0 (R) ; Maschinenprogramm an der Adresse $18ØØ laden;
                  ; diese Adresse war dem Assembler durch ORG ja
                  ; bekannt.

- 18ØØL (R)   ; Programm disassemblieren.

- Das Programm kann jetzt wie im vorigen Kapitel 6.2 aufgerufen werden.

Zum Schluß noch eine kleine Anmerkung zum Editor. Falls bei der Eingabe des
Assemblerprogrammes irgendwelche Zeilen falsch waren und dies vom Assembler
gemeldet wurde: Laden sie mit "LOAD dateiname" das Programm nach dem
fehlerhaften Assemblieren in den Speicher des Editors und verwenden sie
folgende weitere Editorkommandos um die fehlerhaften Zeilen zu korrigieren:

- D zeilennummer ; zum Beispiel D 5, D 17 ...
                  ; Die angegebene Zeile wird aus dem Text gelöscht und
                  ; alle nachfolgenden Zeilen werden vorgerückt und neu
                  ; durchnummeriert.

- I zeilennummer ; zum Beispiel I 1, I 2ØØ ...
                  ; Es werden vor die angegebene Zeile so lange neue
                  ; Zeilen eingeschoben, bis sie CTRL-RESET drücken. Alle
                  ; nachfolgenden Zeilen werden neu durchnummeriert an
                  ; das Ende des Einschubs gebracht.

```
- ; MULTIPLIKATION DURCH ADDITION
  ; PETER STURM
  ;
  ZAHL1 EQU $1900 ;ZAHL1:=$1900
  ZAHL2 EQU $1901 ;ZAHL2:=$1901
  PRODUKT EQU $1902 ;PRODUKT:=$1902
   ORG $1800 ;PROGRAMMSTART
  MULADD LDA PRODUKT ;
   ADC ZAHL2 ;PRODUKT:=PRODUKT+ZAHL2
   STA PRODUKT ;
   DEC ZAHL1 ;ZAHL1:=ZAHL1-1
   BEQ ENDE ;FALLS ZAHL1=0 SPRINGE ZU ENDE
   JMP MULADD ;SPRINGE ZU MULADD
  ENDE RTS ;PROGRAMMSTOP
```

- Gleichzeitig CTRL-RESET drucken. Erneuter Editoraufruf.

- LIST (R) ; Programm auflisten, d.h. es erscheint auf dem Bildschirm:

```
  ; MULTIPLIKATION DURCH ADDITION
  ; PETER STURM
  ;
  ZAHL1     EQU $1900     ;ZAHL1:=$1900
  ZAHL2     EQU $1901     ;ZAHL2:=$1901
  PRODUKT EQU $1902     ;PRODUKT:=$1902
            ORG $1800     ;PROGRAMMANFANG
  MULADD  LDA PRODUKT ;
            ADC ZAHL2     ;PRODUKT:=PRODUKT+ZAHL2
            STA PRODUKT ;
            DEC ZAHL1     ;ZAHL1:=ZAHL1-1
            BEQ ENDE      ;FALLS ZAHL1=0 SPRINGE ZU ENDE
            JMP MULADD  ;SPRINGE ZU MULADD
  ENDE    RTS           ;PROGRAMMSTOP
```

Der ASSEMBLER ist nun ein Übersetzungsprogramm, das als Eingabe ein Maschinenprogramm in der obigen Form (eines "höheren Maschinenprogramms") erwartet und als Ergebnis das gewünschte Maschinenprogramm in Bitform mit hexadezimaler Darstellung liefert (Objektdatei). Im folgenden wird der ASSEMBLER auf der APPLE II-DOS 3.3-TOOL KIT-Diskette benutzt, der weitgehend mit dem ProDOS-Assembler übereinstimmt.

Zum ASSEMBLER gehört ein EDITOR, mit dessen Hilfe man Maschinenprogramme in Assemblerform eingeben kann.

Die Zeilen eines Maschinenprogrammes in Assemblerform bestehen aus 4 Spalten:

```
 I--------I I---I I----------------I I------------------------------I
  Labels    Op-code  Operand(en)        ;Kommentar


  Lables  =  symbolische Namen
  Op-code =  z.B. LDA,ADC,STA, .. eigentliche Befehle
             EQU,ORG, ..          Pseudo-Befehle
```

Die einzelnen Spalten werden durch ein Freizeichen (Blank) getrennt (auch wenn EDITOR und ASSEMBLER später auf dem Bildschirm mehrere erscheinen lassen).

Um das Programm MULADD (wie oben) nun über ASSEMBLER und EDITOR einzugeben, müßen folgende Kommandos ausgeführt werden:

- RUN EDASM (R) ; Starten von Editor / Assembler

- es erscheinen Datum (falls falsch überschreiben) und eine Zahl, die die Anzahl der Assembleraufrufe zählt. Mit (R) werden die Angaben auf dem Bildschirm aktzeptiert.

- ? (R)   ; Gibt eine Übersicht über alle Editorbefehle.

- ADD (R)   ; Eingabebeginn.

(Bei der Programmeingabe bedeutet jedes Blank (Leertaste) auch am Zeilenbeginn ein Gehen in die nächste Spalte)

6.4 Der Algorithmus Primzahlen

Zur Errechnung der Primzahlen wird die folgende Definition verwandt: Jede natürliche, positive Zahl, die nur durch sich selbst und 1 glatt teilbar ist, heißt Primzahl. Man prüft also der Reihe nach alle Zahlen, ob sie durch alle vorhergehenden Primzahlen teilbar sind. Man braucht nur durch die Primzahl zu teilen, da jede andere Zahl sich ja aus Primzahlen zusammensetzt. Eine weitere Erleichterung ist, daß man nur alle ungeraden Zahlen prüft, da alle geraden Zahlen durch 2 teilbar sind. Damit kann man sich auch das Teilen durch 2 ersparen. Um das Problem weiter zu vereinfachen, setzt man die Zahl 1 und die Primzahlen 2 und 3 als bekannt voraus und beginnt bei der Zahl 5. Außerdem beschränkt man sich auf die Zahlen bis 255, unter anderem um das Problem des Übertrags in der Maschinensprache zu umgehen. Der auf der nächsten Seite dargestellte Programmablaufplan PRIMZAHL führt zu folgender Lösung in BASIC:

```
5 REM EBERHARD IGLHAUT
10 DIM S(60)
20 S(Ø) = 1: S(1) = 2: S(2) = 3
30 Z = 3: Y = 2
40 Z = Z + 2
50 IF Z = 255 THEN 170
60 X = 2
70 H = Z
80 H = H - S(X)
90 IF H > Ø THEN 80
100 IF H = Ø THEN 40
110 IF X = Y THEN 150
120 Y = Y + 1
130 S(Y) = Z
140 GOTO 40
150 X = X + 1
160 GOTO 70
170 FOR X = Ø TO Y
180 PRINT S(X),
190 NEXT
200 END
```

Die FOR-TO-NEXT-Schleife der Zeilen 170 bis 190 ersetzt die drei Blöcke X=Ø, X=Y und X=X+1 im Programmablaufplan.

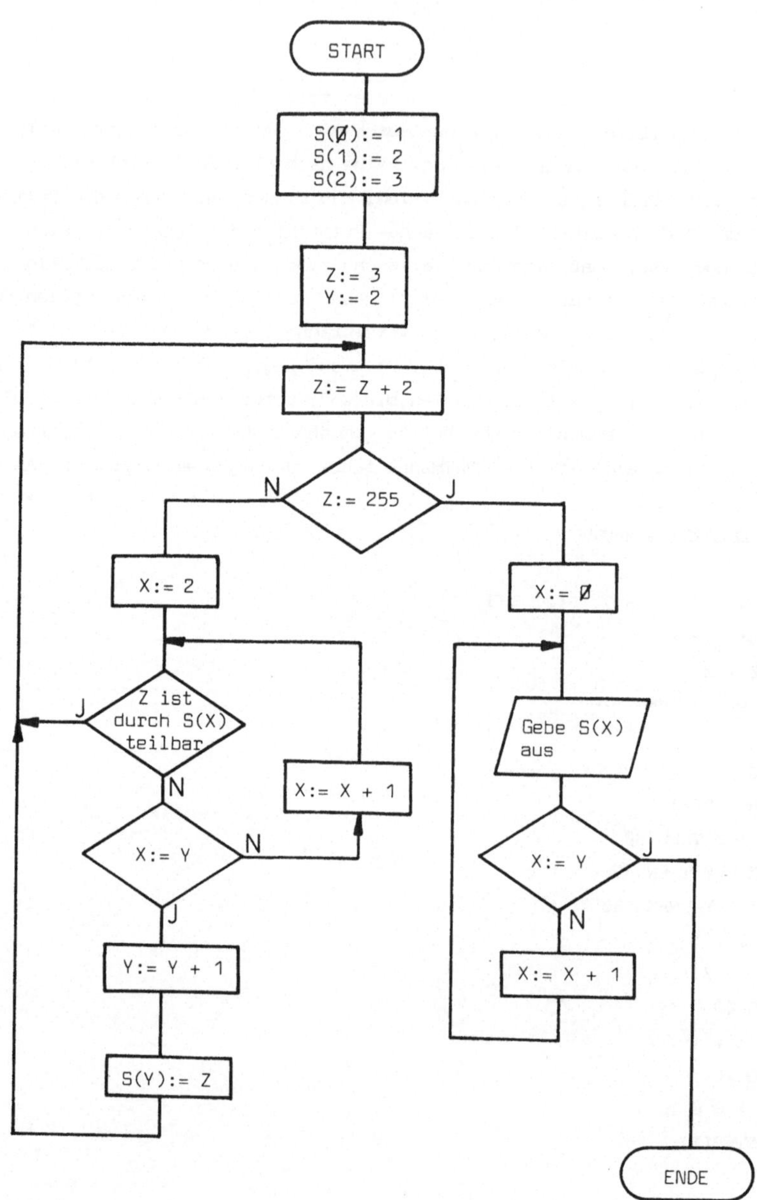

START
S(Ø):= 1
S(1):= 2
S(2):= 3
Z:= 3
Y:= 2
Z:= Z + 2
Z:= 255
N
J
X:= 2
X:= Ø
Z ist
durch S(X)
teilbar
J
N
Gebe S(X)
aus
X:= X + 1
X:= Y
N
X:= Y
J
N
Y:= Y + 1
X:= X + 1
S(Y):= Z
ENDE

Für die Verzweigung "Z ist durch S(X) teilbar?" wird ein eigener Algorithmus verwendet:

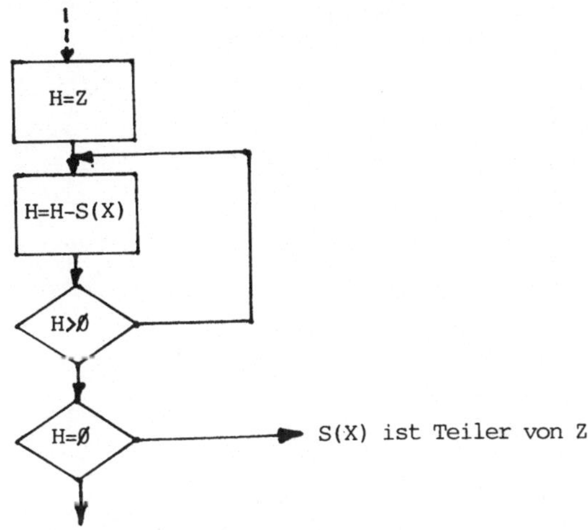

S(X) ist nicht Teiler von Z

Die Division setzt sich aus mehrfach hintereinander ausgeführten Subtraktionen zusammen. Wenn S(X) ein Teiler von Z ist, dann kommt man logischerweise irgendwann bei Ø an; wenn nicht, dann kommt man in den negativen Bereich.

Man hätte die Teilbarkeit auch mit Hilfe der INTEGER-Funktion prüfen können: IF INT (Z / S(X)) = Z / S(X) THEN. Wenn S(X) kein Teiler ist, dann ist Z / S(X) ein Wert mit Nachkommastellen und damit ungleich INT (Z / S(X)).

Mit Rücksicht darauf, daß es in der Maschinensprache keine Integer-Funktion und keine Division gibt, hat man das Problem auch in Basic wie oben genannt gelöst.

PROGRAMMAUSFÜHRUNG:

1	2	3
5	7	11
13	17	19
23	29	..
..		

BASIC-PROGRAMM PRIMZAHL MIT UNTERPROGRAMM IN MASCHINENSPRACHE:

```
20   PRINT CHR$ (4);"BLOAD PRIMZAHLERRECHNEN BIS 255"
30   CALL 6144
40   FOR A = 0 TO PEEK (6257)
50   PRINT PEEK (6400 + A),
60   NEXT A
```

MASCHINENPROGRAMM PRIMZAHL:

```
1800-    A9 01       LDA    #$01
1802-    8D 00 19    STA    $1900
1805-    A9 02       LDA    #$02
1807-    8D 01 19    STA    $1901
180A-    A8          TAY
180B-    A9 03       LDA    #$03
180D-    8D 02 19    STA    $1902
1810-    8D 70 18    STA    $1870
1813-    AD 70 18    LDA    $1870
1816-    38          SEC
181D-    E9 FF       SBC    #$FF
181F-    F0 24       BEQ    $1845
1821-    A2 02       LDX    #$02
1823-    AD 70 18    LDA    $1870
1826-    38          SEC
1827-    FD 00 19    SBC    $1900,X
182A-    F0 E7       BEQ    $1813
182C-    B0 F9       BCS    $1827
182E-    8C 71 18    STY    $1871
1831-    38          SEC
1832-    EC 71 18    CPX    $1871
1835-    F0 04       BEQ    $183B
1837-    E8          INX
1838-    4C 23 18    JMP    $1823
183B-    C8          INY
183C-    AD 70 18    LDA    $1870
183F-    99 00 19    STA    $1900,Y
1842-    4C 16 18    JMP    $1816
1845-    60          RTS    Programmende
```

Einführung neuer Befehle des MP-65Ø2:

SBC   Subtraktion: Subtrahiere Speicherinhalt vom Akkumulatorinhalt mit
       Carry/Borrow.

SEC   Setze Carry-Flag.

CLC   Lösche Carry-Flag.

TAY   Übertrage Akkumulatorinhalt in das Indexregister Y.

STY   Übertrage Inhalt des Indexregisters Y in Speicher.

CPX   Subtrahiere Speicherinhalt vom Inhalt des Indexregisters X ohne das
       Ergebnis irgendwo abzuspeichern. Die Carry- und Null-Flag werden
       allerdings beeinflußt.

INX   Erhöhe den Inhalt des Indexregisters

INY   X bzw. Y um 1.

BCS   Verzweige, falls die Carry-Flag gesetzt ist.

Die Indexregister

sind zwei unabhängige Register im MP 65Ø2. Sie werden hauptsächlich für die
indizierte Adressierung benutzt. Sie haben eigene Befehle, so z.B. LDX, CPX,
LDY usw. Vorteile gegenüber normalen Speicherstellen ist der schnellere Zugriff
und Platzsparen durch eigene Befehle, die z.T. implizit sind.

Carry-Verarbeitung:

Der eigentliche Sinn der Carry-Flag, die ein 1-Bit-Speicher im MP 65Ø2 ist, ist
die Verarbeitung von Zahlen über 255 mittels eines Übertrags. Das soll hier
jedoch ganz ausgeklammert werden. Daher werden jetzt einfach einige Fakten ohne
Erklärung gegeben:

- Vor einem ADC-Befehl muß die Carry-Flag gelöscht sein, um ein richtiges
  Ergebnis zu erhalten.

- Vor einem SBC- oder CPX-Befehl muß die Carry-Flag gesetzt sein.

- Setzen bzw. löschen kann man die Carry-Flag mit den Befehlen SEC und CLC.

- Ist die Carry-Flag nach einer Subtraktion nicht mehr gesetzt, so ist das
  Ergebnis kleiner als Null. Prüfen kann man dies mit dem BCS-Befehl.

Die Null-Flag

ist bereits von Muladd.B her bekannt. Sie wird dann gesetzt, wenn das Ergebnis einer Operation oder der Akkumulatorinhalt gleich Null ist. Prüfung mit BEQ.

Die indizierte Adressierung

Diese Adressierungsart entspricht den indizierten Variablen in Basic. Nach dem OP-Code wird eine Grundadresse angegeben. Zu dieser Adresse wird dann, je nach OP-Code, der momentane Wert des X- oder Y-Indexregisters addiert, um die endgültige Adresse eines Speicherplatzes zu erhalten. LDA 1900,X bedeutet dann, wenn X willkürlich als 5 angenommen wird, daß der Inhalt der Speicherstelle 1905 geladen wird.

Speicherbelegung:

```
ab 1900      : Primzahlen
   1870      : Z
   1871      : Hilfsspeicher, da man die Indexregister nicht direkt
               miteinander vergleichen kann
```

Bei einem Rückwärtssprung bei relativer Adressierung berechnet man den Wert hinter dem OP-Code folgendermaßen: $Wert = $FF - Sprungweite + 1.

Für die Ausgabe wird ein Basic-Rahmenprogramm verwendet, da eine Ausgabe von der Maschinenebene äußerst aufwendig wäre:

```
10 CALL 6144
20 FOR X = 0 TO PEEK (6257)
30 PRINT PEEK (6400 + X),
40 NEXT
50 END
```

Erklärungen:

```
6144 = HEX 1800
6257 = HEX 1871 = H = Y
6400 = HEX 1900
```

7 Übersetzung und Interpretation von Sprachen

7.0 Einleitung

Um einem Rechner zu sagen, was er tun soll, möchte der Benutzer dies der Maschine in einer Form mitteilen, in der er gewöhnt ist, sein Problem zu formulieren. Ein Rechner muß aber schließlich das, was er tun soll, in seinem Speicher vorfinden als eine Folge von Null- und Eins-Werten in einer für die Maschine unmittelbar als Befehle interpretierbaren Form.

Die Aufgabe, ein Programm in einer dem menschlichen Benutzer angepaßten Sprache umzusetzen in die oben geschilderte Form, die für den Rechner allein verständlich ist, wird von einem Programm übernommen, das Texte umwandelt. Es bekommt einen Text - das vom Benutzer formulierte Programm - als Eingabe und erzeugt einen neuen Text, die Folge von Null und Eins, die für die Maschine verständlich ist.

Dieses Programm heißt je nach Ausführungsart Interpreter oder Compiler.

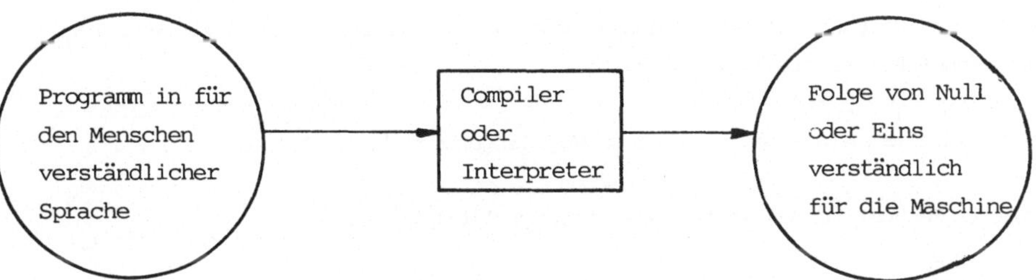

Im Folgenden soll kurz beschrieben werden, was für Mensch und Maschine jeweils verständliche Sprachen sind und was ein Interpreter bzw. ein Compiler tut.
Es wird hier nicht beschrieben, wie ein Compiler aufgebaut ist, sondern nur die verschiedenen Aufgaben genannt, die er erledigen muß, ohne auf das "wie" näher einzugehen.

7.1 Klassifikation von Sprachen

7.1.1 MASCHINENSPRACHE

Es ist dies die maschineninterne Form der Darstellung von Befehlen als eine Folge von Null- und Eins-Werten.

Alle Informationen, die der Rechner bearbeiten soll, und alle Handlungsanweisungen müssen schließlich intern als Folgen von "$\emptyset$" und "1" dargestellt werden.

Das hat technologische Gründe:
Die Speicherelemente im Rechner und die Gatter (Schalter), die die Hardware des Rechners bilden, kennen nur zwei physikalische Zustände: "an" oder "aus", hohe oder niedrige Spannung. Man bezeichnet diese beiden Zustände mit H (von engl. high = hoch) und L (von engl. low = niedrig). Diese Zustände werden mit 0 bzw. 1 identifiziert. Eine Speicherzelle, die gerade einen dieser beiden Werte annehmen kann, speichert ein Bit.

Intern im Rechner werden Gruppen von 8, 16 oder 32 Bit zu einem Wort zusammengefaßt und parallel bearbeitet.

8 Bit nennt man ein Byte, und hat so Wortlängen von 1, 2, 4 Byte.

Worte im Rechner können verschieden interpretiert werden:

- als ASCII-Zeichen, aus denen Texte aufgebaut sind
  (1 Byte stellt ein Zeichen dar mit 7 Bit für Information und
   1 Sicherungsbit - Parität -)

- als Hexadezimalziffern
  (4 Bit stellen Ziffern "$\emptyset$", "1", ..., "9", "A", ... "F" dar)

- als ganze Zahlen   - integer -
  (z.B. lassen sich mit 4 Byte = 32 Bit Zahlen von $-2 * 10**9$ ...,
   $\emptyset$, ... $+2 * 10**9$ darstellen)

- als Gleitkommazahlen   - real -

  (z.B. 4 Byte bilden mit 1 Byte für den Exponenten und das Vorzeichen und
  3 Byte für die Mantisse eine übliche Darstellung von Gleitkommazahlen)

- als Adressen für den Speicher

  (üblich sind 2 Byte für kleine Rechner, mit denen sich rd. 65.000
  verschiedene Adressen ausdrücken lassen: 0 ... 2**16 - 1 oder 3 - 4
  Byte bei großen Maschinen, mit denen sich 16 Mio. bzw. 4 Mrd. Adressen
  darstellen lassen)

- als Befehle für das Leitwerk des Rechners (Maschinenbefehle).

Es gibt sehr viele verschiedene Formate von Befehlen.
Z.B. können Befehle 3 Byte lang sein:

1 Byte   2 Byte

Operationscode   Adresse oder Direktoperand

Der Operationscode sagt, was der Rechner tun soll.
(Mit 8 Bit lassen sich 256 verschiedene Aktionen angeben.)

Die Adresse kennzeichnet das Wort im Speicher, auf das sich der Befehl bezieht.

Ein Direktoperand gibt direkt einen Wert an, mit dem etwas geschehen soll.
(z.B. eine Zahl)

Fassen wir z.B. jeweils 4 Bit zu einer Hexaziffer zusammen, dann könnte ein
Operationscode

  0000 0111 = '07 eine Addition veranlassen oder
  0100 0100 = '44 einen Sprungbefehl bedeuten.

Man findet verschiedene Befehlslängen in einem Rechner:

Befehle von 1 Byte bis zu 3 Byte (8080-μP)

oder 2 Byte bis 6 Byte bei großen Rechnern.

Alle Programme müssen schließlich in Folgen von Maschinen-Befehlen umgesetzt werden, die allein der Rechner versteht. Auch wenn man die Befehle nicht als Folgen von 0 und 1 hinschreibt, sondern z.B. je 4 Bit zu einer Hexaziffer zusammenfaßt, ist Maschinencode für den Menschen extrem unübersichtlich und Fehler sind bei der Programmerstellung fast unvermeidlich.

7.1.2 MASCHINENORIENTIERTE SPRACHE (ASSEMBLER)

Um Maschinenbefehle besser handhaben zu können und die Programmierung zu erleichtern, führt man einfacher behaltbare und aussagekräftige Bezeichnungen für Operationscode, Adressen und Direktoperanden ein:

- für den Operationscode Kurzbezeichnungen
  z.B. 0000 0111 = ADD (Addiere)
       0100 0100 = JMP (Springe - engl. jump)

- für Adressen symbolische Bezeichnungen
  d.h. es wird ein Speicherplatz mit einem Namen gekennzeichnet

- für Direktoperanden die Werte in gewohnter Darstellung
  z.B.   -17 oder 'g'

Außerdem sieht man die Möglichkeit vor, eine Folge von Befehlen mit einem Namen zu versehen und unter diesem Namen aufzurufen (Unterprogramme und Makrobefehle). Die Befehle beziehen sich also auf symbolische Adressen und auf ein (Akkumulator) oder mehrere (8 - 16) Register im Rechenwerk der Maschine.

Als Beispiel soll das Multiplikationsprogramm, das zwei Zahlen x und y miteinander multipliziert und in z ablegt, als Assemblerprogramm geschrieben werden.

x, y, z seien drei Speicherplätze, die unter diesen symbolischen Namen angesprochen werden und die Zahlen seien klein genug, um in die Speicherplätze von Wortlänge zu passen.

Es gebe einen Akkumulator, der implizit referenziert wird. Direktoperanden werden gekennzeichnet durch ein angehängtes I im Operationscode (engl. immediate). Bei Sprungbefehlen ist die Adresse als symbolische Marke angegeben, die an anderer Stelle im Programm vor einem Befehl auftaucht und die Stelle angibt, zu der das Programm ggf. verzweigen soll.

Im folgenden Programm sind nebeneinander angegeben:
Befehle in maschinenorientierter Sprache, eine Beschreibung der Wirkung des Befehls und die Darstellung aus dem Flußdiagramm.

Multiplikationsprogramm:

```
        LDI 0       lade Akku mit dem Wert 0  ⎫
        ST  Z       speichere in Z ab         ⎬   Z := 0
M:      LD  Y       lade Akku mit dem Inhalt  ⎪
                    der Speicherzelle, die den ⎪
                    symbolischen Namen y hat;  ⎪
                    kurz: lade Akku mit y     ⎭

        JZ  ENDE    Springe zur Marke ENDE wenn
                    der Akkumulator = 0 ist
                    (engl. zero)

        LD  Z       lade Akku mit Z           ⎫
        ADD X       addiere den Inhalt von X  ⎬   Z := Z + X
        ST  Z       speichere in Z ab         ⎭

        LD  y       lade Akku mit y           ⎫
        ADI -1      addiere den Wert -1       ⎬   y := y - 1
        ST  y       speichere in y ab         ⎭

        JMP M       springe zur Marke M


ENDE:   .......
```

Das Programm (in Maschinensprache), das die Umsetzung eines Programms in maschinenorientierter Sprache in Maschinensprache leistet, heißt

A s s e m b l e r

Es hat folgende Aufgaben:

- Überprüfen der eingegebenen Befehle auf formale Richtigkeit: z.B. müßte ein Fehler angezeigt werden, wenn im Programm ARD statt ADD geschrieben ist.

- Umsetzen der Befehle in Bitmuster:
  z.B. ADD → 0000 0111

- Aufbau einer Tabelle aller Marken

- Umsetzen von Dezimalzahlen und Zeichenfolgen in entsprechende Bitmuster der Direktoperanden

- Erzeugen von absoluten Adressen aus den symbolischen Adressen
  (Das geschieht häufig separat in einem eigenen Programm, dem Lader ,
  dem gesagt wird, bei welcher Adresse das Programm im Speicher beginnen
  soll. Bei der Programmausführung wird dann der Befehlszähler auf diese
  Anfangsadresse gesetzt.)

In Zusammenarbeit mit dem Betriebssystem des Rechners wird der Benutzer ein Assemblerprogramm unter Zuhilfenahme des Editors schreiben und unter einem Namen z.B. "Multiplikationsprogramm" ablegen.

Es wird dann den Assembler aufrufen, der das Programm in Maschinensprache umsetzt und mit der Tabelle der Adressen ablegt.

Erst mit dem Aufruf an das Betriebssystem, das Programm auszuführen, werden die absoluten Adressen bestimmt (i.A. durch das B.S., das den Lader ablaufen läßt) und die Kontrolle an das Programm übergeben.

Programme in maschinenorientierter Sprache sind

- unübersichtlich, da sehr lang
- kompliziert, da der Benutzer Register und Adressen selber
  verwalten muß
- fehleranfällig, da vieles sehr umständlich formuliert werden muß

Neben diesen Nachteilen steht als Vorteil

- man kann alles machen, was auf dem Rechner überhaupt möglich ist.
- man kann besonders schnell ablaufende Programme schreiben.

Anwendungen sind so hauptsächlich bei

- Systemprogrammierung
- Realzeitprogrammen

7.1.3 PROBLEMORIENTIERTE SPRACHEN

Man versucht, ein Programm in einer Sprache zu formulieren, die dem Problem, das man lösen will, möglichst gut angepaßt ist.
Da natürliche Sprache Mehrdeutigkeiten nicht ausschließt, hat man Kunstsprachen geschaffen, die eindeutig sind. Sie haben eine genau festgelegte Grammatik (Syntax) und es gibt eine präzise Bedeutung (Semantik) jedes Ausdrucks.
Diese problemorientierten Kunstsprachen heißen auch höhere Programmiersprachen.

Es gibt sehr viele verschiedene Sprachen für verschiedene Anwendungsbereiche; zum Beispiel für

- technisch-wissenschaftliche Anwendungen mit umfangreichen Bibliotheken
  mathematischer Funktionen:
  FORTRAN (älteste Programmiersprache, IBM 1957)
  PL/1   (von IBM als Nachfolger von FORTRAN gedacht)
  APL   (interaktive Sprache; erlaubt kompakte Programme)

- kaufmännische Anwendungen mit Schwerpunkt beim Suchen und Sortieren
  großer Datenmengen:
  COBOL   (1960 standardisierte Sprache)
  PL/1

- Anwendungen auf kleinen Rechnern, geeignet für kleine Programme,
  einfach zu lernen:
  BASIC   (auf allen Mikrorechnern zu finden)

- Anwendungen in der Systemprogrammierung, wo es auf gute Gliederung
  sehr umfangreicher Programme ankommt:
  PASCAL (in der Anfängerausbildung an der Universität bevorzugt)
  C   (sehr geeignet für Systemprogramme)

- Anwendung im Bereich der künstlichen Intelligenz
  (Schachprogramme, Expertensysteme, lernfähige Programme):
  LISP   (sehr flexibel; Programme können als Daten verwendet werden)

- Realzeitanwendungen, bei denen parallel Aufgaben in vorgegebenen
  Zeiten erledigt werden müssen und Interrupts zu behandeln sind:
  PEARL   (komplexe Sprache, umständlich zu programmieren)
  ADA   (neue Sprache, für alle Anwendungen konzipiert)
  BASEX   (auf der Basis von BASIC entwickelt)

All diese Sprachen erlauben für ihren Anwendungszweck Programme "leicht" zu
erstellen. Sie ermöglichen ausreichende Dokumentation und sind
rechnerunabhängig, d.h. das gleiche Programm kann auf verschiedenen Rechnern
ablaufen, nur die Übersetzerprogramme sind verschieden.

Der Multiplikationsalgorithmus soll nun als Beispiel für die Formulierung von Programmen in zwei verschiedenen höheren Sprachen dienen.

a) P A S C A L

Die Multiplikation soll hier als Funktion beschrieben werden, die mit zwei ganzzahligen Größen x und y aufgerufen wird und das Produkt als Ergebnis zurückliefert. y muß positiv sein.

```
FUNCTION multiplikation     (x, y : integer) : integer
VAR z : integer;            (* Kennzeichnung des Typs der verwendeten
begin                        Variablen (Deklaration)*)
    z := 0;                 (* Zuweisung eines Wertes an eine
    while y = 0 do           Variable *)
        begin
            z := z + x;
            y :- y - 1;
        end;
 multiplikation := z;       (* Zuweisung des Funktionswertes *)
end.
```

Dieses Programm entspricht dem Flußdiagramm

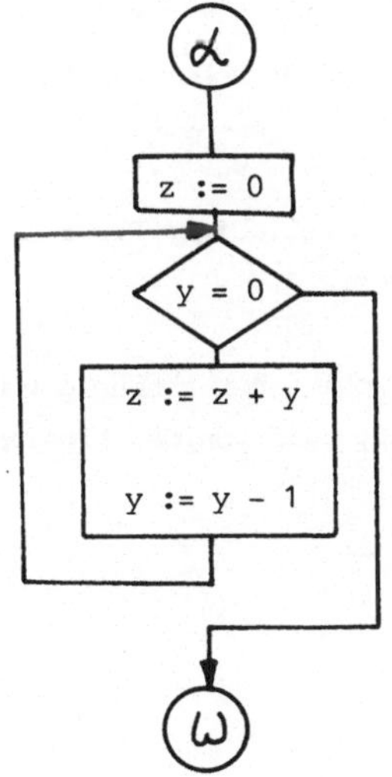

(hier steht die Funktionsvereinbarung und
und die Deklaration der Variablen)

(hier wird dann die Zuweisung des
Funktionswertes gemacht)

b) B A S I C

Das gleiche Flußdiagramm wird umgesetzt in BASIC, nur daß zu Beginn von außen die Werte x und y eingelesen werden (mit INPUT) und am Schluß der Wert des Produktes ausgedruckt wird (mit PRINT).

```
100    INPUT X, Y
110    LET Z = 0
120    IF Y = 0 GOTO 160
130    LET Z = Z + X
140    LET Y = Y - 1
150    GOTO 120
160    PRINT Z
170    END
```

Die Zuweisung wird hier durch das Schlüsselwort LET veranlaßt.

Jede Zeile in BASIC hat eine eindeutige Zeilennummer, unter der sie angesprochen und ggf. modifiziert werden kann.

7.2 Unterschied Compiler – Interpreter

Man braucht ein Übersetzerprogramm, das ein Programm in einer höheren Sprache umformt in ein äquivalentes Programm in Maschinensprache.

Dabei muß dieses Übersetzerprogramm in der Lage sein, ein beliebiges Programm, geschrieben in der festgelegten höheren Sprache, umzusetzen.

Das Übersetzerprogramm ist somit problemunabhängig, wohl aber abhängig vom Maschinentyp, in dessen Sprache übersetzt werden muß, und von der höheren Sprache her bestimmt.

Für ein Übersetzerprogramm gibt es zwei prinzipielle Lösungen:

a) C o m p i l e r

Ein ganzes Programm, geschrieben in einer höheren Sprache, wird in Maschinencode umgesetzt und dann erst ausgeführt.

Vorteile:
- optimierter Code möglich
- rasch laufende Programme

Man kann den Maschinencode so erzeugen, daß er zu rasch laufenden Programmen führt, die nur unwesentlich langsamer sind, als wenn ein spezialisierter Programmierer das Programm in Maschinensprache geschrieben hätte.

Nachteile:
- sehr umfangreiches Übersetzerprogramm

Compiler sind recht große Programme, die mindestens 16 k Byte Speicherplatz brauchen. Das ist z.B. 1/4 des gesamten möglichen Speicherplatzes von 64 k Byte eines typischen 8-Bit Mikrocomputers. Es gibt Compiler, die erheblich größer sind, z.B. für die neue Sprache ADA wird der Compiler mindestens 150 k Byte Speicherplatz benötigen.

b) I n t e r p r e t e r

Hier wird Zeile für Zeile eines Programms getrennt übersetzt und kann im Prinzip sofort ausgeführt werden. Damit das möglich ist, muß die Sprache darauf zugeschnitten sein, wie z.B. BASIC.

Vorteile:
- einfaches Übersetzungsprogramm

Man kann z.B. BASIC-Interpreter bauen, die mit 4 k Byte Speicherbedarf schon recht komfortable Programmierung erlauben und zudem in jeden Mikrocomputer passen.

Nachteile:

- sehr langsame Programmausführung

Das stört immer dann nicht, wenn die Ausführungszeiten für ein Programm nur wenige Sekunden sind; solange ist der Benutzer bereit zu warten. Auch bei vielen technischen Prozessen ist eine Wartezeit von rd. 1/1∅ Sekunde möglich.

Sowohl für Compiler als auch für Interpreter gilt:

- Sie dürfen nur orthographisch richtige Programme akzeptieren, die den Regeln der jeweiligen Sprache für die Formulierung korrekter Ausdrücke (Syntaxregeln) genügen.

- Sie müssen Fehler erkennen können und dem Benutzer anzeigen, an welcher Stelle der Fehler im Programm steht und welcher Art der Fehler ist. Das ist keine triviale Aufgabe.

Ein syntaktisch korrektes Programm kann dennoch grob falsch sein: Es verhält sich anders als vom Programmierer intendiert. Es ist semantisch nicht korrekt.

Der Nachweis, daß ein Programm auch semantisch korrekt ist, ist kompliziert: die Verifikation eines Programms ist zur Zeit nur für kleine Programme möglich.

7.3 Prinzipieller Aufbau eines Compilers

Es sind bei der Übersetzung drei Aufgaben zu lösen, die für Compiler und Interpreter gleichermaßen gelten, hier aber insbesondere für einen Compiler dargestellt werden: die lexikalische Analyse, die Syntaxanalyse und die Codegenerierung.

7.3.1 LEXIKALISCHE ANALYSE

Das Programm, das er Übersetzer bekommt, ist für ihn zuächst eine Folge von Zeichen - ein Text - der zu analysieren ist:

- Schlüsselworte sind zu erkennen
  (if, while, goto, begin, end, let ...)
- Bezeichner (Variable) sind zu erkennen und in einer Symboltabelle
  abzulegen
- Zahlen sind umzuformen in eine geeignete Interndarstellung
- Zwischenräume und Kommentare sind zu überlesen; Kommentare werden z.B.
  in PASCAL eingeschlossen in spezielle Klammern
  (* hier steht ein Kommentar *) oder in Basic mit dem Schlüsselwort
  REM begonnen;
      170 REM   hier ist ein Kommentar.

Das Ergebnis der lexikalischen Analyse ist eine komprimierte Zwischendarstellung des Programms. Es werden zugleich Tabellen von Symbolen angelegt, auf die sich die Zwischendarstellung bezieht.

Diese Zwischendarstellung ist Eingabe für den nächsten Programmteil des Übersetzers.

7.3.2 SYNTAXANALYSE

Die Zwischendarstellung wird überprüft, ob sie den Regeln der Sprache genügt.

Das kann prinzipiell auf zwei Weisen geschehen:
entweder wird versucht, ausgehend von einem Anfangswort durch Anwendung der Sprachregeln den Text der Zwischendarstellung zu erzeugen (top down) oder durch wiederholtes Anwenden der Sprachregeln probiert, den Text der Zwischendarstellung zu reduzieren auf einen legalen Satz der Sprache. (bottom up)

In beiden Fällen wird die Struktur der Zwischendarstellung klar und das Programm baut einen Strukturbaum auf.

So würde z.B. der Strukturbaum eines Ausdrucks

    A := C + D * 100

berücksichtigen, daß die Multiplikation stärker bindet als die Addition und diese stärker als die Zuweisung und so aussehen:

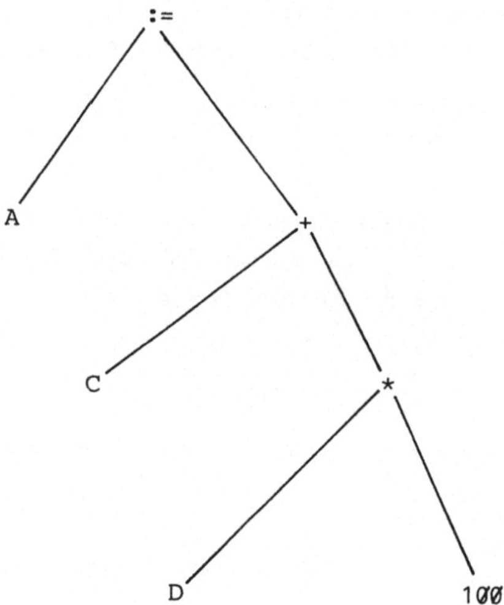

Die Programme zur Syntaxanalyse sind kompliziert, wobei insbesondere die Fehlerbehandlung Schwierigkeiten macht. Sie hängen nur von den Syntaxregeln der Sprache ab.

7.3.3 CODEGENERIERUNG

Aus dem Strukturbaum kann nun der Maschinencode generiert werden, indem der Strukturbaum im Uhrzeigersinn umlaufen wird und jedesmal, wenn im "Norden" ein Element des Baumes erscheint, ein Befehl abgesetzt wird:

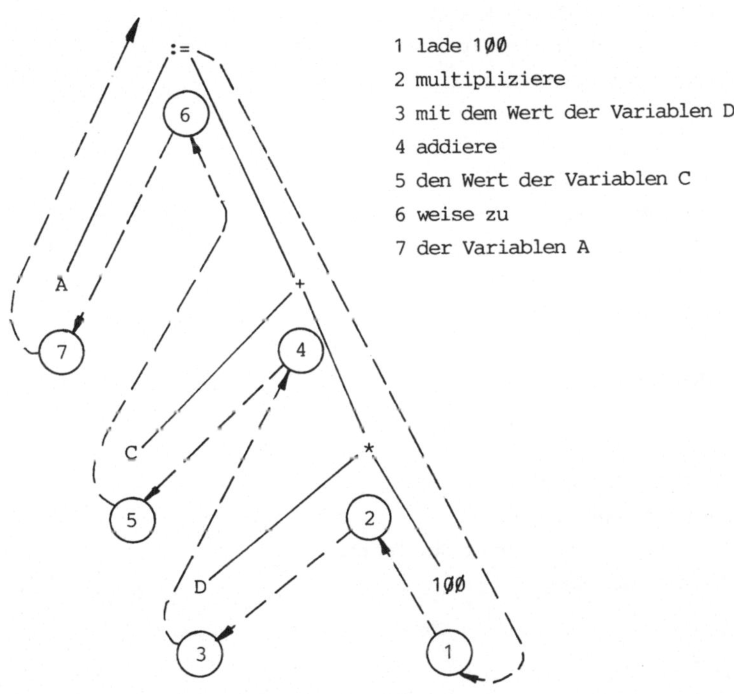

Dieser Teil des Compilers ist rechnerabhängig, aber unabhängig von der verwendeten Sprache.

Der Compiler kann größtenteils ebenfalls in einer höheren Sprache geschrieben sein.

C o m p i l a t i o n / I n t e r p r e t a t i o n
d e s   B e n u t z e r p r o g r a m m s

PROGRAMM IN HÖHERER SPRACHE
Text in Kunstsprache formuliert einen Algorithmus.
Programmiersprache dem Problem angepaßt.

ÜBERSETZERPROGRAMM
COMPILER: übersetzt den ganzen Text
INTERPRETER: übersetzt Zeilenweise
Drei Phasen:
Lexikalische Analyse
Syntaxanalyse
Codegenerierung

PROGRAMM IN MASCHINENSPRACHE
Folge von Null und Eins
Einfaches, festes Format der Befehle
Maschinenabhängig

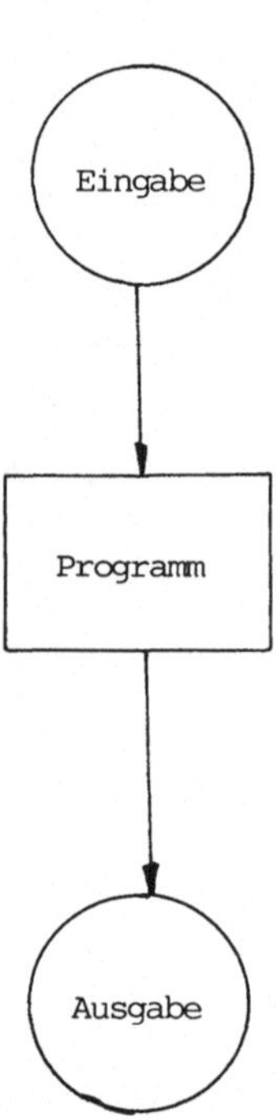

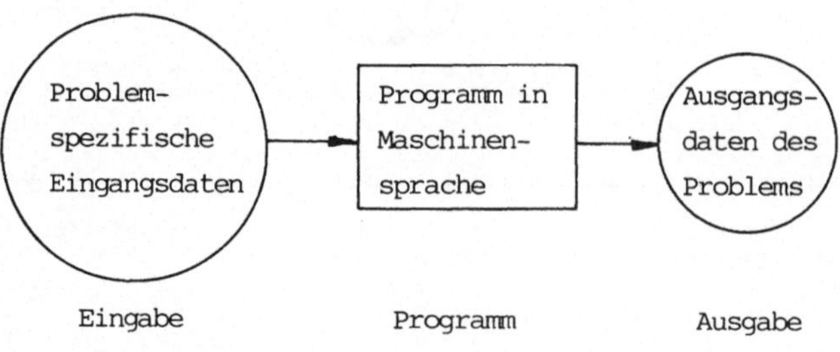

8 Speicherprogrammierte Steuerungen (SPS)

8.1 Einleitung

Speicherprogrammierte Steuerungen erfüllen zunehmend Steuerungs- und auch bereits Regelungsaufgaben in der Automatisierungstechnik. Sie wurden erstmals Ende der sechziger Jahre in den USA vorgestellt. In Europa werden Speicherprogrammierte Steuerungen seit Mitte der siebziger Jahre für Steuerungsaufgaben eingesetzt. Durch den zunehmenden Automatisierungsgrad in der Technik wird nach Ansicht von Fachleuten der Anteil von Speicherprogrammierten Steuerungen in der Steuerungstechnik in Zukunft noch zunehmen. Ihr Einsatzgebiet erstreckt sich auf alle Steuerungsaufgaben der Verfahrenstechnik und des Maschinenbaus. Moderne Speicherprogrammierte Steuerungen können auch auf dem Gebiet der Regelungstechnik eingesetzt werden. Es ist daher für alle, die sich mit Steuerungstechnik befassen unerläßlich, sich auch mit Speicherprogrammierten Steuerungen und deren Anwendung auseinanderzusetzen.

Bild 8.1.1
Speicherprogrammierte Steuerung im Modulsystem mit Eingabe - und Ausgabebaustein und dem dazugehörigen Programmiergerät.

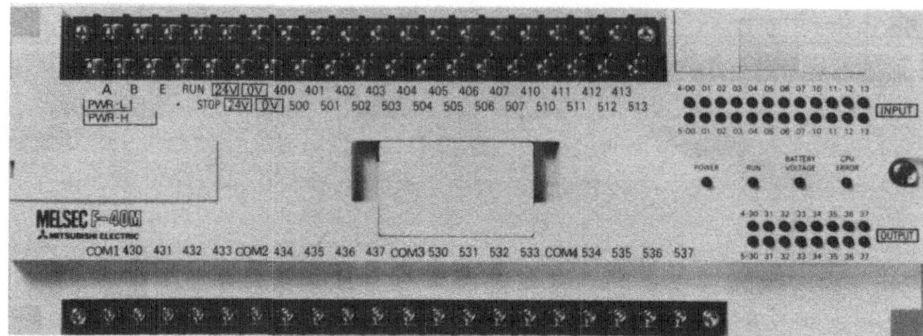

Bild 8.1.2

Speicherprogrammierte Steuerung in Kompaktbauweise für kleine bis mittlere Steuerungsaufgaben.

8.2 Was ist eine speicherprogrammierte Steuerung

Im folgenden Text werden Speicherprogrammierte Steuerungen einrach als SPS bezeichnet. Bevor wir uns dem Aufbau und Funktionsprinzip von SPS widmen, wollen wir uns einen Überblick über die gebräuchlichsten digitalen Steuerungsarten verschaffen. Digital heißt, alle Steuerungsbefehle können nur die Werte "Ø" und "1" annehmen. In der technischen Realisierung bedeutet das, die Werte "Ø" und "1" werden z.B. den Bedingungen "Stromkreis geöffnet", bzw. "Stromkreis geschlossen" oder "Ventil geschlossen", bzw. "Ventil geöffnet" zugeordnet. Die meisten Steuerungen der Elektrotechnik arbeiten digital, da die Werte "Ø" und "1" mit einem elektrischen Stromkreis leicht realisiert werden können. Man unterscheidet grundsätzlich sog. Verbindungsprogrammierte Steuerungen und Speicherprogrammierte Steuerungen.

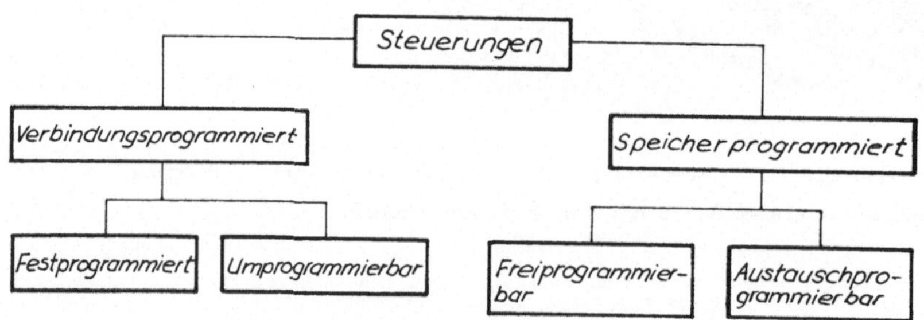

Bild 8.2.1

Übersicht verschiedener Steuerungsarten

Der grundsätzliche Unterschied zwischen beiden Steuerungsarten wird an einer einfachen Steuerungsaufgabe deutlich.

Steuerungsaufgabe:

Der Motor M einer Stanzmaschine soll über ein Schütz K1 eingeschaltet werden, wenn der Schutzkorb geschlossen ist (Endschalter S0 betätigt) und die beiden Taster S1 und S2 geschlossen sind.

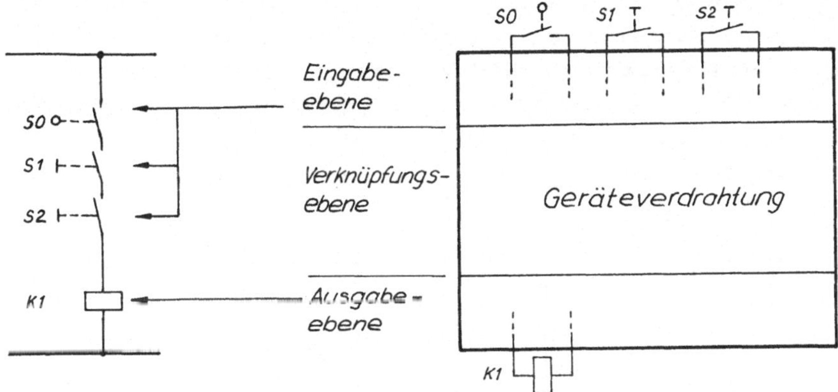

Bild 8.2.2

Schaltung zur Steuerungsaufgabe

8.2.1 Realisierung durch eine Verbindungsprogrammierte Steuerung

Üblicherweise wird eine Verbindungsprogrammierte elektromechanische Steuerung als Stromlaufplan in aufgelöster Form dargestellt. Die Steuerung kann in 3 Verarbeitungsebenen eingeteilt werden. In der Eingabeebene erfolgt durch Taster, Endschalter, Lichtschranken usw. die Veränderung und Aufbereitung der Eingangssignale. In der Verknüpfungsebene werden die Eingangssignale durch geeignete Verdrahtung so miteinander verknüpft, daß die geforderte Steuerungsaufgabe mit dieser Schaltung erfüllt werden kann. Die Steuerungsaufgabe ist also in Form der Verdrahtung programmiert. In der Ausgabeebene werden die zu steuernden Betriebsmittel (Schütze, Motoren, Magnetventile usw.) direkt, oder über Koppelgeräte wie z.B. Leistungsschütze angesteuert.Soll das Steuerungsprogramm geändert werden, so ist eine Veränderung der Verdrahtung erforderlich. Dies gilt nicht nur für elektromechanische Schützsteuerungen, sondern ebenso für elektronische Halbleitersteuerungen im Steckkartensystem. Hier muß die Steckkarte mit der Steuerschaltung ausgetauscht werden.

8.2.2 <u>Realisierung durch eine Speicherprogrammierte Steuerung</u>

SPS unterscheiden sich von herkömmlichen Verbindungsprogrammierten Steuerungen eigentlich nur in der Verknüpfungsebene. Die Programmierung einer Steuerungsaufgabe erfolgt nicht durch Verdrahtung, sondern mit einem Programm. Das Steuerungsprogramm wird als Anweisungsliste in einer SPS typischen Programmiersprache mit einem Programmiergerät in die SPS geladen und dort in einem Programmspeicher gespeichert. Ein Mikroprozessorsystem in der SPS setzt das gespeicherte Programm in die gewünschte Verknüpfung zwischen Ein-und Ausgabeebene um. Das Programm enthält Anweisungen zur logischen Verknüpfung der Ein-und Ausgänge. Die einzelnen Elemente der Programmiersprache werden später anhand von Steuerungsbeispielen erläutert.

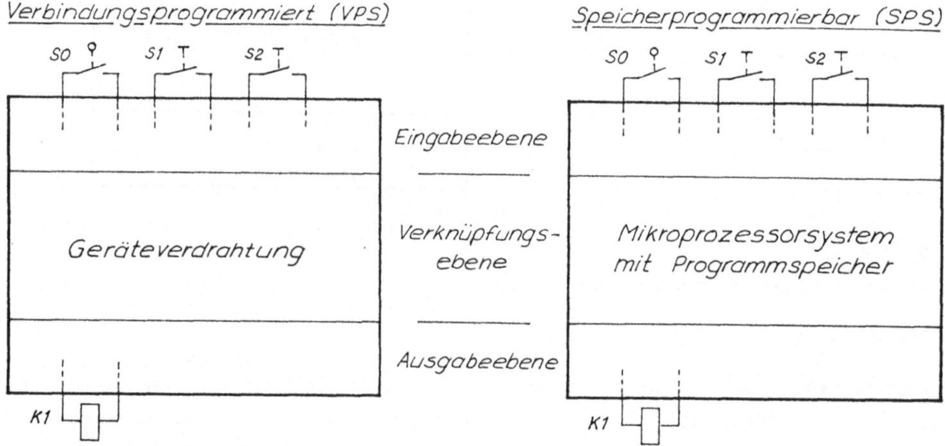

Bild 8.2.2.1

Verbindungsprogrammierte -und Speicherprogrammierte Steuerungen unterscheiden sich nur in der Verknüpfungsebene

In der SPS wird das Steuerungsprogramm in einem Programmspeicher (RAM=Random Access Memory oder ROM = Read Only Memory) gespeichert. Aus der Übersicht in Bild 8.2.1 ist ersichtlich, daß SPS in Freiprogrammierbare Steuerungen und Austauschprogrammierbare Steuerungen unterteilt werden. Frei-und Austauschprogrammierbare Steuerungen unterscheiden sich eigentlich nur in der Art des verwendeten Programmspeichers. Freiprogrammierbare Steuerungen besitzen als Programmspeicher einen Schreib-Lese-Speicher (RAM). Das im RAM gespeicherte Steuerungsprogramm läßt sich relativ leicht mit Hilfe des Programmiergerätes ändern oder durch ein neues Steuerungsprogramm ersetzen.

Wird die SPS ausgeschaltet, so bleibt der Speicherinhalt erhalten, da eine Pufferbatterie das RAM weiterhin mit Spannung versorgt. In Austauschprogrammierbaren Steuerungen wird das Steuerungsprogramm in einem Nur-Lese-Speicher (ROM) gespeichert. Das ROM ist ein programmierbarer Festwertspeicher(PROM), dessen Speicherinhalt mit einer entsprechenden Programmiereinrichtung programmiert wird und danach nicht mehr beeinflußt werden kann. Ein Steuerungsprogramm ist daher in einer Austauschprogrammierbaren SPS wesentlich besser gegen ungewollte Programmänderungen durch Fehlbedienungen oder Umfeldeinflüsse, wie z.B. Funkstörungen oder Schaltspitzen im Energieversorgungsnetz geschützt.

Die meisten modernen SPS sind nicht nur freiprogrammierbar, sondern auch austauschprogrammierbar. Diese SPS bieten die Möglichkeit, entweder ein RAM als Schreib-Lese-Speicher, oder ein programmiertes PROM (Festwertspeicher) über eine Steckverbindung als Programmspeicher zu verwenden. Soll das bestehende Steuerungsprogramm nun geändert werden, so muß in der Austauschprogrammierbaren SPS das PROM ausgetauscht werden. Ein großer Vorteil der SPS gegenüber den Verbindungsprogrammierten Steuerungen (VPS) besteht also in der einfachen und problemlosen Änderung eines bestehenden Steuerungsprogramms und in der schnellen Multiplizierbarkeit von Steuerungsprogrammen.

8.3 Funktionsprinzip der SPS

Der schaltungsmäßige Aufbau (Hardware) einer SPS ist sehr kompliziert und umfangreich. Für unsere Betrachtungen ist eine detailierte Beschreibung des

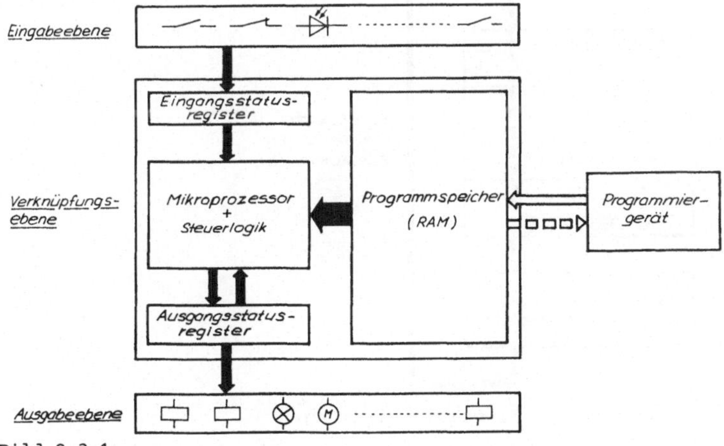

Bild 8.3.1

Prinzipieller Aufbau einer SPS in Verbindung mit dem Programmiergerät

internen Schaltungsaufbaues nicht erforderlich. Wir wollen uns daher auf das Funktionsprinzip der SPS beschränken. Die "Zentrale" der modernen SPS ist ein Mikroprozessorsystem. Der Mikroprozessor tauscht Informationen über ein BUS-System mit dem Programmspeicher und der Eingabe-bzw. Ausgabeebene aus. Das BUS-System besteht aus parallelen Leitungen, die als gedruckte Schaltung alle Baugruppen der SPS miteinander verbinden. Vor Beginn der Programmausführung werden die Eingangszustände der Eingabeebene in ein Eingangangsstatusregister geladen. Das Ausgangsstatusregister mit den Ausgangszuständen der Ausgabeebene wird ebenfalls abgefragt, da bei logischen Verknüpfungen Ausgangszustände oft mit den Eingangszuständen verknüpft werden (z.B. Selbsthalteschaltung eines Relais). Der Mikroprozessor arbeitet jetzt Schritt für Schritt das im Programmspeicher abgelegte Steuerungsprogramm ab und erhält somit Anweisungen, wie die registrierten Eingangszustände, bzw. die Ausgangszustände zu verknüpfen sind. Der Abfragezyklus ist beendet, wenn das Rechenwerk die letzte Adresse aus dem Programmspeicher gelesen hat und die Verknüpfungsergebnisse über das Ausgangsstatusregister an die Ausgabeebene weitergegeben wurden.

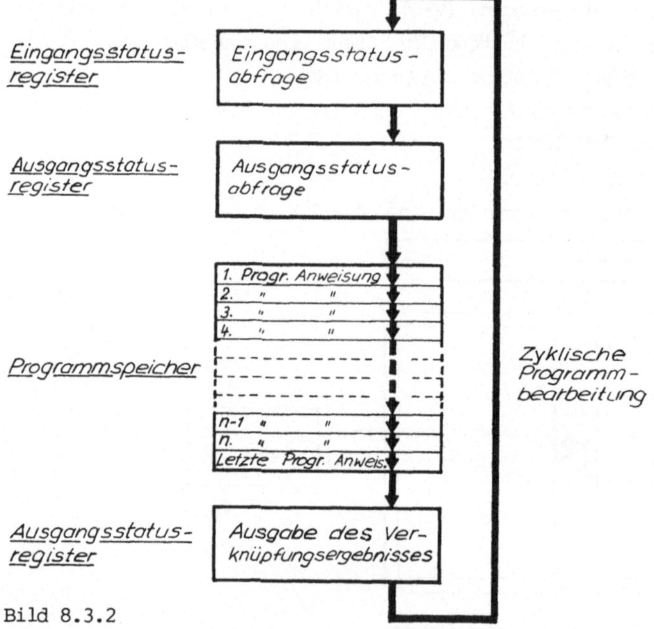

Bild 8.3.2

Abfragezyklus der SPS während der Programmbearbeitung

Der Abfragezyklus beginnt jetzt von Neuem. Die Bearbeitungszeit für einen Zyklus bezeichnet man als Zykluszeit.Die Zykluszeit ist typenabhängig und richtet sich außerdem nach der Länge des zu bearbeitenden Steuerungsprogramms. Hier einige typische Abfragezeiten je Befehl: SPS Mitsubishi F-40M $t=45\mu s$/Befehl, SPS BBC procontic b $t=2,4\mu s$/Befehl, SPS Siemens S5-101U $t=68\mu s$. Ergeben sich während der Zykluszeit Änderungen der Eingangszustände, so werden diese erst im darauffolgenden Abfragezyklus berücksichtigt. Die Zykluszeit ist die kürzeste Reaktionszeit der SPS.

8.4 Einsatzgebiete Speicherprogrammierter Steuerungen

Der hohe Automatisierungsgrad in der Technik stellt besondere Anforderungen an das Steuerungssystem. Diese Anforderungen können bei umfangreichen Prozessen nur schwer von herkömmlichen Steuerungen erfüllt werden. SPS setzen hier neue Maßstäbe im Hinblick auf:

- einfache Programmierbarkeit und Programmänderung

- hohe Verknüpfungsdichte

- schnelle, automatische Programmdokumentation

- Platzbedarf

- Systemzuverlässigkeit

- Lebensdauer

- Programmvervielfältigung

- Aufteilung einer Steuerung in Einzel,-Gruppen-und Leitsteuerung

Aus den genannten Vorteilen der SPS gegenüber herkömmlichen Steuerungen ergeben sich typische Einsatzgebiete in der Automatisierungstechnik.
Hier einige typische Anwendungen von SPS als Steuerungen für:

- Handling-und Montageautomaten

- Abfüllmaschinen

- Transport-und Sortieranlagen

- Druckmaschinen

- Chemie-und Verfahrenstechnik

- Schweißmaschinen

- Verpackungsmaschinen

- Verkehrsanlagen

- Torsteuerungen und vieles andere

Bild 8.4.1

SPS gesteuerte Verpackungsanlage. Die SPS befindet sich rechts im geöffneten Schaltschrank.

8.5 Darstellungsmöglichkeiten von Steuerungsprozessen

Ein Steuerungsprozeß muß eindeutig und allgemeinverständlich dargestellt werden. Zur Lösung einer Steuerungsaufgabe sind neben der Elektronik auch andere Technologien, wie Pneumatik, Maschinenbau und Antriebstechnik erforderlich. Die Darstellung muß daher sowohl für den Elektroniker als auch für andere Technologen, wie z.B. Maschinenbauer verständlich sein. Steuerungsprozesse können auf mehrere Arten dargestellt werden. Die Darstellungsmöglichkeiten, Begriffe und Symbole sind durch die Deutsche Industrie Norm (DIN) festgelegt. Die hier verwendeten Darstellungen, Begriffe und Symbole entsprechen, falls nicht ausdrücklich vermerkt, den Deutschen Normen.

Für Steuerungsprozesse können folgende Darstellungsarten gewählt werden:
- Beschreibung der Steuerungsaufgabe im Klartext
- Technologieschema des Steuerungsprozesses (als ergänzende Darstellung)
- Stromlaufplan
- Programmablaufplan
- Kontaktplan
- Funktionsplan
- Anweisungsliste

Meist sind für die Projektierung eines Steuerungsprozesses mehrere der aufgeführten Darstellungsarten erforderlich. Nur so gelangt man zu einer anschaulichen Darstellung komplizierter Steuerungsaufgaben. Wir wollen uns die Merkmale der verschiedenen Darstellungsarten ,sowie ihre Eignung in Verbindung mit SPS anhand der in Abschn.8.2 beschriebenen einfachen Steuerungsaufgabe für eine Stanze veranschaulichen.

8.5.1   Beschreibung im Klartext

Die in der Vergangenheit meist praktizierte Darstellung einer Steuerungsaufgabe im Klartext kann mißverständlich und unübersichtlich sein. Für die Darstellung umfangreicher Steuerungsprozesse ist die Klartextbeschreibung als alleinige Beschreibung daher nicht besonders geeignet. Beginnt man aber mit der Projektierung einer Steuerungsaufgabe, so kann die allgemeine Beschreibung der Aufgabe im Klartext als Projektierungshilfe oft nützlich sein.

Allgemeine Beschreibung der Steuerungsaufgabe im Klartext:

"WENN der Schutzkorb geschlossen ist UND die beiden Handtaster betätigt sind, DANN wird der Stanzvorgang ausgelöst".

Beschreibung der elektromechanischen Steuerschaltung im Klartext:

"WENN der Endschalter S0 UND der Taster S1 UND der Taster S2 geschlossen sind, DANN schaltet das Schütz K1 den Stanzenmotor M ein".

8.5.2   Technologieschema

Das Technologieschema erläutert den prinzipiellen Aufbau eines Steuerungsprozesses, sowie die Anordnung und Funktion der erforderlichen Signalgeber (Taster, Endschalter,Lichtschranken usw.), Stellglieder (Antriebe, Ventile usw.) und Meldeeinrichtungen.Die im Technologieschema verwendeten Symbole sind nicht nach DIN genormt. Das Technologieschema sollte immer durch eine Liste der verwendeten Signalgeber und Stellglieder ergänzt werden.

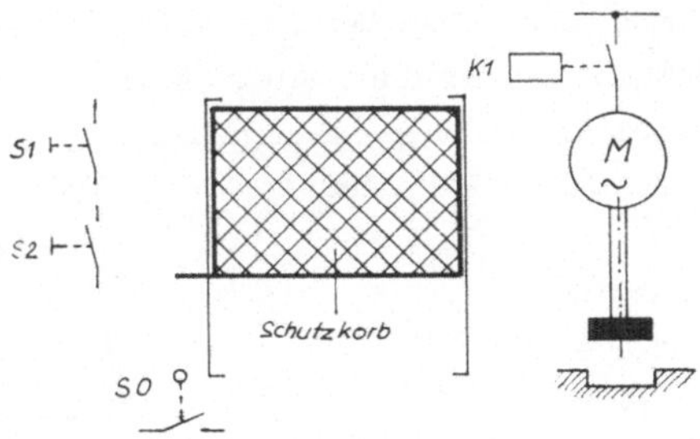

Bild 8.5.2.1

Technologieschema der Stanzensteuerung

Die Funktion der Steuerung geht jedoch aus dieser Darstellungsart nicht hervor, da nur der technologische Aufbau der Steuerung erläutert wird. Ein Technologieschema kann allerdings eine sehr nützliche Ergänzung zur anschaulichen Beschreibung des gesamten Steuerungsablaufes sein.

8.5.3   Stromlaufplan

Der Stromlaufplan ist in der Verbindungsprogrammierten Steuerungstechnik die gebräuchlichste Art zur Darstellung einer Steuerungsaufgabe. Der Stromlaufplan eines Steuerstromkreises stellt die Anzahl und Bezeichnung aller elektrischen Schaltglieder und deren Verdrahtung dar (Bild 8.2.2). Diese Darstellungsart ist für einen Elektrotechniker eindeutig und umfassend.Da aber in der modernen Steuerungstechnik mehrere Technologien zusammenwirken, ist diese Darstellung nicht für jeden Technologen allgemein verständlich. Soll eine Steuerungsaufgabe mit einer SPS realisiert werden, so eignet sich der Stromlaufplan als Darstellung nicht, denn gerade in der vom Stromlaufplan dargestellten Verknüpfungsebene unterscheiden sich Verbindungs- und Speicherprogrammierte Steuerungen (Abschn. 8.2.1).

8.5.4   Programmablaufplan

Der Programmablaufplan nach DIN 66001 veranschaulicht den zeitlichen Ablauf der Steuerungsoperationen und damit das Programm der Steuerung. Mit Programmablaufplänen können Steuerungen in ihrer Grobstruktur oder bis ins Detail dargestellt werde. Diese Darstellung ist sehr anschaulich, da sie sich im wesentlichen aus wenigen Sinnbildern zusammensetzt. Zusätzliche Erläuterungen können durch ergänzende Texte erfolgen. Programmablaufpläne
sind für die moderne Steuerungstechnik besonders gut geeignet und haben sich in der Praxis bewährt. Sie stellen die Steuerungsaufgabe umfassend und allgemeinverständlich dar, ohne auf die Realisierung der Steuerung in der Verknüpfungsebene (Verbindungs-oder Speicherprogrammiert) einzugehen. Zur Projektierung und vollständigen Dokumentation eines Steuerungsprozesses gehört daher immer ein Programmablaufplan.

Programmablaufpläne bestehen aus Sinnbildern für:

EINGABE/AUSGABE

Ob es sich um manuelle oder maschinelle
Ein-oder Ausgabe handelt, geht aus der
Beschriftung des Sinnbildes hervor.

<u>ABLAUFLINIEN</u>

Zur Verdeutlichung des Ablaufs kann auf
das nächstfolgende Sinnbild ein Pfeil
gerichtet sein.

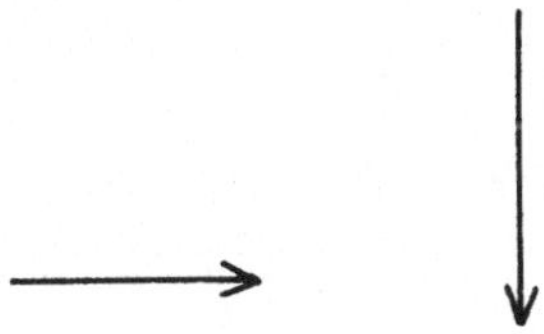

<u>OPERATIONEN</u>   (eine Auswahl)

Zur allgemeinen Darstellung von Operationen
im Programmablauf der Steuerung.

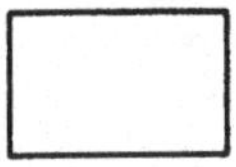

Operation von Hand (z.B. Tastenbedienung).

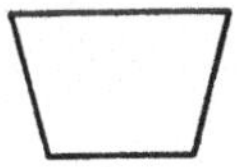

Verzweigung im Programmablauf
(z.B. Auswahl zwischen Hand-oder Automatik-
steuerung)

<u>GRENZSTELLE</u>

Die Beschriftung des Sinnbildes kennzeichnet
z.B. "Beginn" oder "Ende" des Steuerungs-
ablaufs.

<u>AUFSPALTUNG</u>

Verzweigung von Ablauflinien

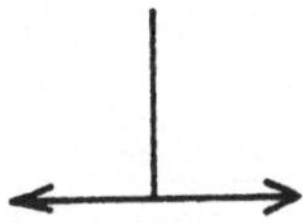

<u>ZUSAMMENFÜHRUNG</u>

Zusammenfürung von Ablauflinien

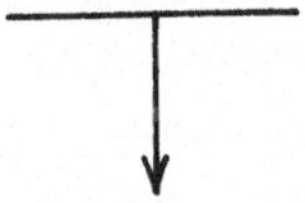

<u>ÜBERGANGSSTELLE</u>

Zusammengehörige Übergangsstellen müssen die
gleiche Kennzeichnung haben

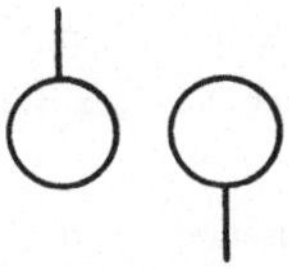

Wenden wir die Sinnbilder zur für unser Beispiel der Stanzensteuerung an, so ergibt sich der folgende Programmablaufplan.

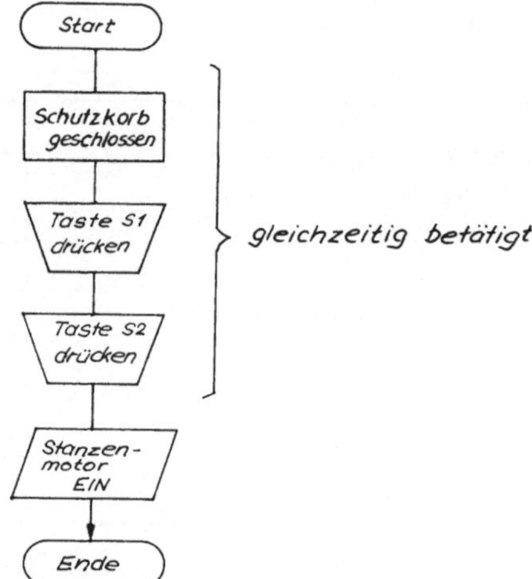

Bild 8.5.4.1
Programmablaufplan der Stanzensteuerung.

Wir werden in den nachfolgenden Abschnitten zur Lösung von Steuerungsaufgaben u.a. die Darstellung im Programmablaufplan wählen, da hierdurch die Erstellung einer Anweisungsliste für die SPS sehr erleichtert wird.

8.5.5 Der Kontaktplan

Der Kontaktplan (KOP) ist dem Stromlaufplan in aufgelöster Darstellung sehr ähnlich. Eine Steuerungsaufgabe wird in einzelne "Strompfade" unterteilt. Die "Strompfade" werden nicht, wie beim Stromlaufplan in aufgelöster Darstellung senkrecht nebeneinander, sondern waagerecht untereinander dargestellt. Die Eingangsvariablen sind als "Kontakte" dargestellt. Jeder "Strompfad" wird am rechten Ende mit einem Verknüpfungsergebnis abgeschlossen. Das Verknüpfungsergebnis kann sowohl ein Ausgang als auch ein Merker (vergleichbar mit einem Hilfsrelais in einer elektromechanischen VPS) sein.

Zur Kennzeichnung der "Kontakte" und Ausgänge werden folgende Operandenkennzeichen gewählt:

E für Eingang

A für Ausgang

M für Merker

T für Zeitglied

167

Zur Kennzeichnung (Parametrierung) der Operanden werden Dezimalziffern verwendet. Operandensymbol, Operandenkennzeichen und Parameter bilden zusammen ein vollständiges Symbol der Kontaktplanes (zB. E 1, A 16 usw.).

Grafische Darstellung der Ein-und Ausgänge im Kontaktplan

Symbol eines "Schließers"

Symbol eines "Öffners"(Negation)

Symbol eines Verknüpfungsergebnisses

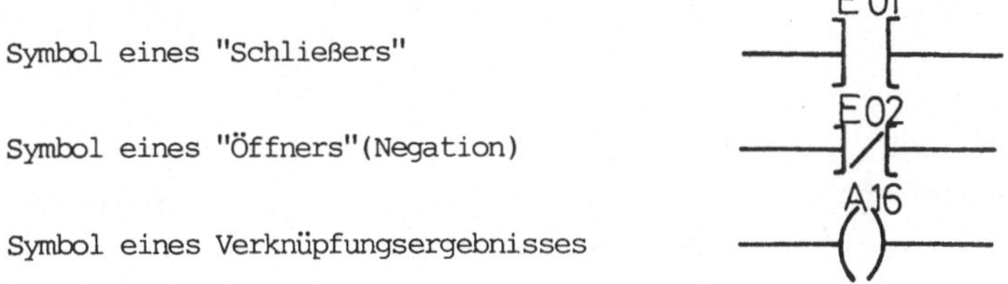

Für unser Steuerungsbeispiel ergibt sich folgende Darstellung im Kontaktplan:

E 0 : Endschalter S0
E 1 : Taster   S1
E 2 : Taster   S2
A 1 : Schütz   K1

Bild 8.5.5.1

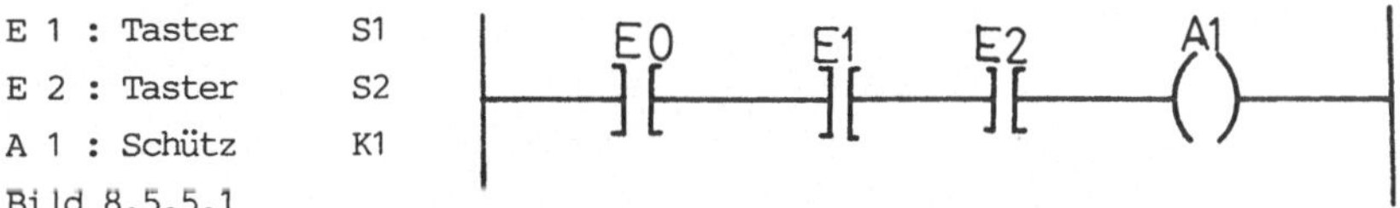

Kontaktplan der Stanzensteuerung

Der Kontaktplan kommt in seiner Darstellungsart dem Anwender entgegen, der es gewohnt ist, eine Steuerung im Stromlaufplan darzustellen. Der Kontaktplan ist für die Darstellung kleiner bis mittlerer Steuerungsaufgaben geeignet. Für umfangreichere automatische Ablaufsteuerungen verliert der Kontaktplan, ähnlich wie der Stromlaufplan, an Übersichtlichkeit.

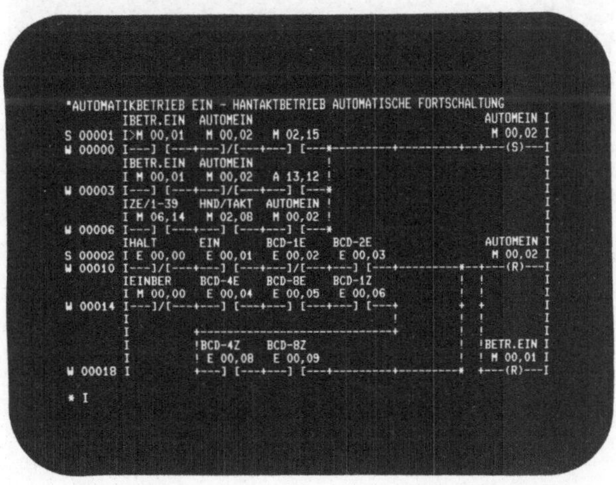

Bild 8.5.5.2

Kontaktplan auf dem Bildschirm eines Programmier-und Testgerätes

Die meisten Hersteller von SPS bieten neben den Standardprogrammiergeräten auch Bildschirmprogrammier-und Testgeräte an, die ein Steuerungsprogramm als Kontaktplan auf dem Bildschirm darstellen. Über einen Drucker ist auch meist eine automatische Dokumentation des Steuerungsprogramms als Kontaktplan möglich.

8.5.6   Der Funktionsplan

Der Funktionsplan (FUP) stellt eine Steuerung unabhängig von ihrer Realisierung, Leitungsführung und der örtlichen Zuordung der Betriebsmittel dar. Die Forderungen nach Übersichtlichkeit und Allgemeinverständlichkeit für das Zusammenwirken mehrerer Fachdisziplinen, wie z.B. Elektrotechnik, Verfahrenstechnik, Maschinenbau, Pneumatik, usw. werden durch die Funktionsplandarstellung erfüllt.Mit dem Funktionsplan ist die Darstellung einer Steuerung in ihrer Grobstruktur oder mit allen Einzelheiten ihrer Feinstruktur möglich. Der Funktionsplan eignet sich besonders für die Programmerstellung und Dokumentation einer Steuerung in Verbindung mit SPS, da sich ein Funktionsplan vom Anwender relativ leicht direkt in eine Anweisungsliste umsetzen läßt.Mit komfortablen Bildschirmprogrammiergeräten lassen sich SPS sogar direkt im Funktionsplan programmieren.

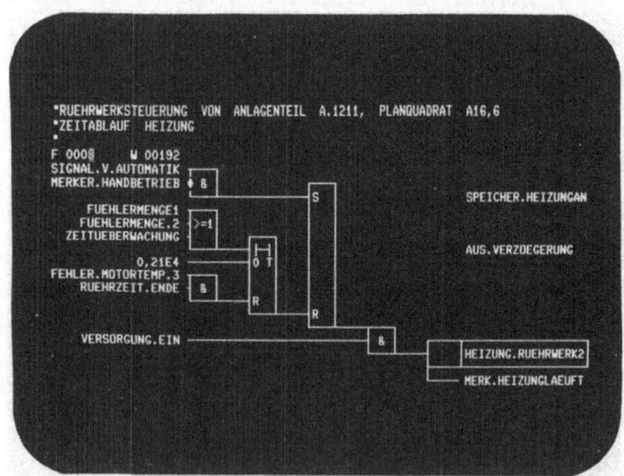

Bild 8.5.6.1

Funktionsplan mit Kommentaren auf dem Bildschirm eines Programmier-und Testgerätes

Bild 8.5.6.2
Prinzip einer Steuerung

Betrachtet man ausschließlich den Signalfluß, so läßt sich jede Steuerung auf ein einfaches Prinzip zurückführen. Das in Bild 8.5.6.2 gezeigte Funktionsprinzip jeder Steuerung dient als Grundlage für die Darstellung im Funktionsplan.Jede Verknüpfung wird durch ein Rechteck symbolisiert. Ein Symbol innerhalb des Rechtecks gekennzeichnet die Art der Verknüpfung. Ein-und Ausgänge einzelner Verknüpfungen werden durch Wirkungslinien dargestellt. Die Signalflußrichtung verläuft normalerweise von oben nach unten oder von links nach rechts. Die Wirkungslinie des Verknüpfungsergebnisses wird nach unten oder nach rechts an das Rechteck gezeichnet

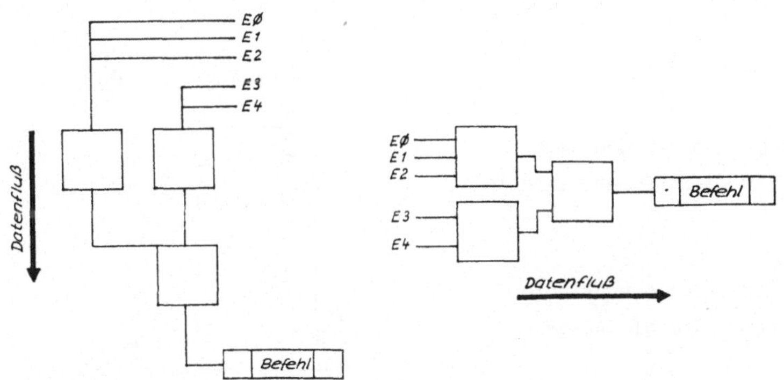

Bild 8.5.6.3
Zwei Möglichkeiten zur Darstellung des Datenflusses in Funktionsplänen

Für unser Beispiel der Stanzensteuerung ergibt sich folgender Funktionsplan:

E Ø : Endschalter SØ
E 1 : Taster S1
E 2 : Taster S2
A 1 : Schütz K1

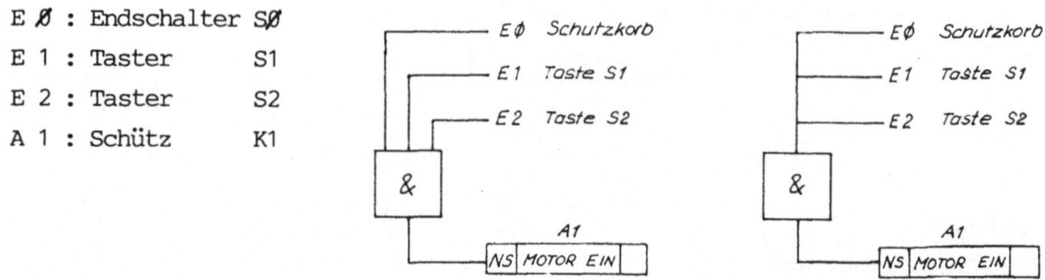

Bild 8.5.6.4

Unser Beispiel ist links in Abb.8.5.6.4 als Funktionsplan in ausführlicher Darstellung, rechts als Funktionsplan in vereinfachter Darstellung abgebildet (die Wirkungslinien werden hier nicht etwa "zusammengefaßt"!) Beide Darstellungen enthalten die gleichen Informationen. In umfangreichen Funktionsplänen ist die vereinfachte Darstellung vorzuziehen.

In der nachfolgenden Tafel sind auszugsweise die wichtigsten Symbole des Funktionsplanes nach DIN 40719 Teil 6 dargestellt.

<u>Beschreibung der Verknüpfung</u>   <u>Symbol im Funktionsplan</u>

<u>UND Verknüpfung</u>
Wenn alle Eingangsvariablen den Wert 1
annehmen, dann wird die Ausgangsvariable 1.

<u>ODER Verknüpfung</u>
Wenn mindestens eine Eingangsvariable den
Wert 1 annimmt, dann wird die Ausgangs-
Variable 1.

<u>Negation</u>
Die Eingangsvariable wird umgekehrt
(aus 1 wird Ø)
(aus Ø wird 1)

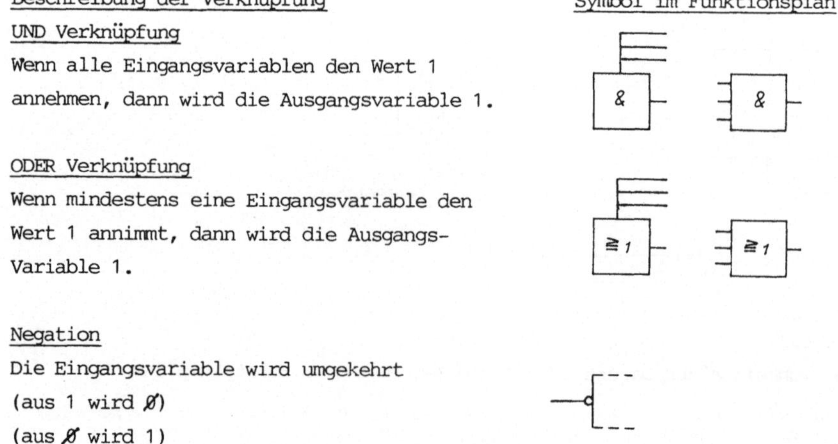

Einschaltverzögerung

Die Ausgangsvariable wechselt nach Ablauf
der Verzögerungszeit t von $\emptyset$ auf 1, wenn
die Eingangsvariable während der gesamten
Verzögerungszeit den Wert 1 hat. Der Ausgang wird wieder $\emptyset$, wenn die Eingangsvariable
den Wert $\emptyset$ annimmt.

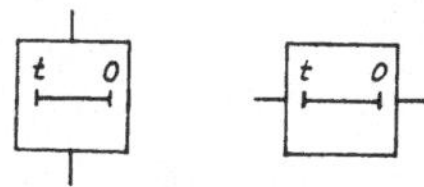

Speicher

Der Wert 1 am Setzeingang S bewirkt, daß der
Ausgang den Wert 1 annimmt. Wechselt der Setzeingang
seinen Wert von 1 auf $\emptyset$, dann bleibt der Ausgangswert 1
erhalten (Speicherfunktion).
Kurzzeitiger Wert 1 am Rücksetzeingang R bewirkt,
daß der Ausgang wieder den Wert $\emptyset$ annimmt.
Sind beide Eingangsvariablen gleichzeitig 1,
so muß ein Eingang dominieren.

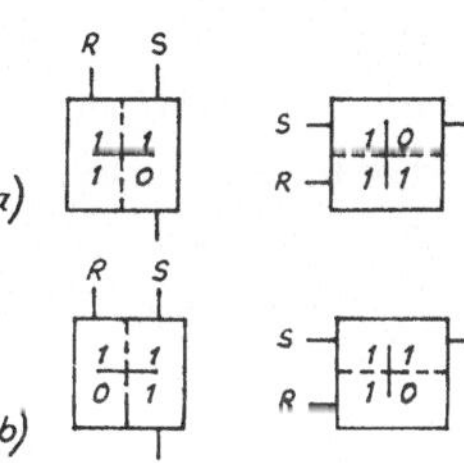

Man unterscheidet:

a) Speicher mit dominierendem R-Eingang

b) Speicher mit dominierendem S-Eingang

Bei den meisten SPS können Befehlsausgänge direkt gesetzt oder gelöscht werden.
Die Vorrangigkeit wird in der Anweisungsliste für eine SPS durch die
Reihenfolge der Setz- bzw. Rücksetzanweisungen festgelegt. Sind die R und S
Eingänge gleichzeitig "1", dann dominiert die zuletzt programmierte Anweisung.

Befehl der Steuerung

Der Befehl wirkt über Stellglieder
(z.B. Schütz, Magnetventil, Motor usw.)
auf den zu steuernden Prozeß und löst Funktionen aus.

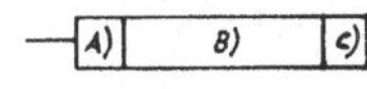

Angaben in den Feldern:

A) <u>Art des Befehls</u>   z.B. D   verzögert

          S   gespeichert

         SD   gespeichert und verzögert

         NS   nicht gespeichert

         NSD nicht gespeiche und verzögert

         SH   auch bei Energieausfall gespeichert

          T   zeitlich begrenzt

         ST   gespeichert und zeitlich begrenzt

B) Wirkung des Befehls: z.B. Motor M1 EIN, Hupe H1 EIN usw.

C) Kennzeichnung für die Abbruchstelle eines Befehls

    (kann entfallen, wenn keine Abbruchstelle vorhanden ist)

Über einen Ausgangsbefehl werden mehrere Stellglieder beeinflußt.

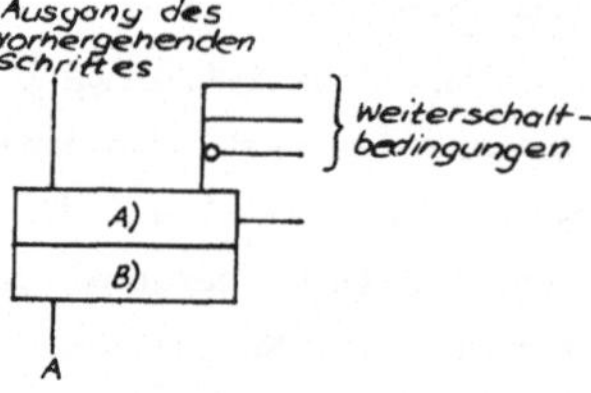

Schrittketten

Der Ausgang A eines Schrittes in einer Schrittkette wird dann speichernd auf den Wert 1 gesetzt, wenn der Ausgang des vorhergehenden Schrittes und alle Weiterschaltbedingungen den Wert 1 haben. Werden keine besonderen Angaben gemacht, so wird ein Schritt durch das Setzen des nachfolgenden Schrittes gelöscht.

Angaben in den Feldern:

A) Schritt Nr.

B) Text (z.B. Wirkung des Schrittes)

Anwendung der Schrittkette in einer Ablaufsteuerung

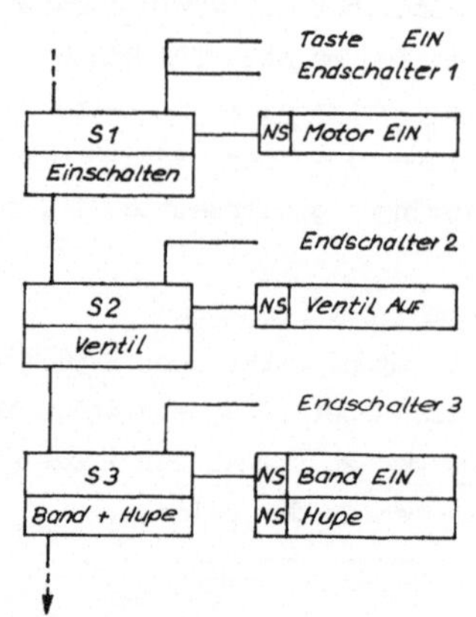

8.5.7 Anweisungsliste

Die Anweisungsliste (AWL) stellt bei SPS den letzten Schritt im Lösungsweg einer Steuerungsaufgabe dar. Aus einem Stromlaufplan, Kontakt-oder Funktionsplan läßt sich relativ leicht eine Anweisungsliste erstellen. Bei umfangreichen Steuerungsaufgaben eignet sich besonders der Funktionsplan als Übergang zur Anweisungsliste.

Mit der Anweisungsliste werden die jeweiligen durchzuführenden Operationen (Verknüpfungen) einer Steuerung in den Programmspeicher einer SPS programmiert. Die Programmiersprache ist eine mnemotechnische problemorientierte Sprache (Mnemo = Gedächtnis: leicht zu merkender Buchstabencode). Die Programmiersprachen verschiedener SPS Hersteller unterscheiden sich zwar voneinander, sind jedoch in ihrer Struktur gleich. Für die Programmmierung sind die mnemotechnischen Kurzbezeichnungen durch die Norm DIN 19239 festgelegt (Tafel 8.5.7.1). Die Norm ist eine Empfehlung, an die sich die meisten deutschen Hersteller von SPS halten.Während der Programmerstellung arbeitet der Anwender im Dialogverkehr mit dem Programmiergerät. Er wird optisch über den zur Verfügung stehenden Speicherplatz im Programmspeicher, über Handhabungsbefehle oder etwaige Programmierfehler informiert. Je komfortabler ein Programmiergerät, desto umfangreicher und "benutzerfreundlicher" ist der Dialogverkehr. Außer den Programmanweisungen muß der Programmierer noch sog. Operationsbefehle kennen. Dies sind Befehle, die zur Bedienung des Programmiergerätes dienen (z.B. Übernahme einer Anweisung, Speicher löschen, Programm ausdrucken usw.).

Die Anweisungsliste besteht aus einer Folge von Verknüpfungsanweisungen. Jede Einzelanweisung (Wort) besteht aus einem Operationsteil und einem Operandenteil. Wird eine Einzelanweisung programmiert, so belegt sie einen Speicherplatz im Programmspeicher. Jedem Speicherplatz wird eine Adresse zugeordnet. Eine vollständig dokumentierte Anweisung setzt sich aus folgenden Teilen zusammen:

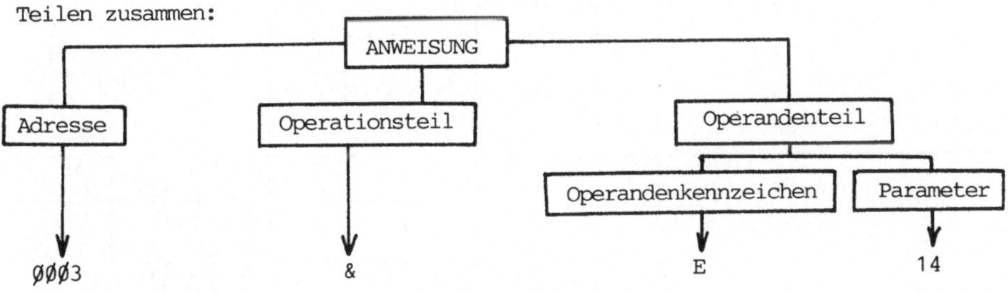

Das Anweisungsbeispiel hat folgende Bedeutung:
Die Anweisung ist im Programmspeicher dem Speicherplatz mit der Adresse ØØØ3 zugeordnet. Der Eingang E 14 wird mit dem vorhergehenden Operanden UND verknüpft.

Tafel 8.5.7.1

Die wichtigsten mnemotechnischen Kurzbezeichnungen der AWL und ihre Zuordnung zu
den Symbolen in KOP und FUP nach DIN 19239

Benennung	Zeichen			Funktionsplan	Kontaktplan
	$d^{1)}$	$e^{2)}$	$m^{3)}$		
UND	U	A	&	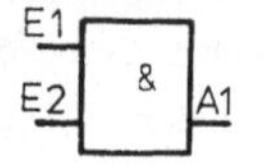 E1 E2 & A1	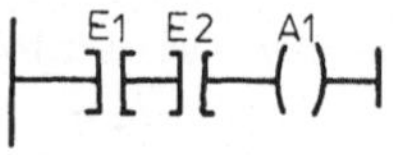 E1 E2 A1
ODER	O	O	I	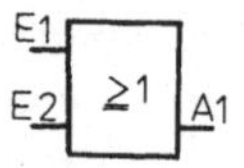 E1 E2 ≥ 1 A1	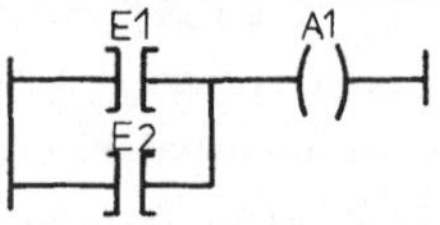 E1 E2 A1
NICHT	N	N		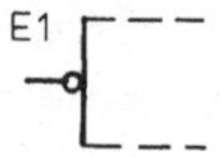 E1	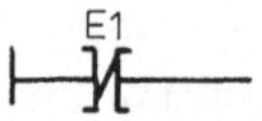 E1
				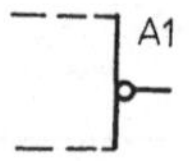 A1	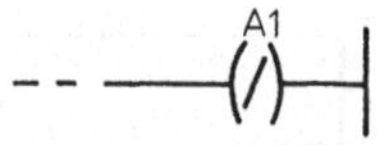 A1
Exklusiv-ODER	XO	XO		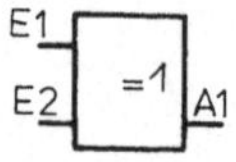 E1 E2 $=1$ A1	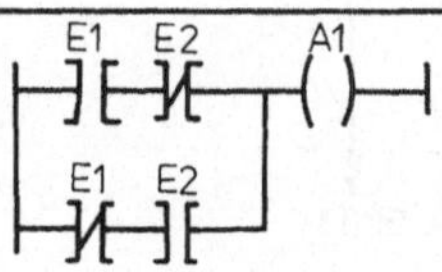 E1 E2 A1 / E1 E2
Zuweisung	=	=	=	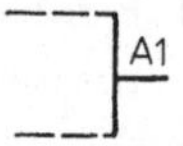 A1	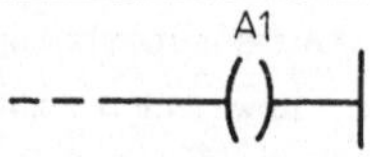 A1

Fortsetzung der Tafel

Benennung	Zeichen			Funktionsplan	Kontaktplan
	$d^{1)}$	$e^{2)}$	$m^{3)}$		
Setzen	S	S		⊣ S	——(S)⊣
Rücksetzen	R	R		⊣ R	——(R)⊣
					Bemerkungen
Zählen, Vorwärts	ZV	CU		+m	Zählen (+1) bei Signalwechsel von "0" nach "1"
Zählen, Rückwärts	ZR	CD		−m	Zählen (−1) bei Signalwechsel von "0" nach "1"
Kennzeichen von Operanten					
Konstante	K	K			
Eingang	E	I			
Ausgang	A	O			Englisch: Anstatt "O" kann auch "Q" verwendet werden
Merker	M	M			
Zeitglied	T	T		x)	x) Kennzeichen des Zeitverhaltens

Fortsetzung der Tafel

Benennung		Zeichen			Bemerkungen
		$d^{1)}$	$e^{2)}$	$m^{3)}$	
Klammer	auf	(	(	(	
	zu	)	)	)	
Sprung unbedingt		SP	JP		Das Sprungziel (Adresse) wird angegeben
Sprung bedingt		SPB	JC		Das Sprungziel (Adresse) wird angegeben
Baustein-Aufruf		BA	CM		Die Bezeichnung des Bausteins wird angegeben
Baustein-Aufruf bedingt		BAB	CMC		Der Baustein ist eine funktionale Fähigkeit, die durch den Baustein-Aufruf aktiviert wird, realisiert durch Hardware oder Software
Baustein-Ende		BE	EM		
Programm-Ende		PE	EP		

1) deutsch
2) englisch
3) mnemotechnisch

Aus den verschiedenen Beschreibungen der Stanzensteuerung läßt sich die Anweisungsliste (nach DIN 19239) für das Steuerungsprogramm erstellen.

Funktionsplan   Klartextbeschreibung

"WENN der Schutzkorb-Endschalter S0 UND der Taster S1 UND der Taster S2 betätigt sind, DANN schaltet das Schütz K1."

$(S\emptyset=E\emptyset \quad S1=E1 \quad S2=E2 \quad K1=A1)$

Operation	Operand
WENN	E $\emptyset$
UND	E 1
UND	E 2
DANN	A 1

Aus der Abfolge der Operationen ergibt sich bereits die Anweisungsliste. Die Operationen werden nur noch durch Kurzzeichen (Tafel 8.5.7.1) ersetzt.

Adresse	Operation	Operand
0000	!	E $\emptyset$
0001	&	E 1
0002	&	E 2
0003	=	A 1
0004	!	PE

Der Operand PE kennzeichnet das Programmende. Die Anweisungsliste sollte mit PE abgeschlossen werden, da hierdurch die Zykluszeit verkürzt werden kann (Abschn.8.3; Bild 8.3.1).

Nach DIN 19239 ist noch folgende Variante als Anweisungsliste möglich:

0000	U	E $\emptyset$
0001	U	E 1
0002	U	E 2
0003	=	A 1
0004	=	BE

Eine weitere, nicht nach DIN genormte Anweisungsungsliste eines japanischen Herstellers von SPS für unsere Steuerungsaufgabe:

0000	LD	X $\emptyset$
0001	AND	X 1
0002	AND	X 2
0003	OUT	Y 1
0004	END	

Obwohl verschiedene Kurzzeichen verwendet werden, zeigen die drei Anweisungslisten, daß die Struktur der Anweisungsliste immer gleich ist.

8.6 Programmieren der Grundverknüpfungen

Die logischen Grundverknüpfungen, welche bereits in Abschnitt 8.5.6 beschrieben wurden, sollen durch eine SPS realisiert werden. Dazu ist das Erstellen von Anweisungslisten erforderlich. Die Bezeichnungen in den Anweisungslisten entsprechen DIN 19239. Die Anweisungslisten sind für die SPS Procontic b von BBC geschrieben. Nach DIN 19239 sind jedoch verschiedene Bezeichnungen für den Operationsteil zulässig (Siehe Tafel 8.5.7.1). Die Hersteller von SPS können zwischen folgenden Bezeichnungen wählen:

Operation	Nach DIN mögliche Bezeichnungen der Operation		
LADE	!	U	O
UND	&	U	A
ODER	/	O	

Als Operandenkennzeichen können nach DIN folgende Bezeichnungen gewählt werden:

Eingang	E	I	
Ausgang	A	O	Q

Die Parameter des Operandenteils werden vom Hersteller festgelegt und sind durch die Bauform der SPS bedingt. Modular (mit Steckkarten) aufgebaute SPS (siehe Bild 8.1.1) haben meist einen zweiteiligen Parameter.

Beispiel: E Ø4,Ø1

  Eingang Nr. Ø1

  Eingangsbaustein auf Steckplatz Nr. Ø4

Im Abschnitt 8.6.1 wird bei den Stromlauf- und Funktionsplänen nur die Nummer der jeweiligen Ein- und Ausgänge angegeben. Die Kontaktpläne und Anweisungslisten wurden über die automatische Programmdokumentation der SPS erstellt und enthalten daher die vollständigen zweiteiligen Parameter. Werden die aufgezeigten Unterschiede und Hinweise der jeweiligen Hersteller beachtet, so können die nachfolgend aufgeführten Anweisungsbeispiele auch für andere SPS verwendet werden. Die Beachtung der Bedienungsanleitung für das jeweilige Programmiergerät ist unumgänglich.

Da ausländische Hersteller von SPS oft Bezeichnungen wählen, die nicht der Deutschen Industrienorm entsprechen, ist die Realisierung der Grundverknüpfungen in Abschn. 8.6.2 nochmals für die SPS MELSEC F-40 von Mitsubishi Electric dargestellt.

8.6.1 Die Anweisungslisten der Grundverknüpfungen (nach DIN 19239)

Die Grundverknüpfungen werden als Stromlaufplan, Funktionsplan, Kontaktplan und Anweisungsliste dargestellt.

Direkte Schaltung eines Ausganges

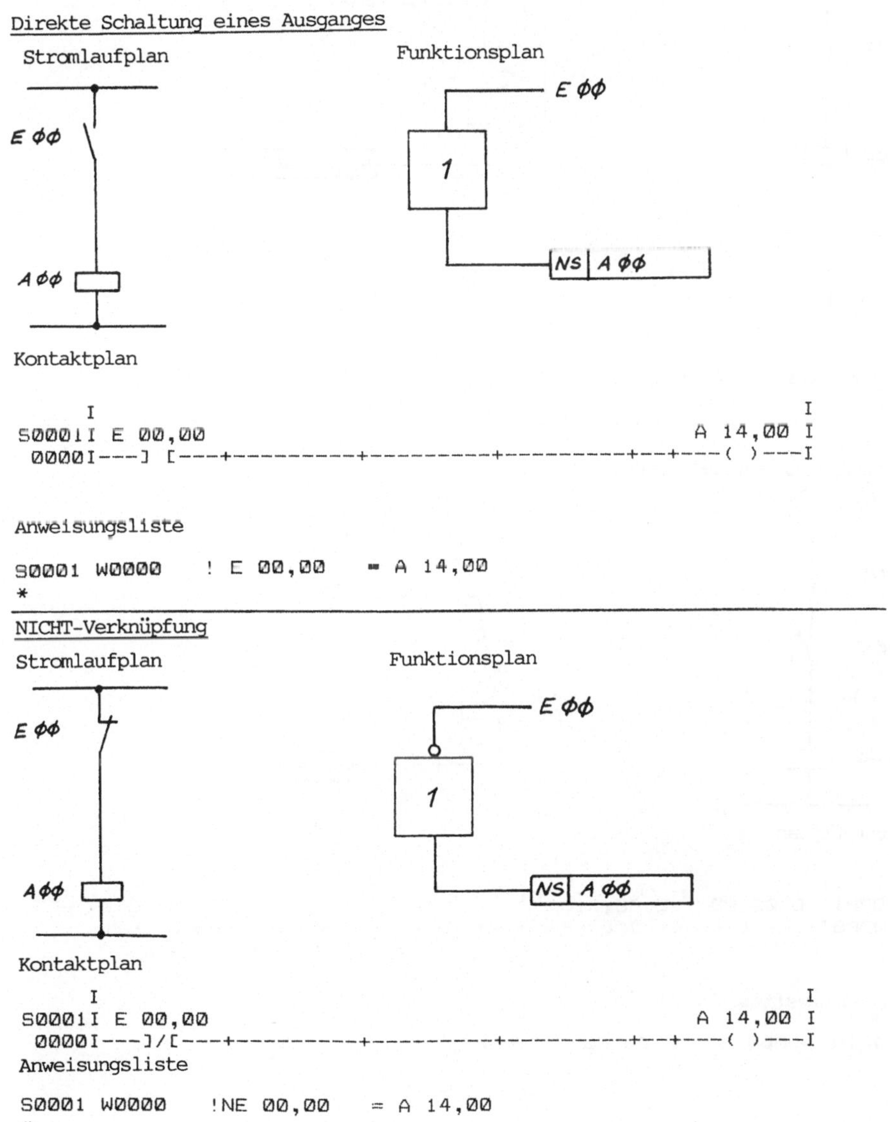


```
        I                                                          I
S0001I E 00,00                                          A 14,00 I
 0000I---] [---+----------+----------+----------+--+---( )---I
```

Anweisungsliste

```
S0001 W0000    ! E 00,00   - A 14,00
*
```

NICHT-Verknüpfung

Kontaktplan

```
        I                                                          I
S0001I E 00,00                                          A 14,00 I
 0000I---]/[---+----------+----------+----------+--+---( )---I
```

Anweisungsliste

```
S0001 W0000    !NE 00,00   = A 14,00
*
```

UND-Verknüpfung

Stromlaufplan   Funktionsplan

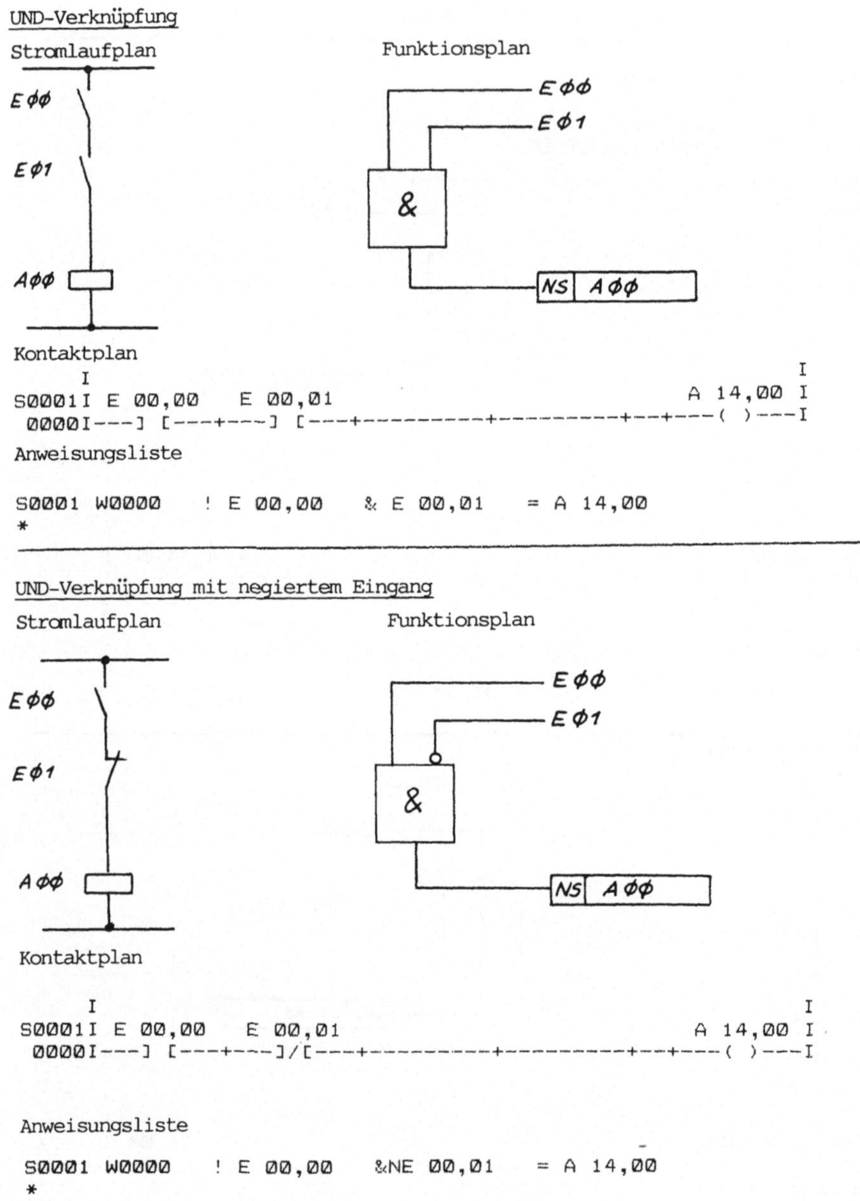

Kontaktplan
```
        I                                                              I
S0001I E 00,00   E 00,01                              A 14,00 I
 0000I---] [---+---~] [---+----------+----------+--+---( )---I
```
Anweisungsliste
```
S0001 W0000    ! E 00,00   & E 00,01   = A 14,00
*
```

UND-Verknüpfung mit negiertem Eingang

Stromlaufplan   Funktionsplan

Kontaktplan
```
        I                                                              I
S0001I E 00,00   E 00,01                              A 14,00 I
 0000I---] [---+--~]/[---+----------+----------+--+---( )---I
```

Anweisungsliste
```
S0001 W0000    ! E 00,00   &NE 00,01   = A 14,00
*
```

ODER-Verknüpfung

Stromlaufplan   Funktionsplan

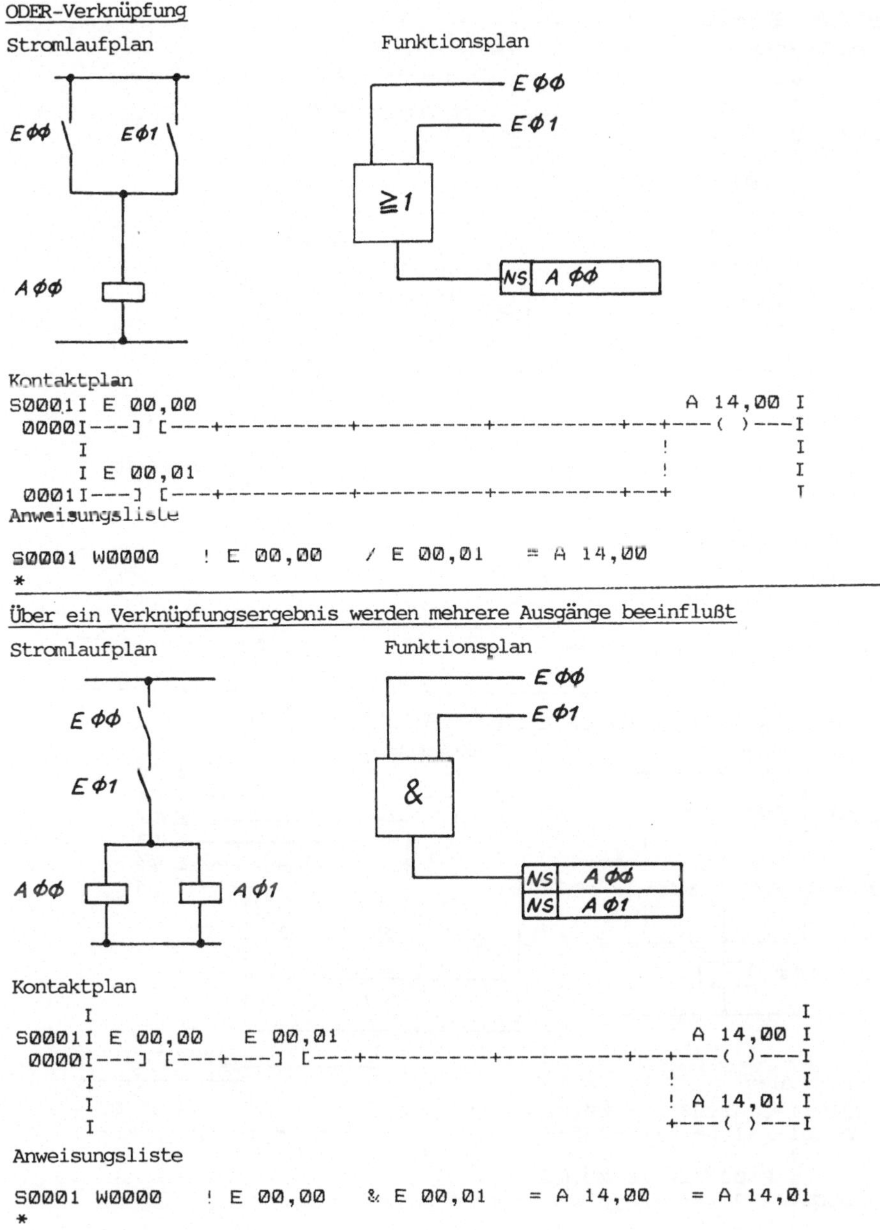

```
Kontaktplan
S0001I E 00,00                                          A 14,00 I
  0000I---] [---+----------+----------+----------+--+---( )---I
       I                                          !          I
       I E 00,01                                  !          I
  0001I---] [---+----------+----------+----------+--+         T
Anweisungsliste

S0001 W0000   ! E 00,00   / E 00,01   = A 14,00
*
```

Über ein Verknüpfungsergebnis werden mehrere Ausgänge beeinflußt

Stromlaufplan   Funktionsplan

```
Kontaktplan
     I                                                      I
S0001I E 00,00   E 00,01                         A 14,00 I
  0000I---] [---+---] [---+----------+----------+--+---( )---I
     I                                            !          I
     I                                            ! A 14,01 I
     I                                            +---( )---I
Anweisungsliste

S0001 W0000   ! E 00,00   & E 00,01   = A 14,00   = A 14,01
*
```

Ein UND-Verknüpfungsergebnis wird ODER verknüpft

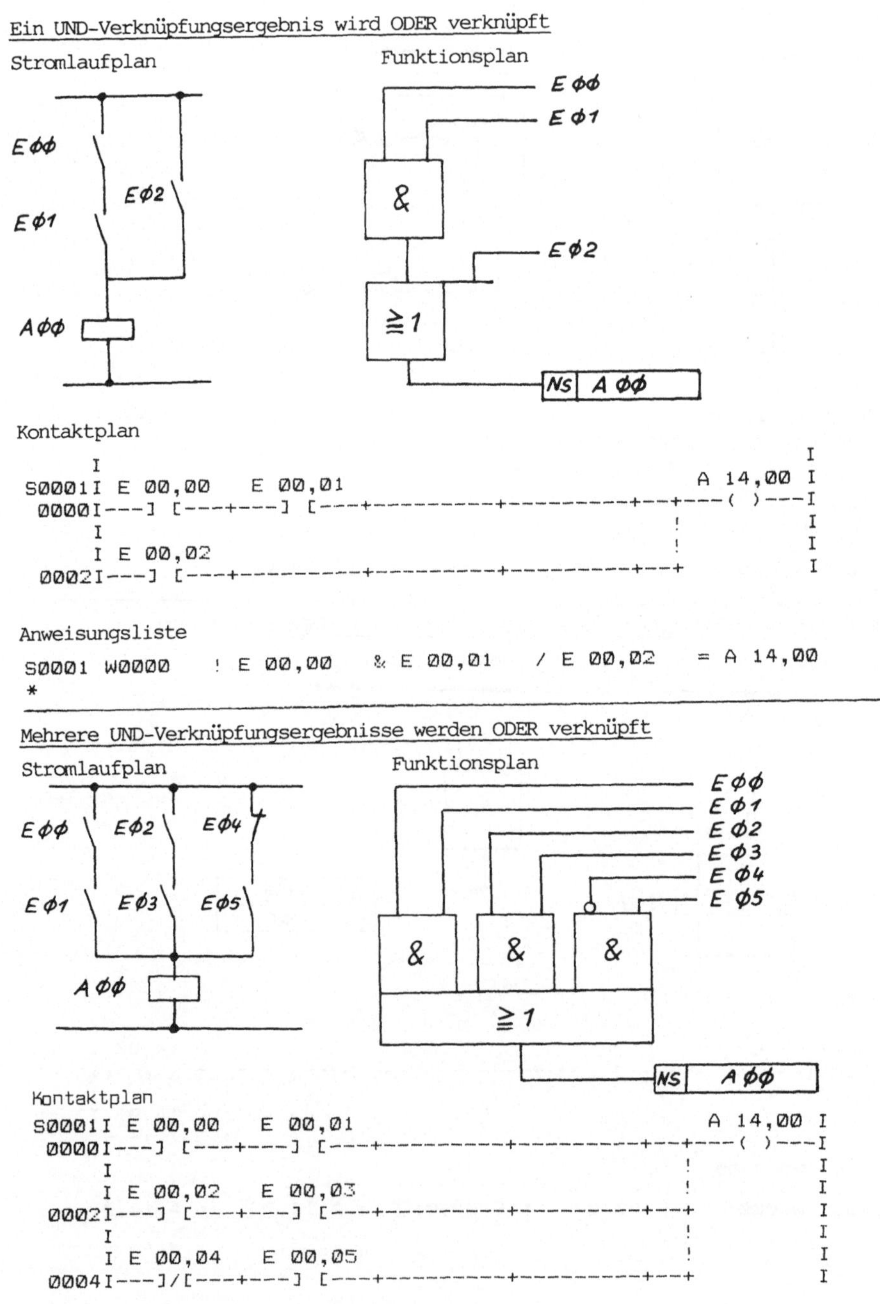

Kontaktplan

```
        I                                                                   I
  S0001I E 00,00    E 00,01                                      A 14,00 I
   0000I---] [---+---] [----+----------+----------+--+---( )---I
        I                                                 !          I
        I E 00,02                                         !          I
   0002I---] [---+----------+----------+----------+--+              I
```

Anweisungsliste

```
  S0001 W0000    ! E 00,00    & E 00,01    / E 00,02    = A 14,00
  *
```

Mehrere UND-Verknüpfungsergebnisse werden ODER verknüpft

Kontaktplan

```
  S0001I E 00,00    E 00,01                                      A 14,00 I
   0000I---] [---+---] [----+----------+----------+--+---( )---I
        I                                                 !          I
        I E 00,02    E 00,03                              !          I
   0002I---] [---+---] [----+----------+----------+--+              I
        I                                                 !          I
        I E 00,04    E 00,05                              !          I
   0004I---]/[---+---] [----+----------+----------+--+              I
```

Anweisungsliste

```
S0001 W0000    ! E 00,00   & E 00,01   / E 00,02   & E 00,03
      W0004    /NE 00,04   & E 00,05   = A 14,00
*
```

Ein ODER-Verknüpfungsergebnis wird UND verknüpft

Stromlaufplan   Funktionsplan

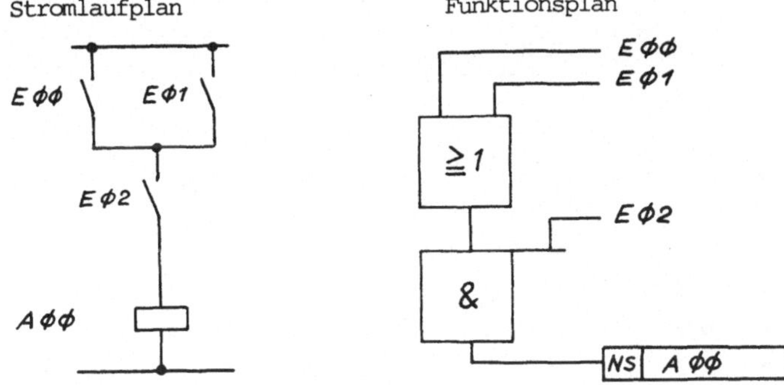

Anmerkung:

Die meisten SPS verknüpfen UND vor ODER (vergleichbar mit der Punkt vor Strich Rechnung in der Algebra).

Beispiel: 2·4+3=11

Will man in der Algebra die Punkt vor Strich Rechnung umkehren, so muß als erstes addiert werden. Das Ergebnis der Addition wird anschließend multipliziert. Dazu setzt man die Summanden in eine Klammer.

Beispiel: 2·(4+3)=2·7=14

Genauso ist beim Erstellen der Anweisungsliste zu verfahren, wenn ODER vor UND verknüpft werden soll. Das Verknüpfungsergebnis der ODER-Verknüpfung wird in einen Merker M "notiert". Der Merker M kann anschließend mit einem weiteren Eingang UND verknüpft werden.

Kontaktplan

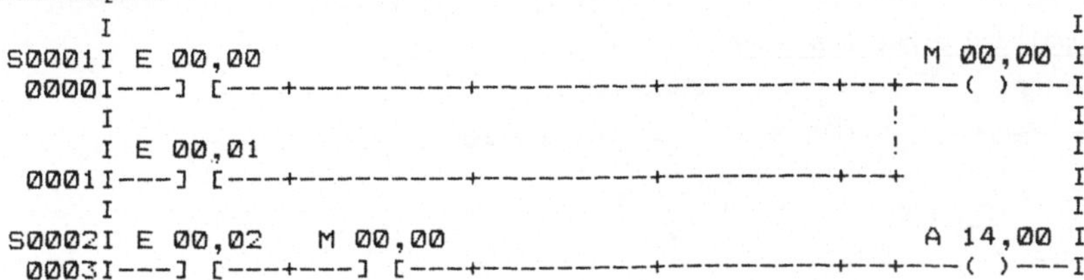

```
      I                                                         I
 S0001I E 00,00                                    M 00,00      I
  0000I---] [---+----------+----------+----------+--+---( )---I
      I                                              !         I
      I E 00,01                                      !         I
  0001I---] [---+----------+----------+----------+--+          I
      I                                                        I
 S0002I E 00,02   M 00,00                          A 14,00     I
  0003I---] [---+---] [---+----------+----------+--+---( )---I
```

Anweisungsliste

```
S0001 W0000    ! E 00,00   / E 00,01   = M 00,00
S0002 W0003    ! E 00,02   & M 00,00   = A 14,00
*
```

Kontaktplan

```
     I                                                        T 02,00 I
S0001I E 00,01                                               +------+ I
 0000I---] [---+------------+------------+------------+---+--!      ! I
     I                                                   !      ! I
     I                                                   !      !-I
     I                                                   +------+ I
     I                                                            I
S0002I T 02,00                                               A 14,00 I
 0002I---] [---+------------+------------+------------+---+---( )---I
```

Anweisungsliste

```
S0001 W0000    ! E 00,01    = T 02,00
S0002 W0002    ! T 02,00    = A 14,00
*
```

Nimmt der Eingang E00 den Zustand "1" an, dann läuft die vorgewählte Zeit ab. Nach Ablauf der Verzögerungzeit nimmt das Zeitglied T00 den Zustand "1"an. Mit T00 wird der Ausgang A00 geschaltet.Die Verzögerungszeit kann je nach Ausführung der SPS manuell über Potentiometer eingestellt, oder als Anweisung im Programm angegeben werden. Im dargestellten Beispiel muß die Verzögerungszeit manuell eingestellt werden.

8.6.2 Anweisungslisten der Grundverknüpfungen (MITSUBISHI, MELSEC F-40)

Bezeichnung der Operationen: Operandenkennzeichen:

LADE	LD	Eingang	X
LADE INVERS (NICHT)	LDI	Ausgang	Y (in Verbindung mit der
UND	AND		Operation OUT)
UND NICHT	ANI		
ODER	OR		
ODER NICHT	ORI		

Die Zuordnung der Parameter ist der Bedienungsanleitung der SPS zu entnehmen.

<u>Direkte Schaltung eines Ausganges</u>

Stromlaufplan   Funktionsplan

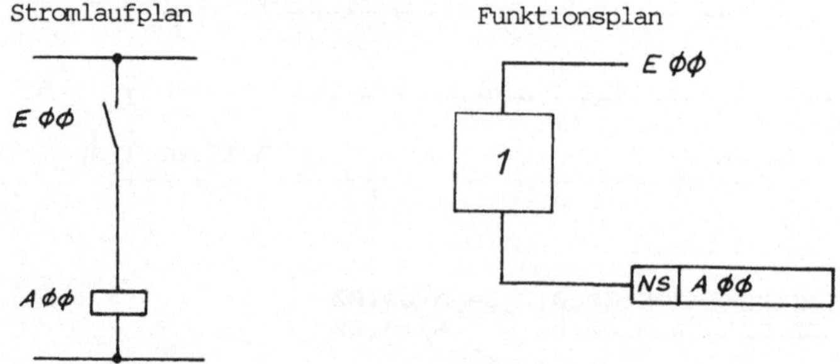

Bei manchen SPS (z.B. Siemens S5-101U) kann die ODER-Verknüpfung, ähnlich wie in der algebraischen Schreibweise, in eine Klammer gesetzt werden. Die Anweisungsliste lautet dann: U(EØØ O EØ1) U EØ2 = AØØ

<u>Speichernder Ausgang</u>

Stromlaufplan   Funktionsplan

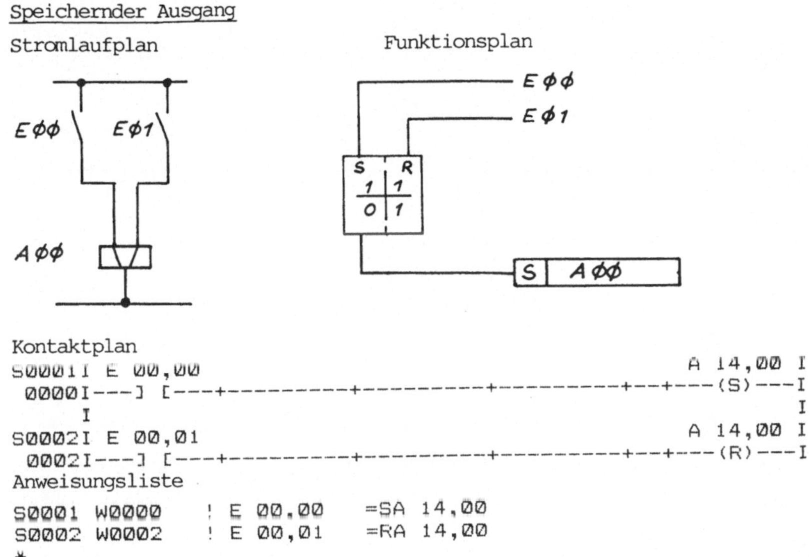

Kontaktplan
SØØØ1I E ØØ,ØØ   A 14,ØØ I
  ØØØØI---] [---+----------+----------+----------+--+---(S)---I
      I   I
SØØØ2I E ØØ,Ø1   A 14,ØØ I
  ØØØ2I---] [---+----------+----------+----------+--+---(R)---I
Anweisungsliste

SØØØ1 WØØØØ   ! E ØØ,ØØ   =SA 14,ØØ
SØØØ2 WØØØ2   ! E ØØ,Ø1   =RA 14,ØØ
*

Die Reihenfolge der Anweisungen legt fest, ob der Setz- oder Rücksetzeingang dominiert. Der zuletzt programmierte Eingang dominiert, wenn beide den Signalzustand "1" annehmen. Im dargestellten Beispiel dominiert der Rücksetzeingang.

<u>Verzögertes Einschalten eines Ausganges</u>

Stromlaufplan   Funktionsplan

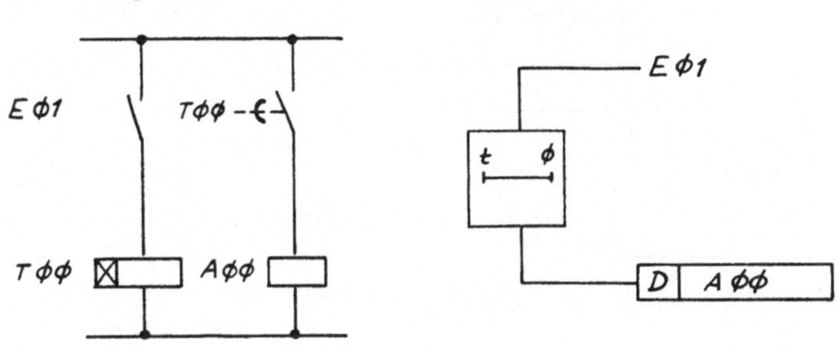

Kontaktplan

```
        |X400                                                    Y430 |
000     |-] [---------------------------------------------------( )-|
        |                                                             |
```

Anweisungsliste

```
000     LD   X 400

001     OUT  Y 430
```

NICHT-Verknüpfung

Stromlaufplan   Funktionsplan

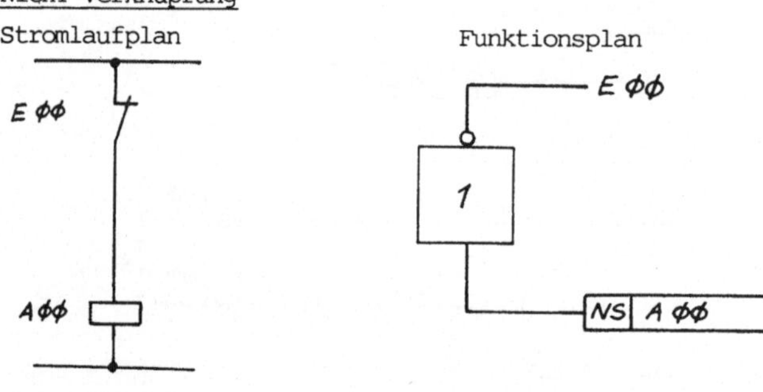

Kontaktplan

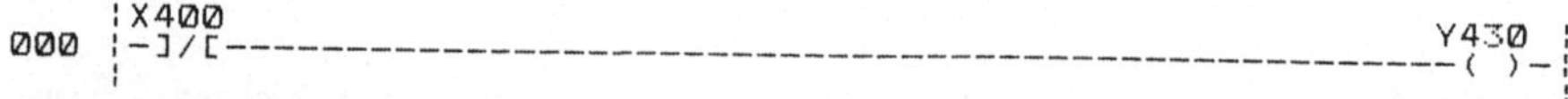

```
        |X400                                                    Y430 |
000     |-]/[---------------------------------------------------( )-|
        |                                                             |
```

Anweisungsliste

```
000     LDI  X 400

001     OUT  Y 430
```

UND-Verknüpfung

Stromlaufplan   Funktionsplan

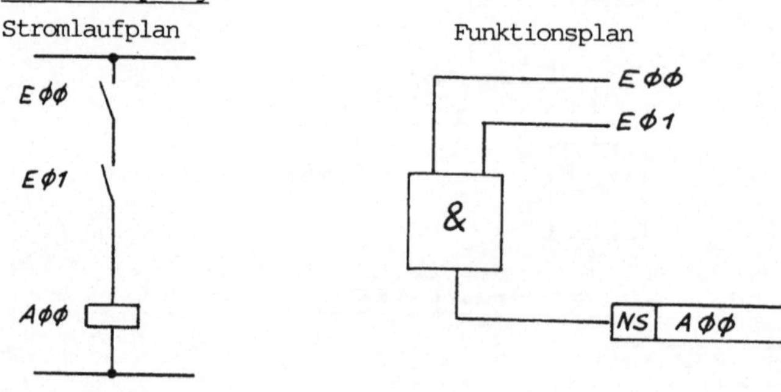

Kontaktplan

```
      |X400   X401                                                     Y430 |
000   |-] [---] [------------------------------------------------------( )-|
      |
```

Anweisungsliste

```
000    LD   X  400

001    AND  X  401

002    OUT  Y  430
```

UND-Verknüpfung mit negiertem Eingang

Stromlaufplan   Funktionsplan

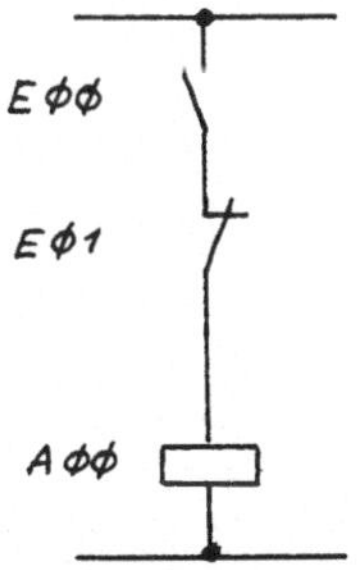

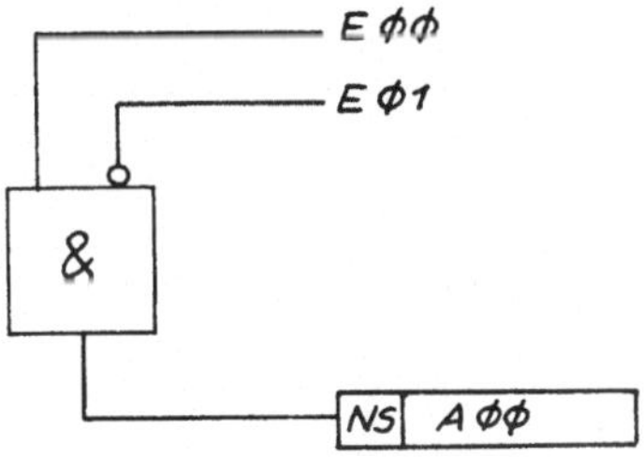

Kontaktplan

```
      |X400   X401                                                     Y430 |
000   |-] [---]/[-- ---------------------------------------------------( )-|
      |
```

Anweisungsliste

```
000    LD   X  400

001    ANI  X  401

002    OUT  Y  430
```

ODER-Verknüpfung

Stromlaufplan   Funktionsplan

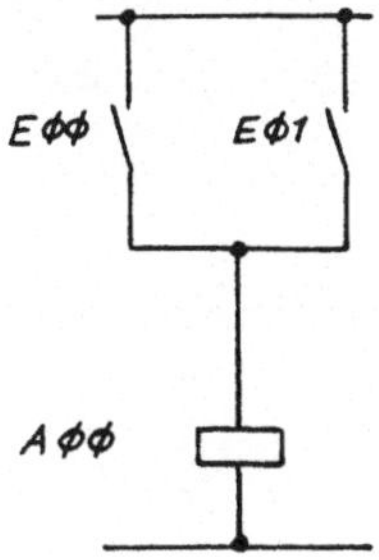

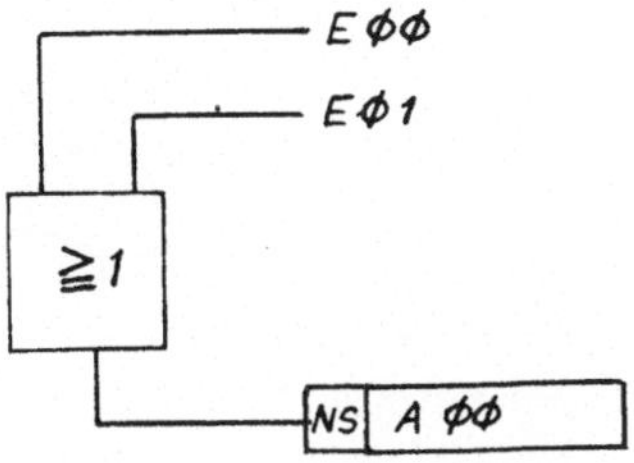

Kontaktplan

```
      ¦X400                                                        Y430 ¦
000   ¦-] [-+-----------------------------------------------------( )-¦
      ¦     ¦                                                          ¦
      ¦X401 ¦                                                          ¦
      ¦-] [-+                                                          ¦
```

Anweisungsliste

```
000    LD   X 400

001    OR   X 401

002    OUT  Y 430
```

<u>Über ein Verknüpfungsergebnis werden mehrere Ausgänge beeinflußt</u>

Stromlaufplan   Funktionsplan

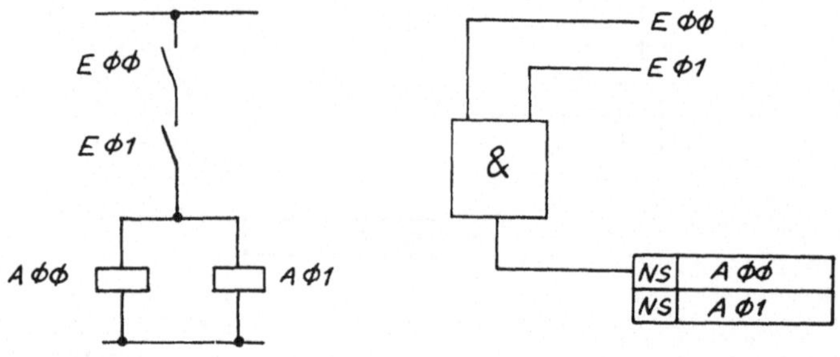

Kontaktplan

```
      ¦X400  X401                                                   Y430 ¦
000   ¦-] [---] [-+-------------------------------------------------( )-¦
      ¦           ¦                                                      ¦
      ¦           ¦                                                 Y431 ¦
      ¦           +-------------------------------------------------( )-¦
      ¦                                                                  ¦
```

Anweisungsliste

```
000    LD   X 400

001    AND  X 401

002    OUT  Y 430

003    OUT  Y 431
```

Mehrere UND-Verknüpfungsergebnisse werden ODER verknüpft

Stromlaufplan   Funktionsplan

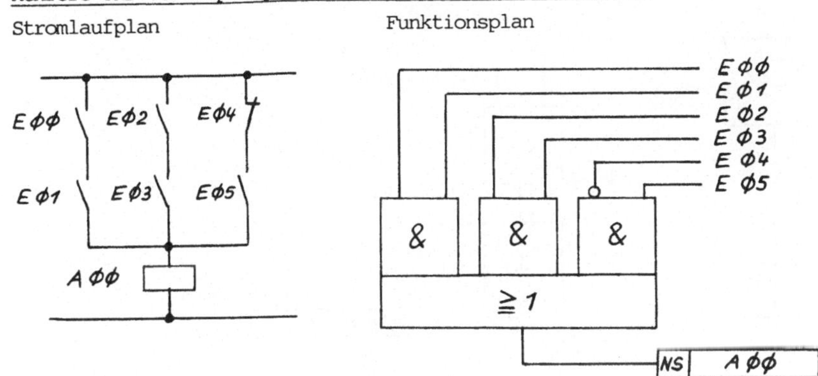

Anmerkung:

Zuerst werden zwei UND Verknüpfungen programmiert. Anschließend erfolgt die ODER Verknüpfung durch Eingabe der ORB Operation (ODER BLOCK). Der ORB-Befehl verknüpft UND- Verknüpfunggsergebnisse zu einer ODER- Verknüpfung.

Kontaktplan

```
       |X400   X401                                              Y430 |
000    |-] [---] [-+-------------------------------------------( )-|
       |X402   X403 |                                               |
       |-] [---] [-+                                                |
       |X404   X405 |                                               |
       |-]/[---] [-+                                                |
```

Anweisungsliste

```
000    LD  X 400
001    AND X 401
002    LD  X 402
003    AND X 403
004    ORB
005    LDI X 404
006    AND X 405
007    ORB
008    OUT Y 430
```

<u>Ein ODER-Verknüpfungsergebnis wird UND verknüpft</u>

Stromlaufplan   Funktionsplan

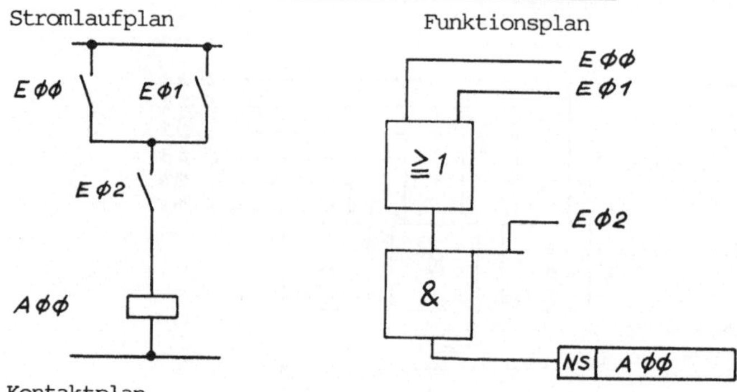

Kontaktplan

```
        :X400  X402                                              Y430 :
  000   :-] [-+-] [--------------------------------------------( )-:
        :X401 :                                                       :
        :-] [-+                                                       :
```

Anweisungsliste

```
000    LD   X 400
001    OR   X 401
002    AND  X 402
003    OUT  Y 430
```

<u>Speichernder Ausgang</u>

Stromlaufplan   Funktionsplan

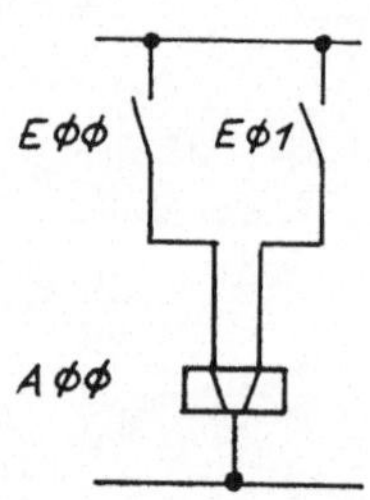

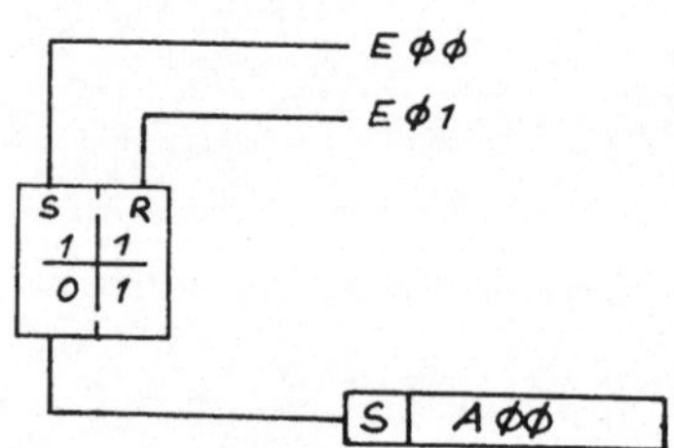

Anmerkung:

Ein speichernder Ausgang wird mit einem Zähler (C46Ø) realisiert, der bis 1 zählt. Der Zähler wird mit dem RST- Befehl zurückgesetzt. Ist der Zähler c46Ø gesetzt, so wird der Ausgang Y43Ø geschaltet. Im dargestellten Beispiel dominiert der Rücksetzeingang X4Ø1. Dazu wird X4Ø1 invertiert mit dem Setzeingang X4ØØ UND verknüpft. Soll der Setzeingang X4ØØ dominieren, so muß X4ØØ invertiert mit dem Rücksetzeingang X4Ø1 UND verknüpft werden.

Kontaktplan

```
     :X400  X401                                                     C460  :
000  :-] [---]/[------------------------------------------------(OUT) :
     :                                                                K1    :
     :
     :X401                                                            C460  :
004  :-] [--------------------------------------------------------(RST) :
     :C460                                                            Y430  :
006  :-] [--------------------------------------------------------( )- :
     :
```

Anweisungsliste

```
000    LD   X 400
001    ANI  X 401
002    OUT  C 460
003         K    1
004    LD   X 401
005    RST  C 460
006    LD   C 460
007    OUT  Y 430
```

Verzögertes Einschalten eines Ausganges

Stromlaufplan   Funktionsplan

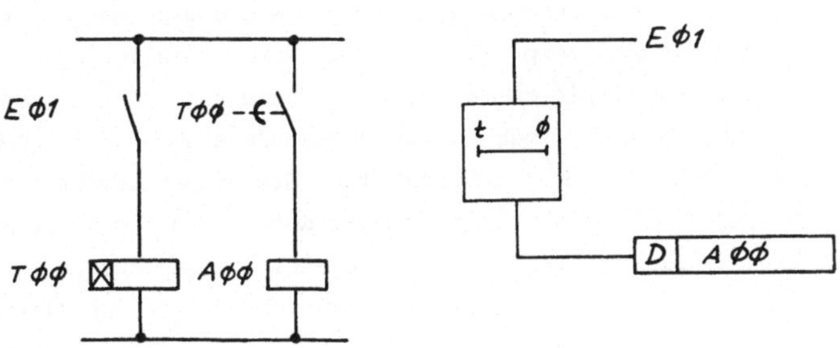

Kontaktplan

```
      !X401                                               T450 !
000   !-] [----------------------------------------------( )-!
      !                                                   K3.5 !
      !                                                        !
      !T450                                               Y430 !
003   !-] [----------------------------------------------( )-!
      !                                                        !
```

Anweisungsliste

```
000    LD   X 401

001    OUT  T 450

002         K  3.5

003    LD   T 450

004    OUT  Y 430
```

Nimmt der Eingang X401 den Zustand "1" an, dann läuft die vorgewählte Zeit ab. Die Verzögerungszeit kann mit der Konstanten K als Anweisung programmiert werden. K 3.5 entspricht einer Verzögerungszeit von 3,5 Sekunden. Nach Ablauf der Verzögerungzeit nimmt das Zeitglied T450 den Zustand "1"an. Mit T450 wird der Ausgang Y430 geschaltet.

8.7 Vorgehensweise beim Projektieren einer Steuerungsaufgabe

Die Aneignung einer methodischen Vorgehensweise bei der Projektierung von Steuerungsaufgaben ist unerläßlich. Die Grundvoraussetzung für die erfolgreiche Lösung einer Steuerungsaufgabe ist eine exakte Formulierung der Steuerungsaufgabe. Dies ist zugleich der Schwachpunkt während der Projektierungsphase, da Klartextbeschreibungen von Steuerungsaufgaben oft unvollständig oder mißverständlich sein können. Zur Veranschaulichung der Steuerungsaufgabe ist ein Technologieschema von großer Bedeutung. Der nächste Schritt ist die Erstellung eines Programmablaufplanes. Mit dem Programablaufplan läßt sich eine umfangreiche Steuerungsaufgabe in Teilfunktionen strukturieren. In einer Zuordungsliste werden den Signalgebern und Stellgliedern Operandenkennzeichen und Parameter zugeordnet. Eine Kurzbeschreibung der Signalgeber und Stellglieder erleichtert die Erstellung und das Testen des Steuerungsprogramms. Die im Programm verwendeten Merker, Zeitglieder und Zähler sollten ebenfalls in der Zuordnungsliste aufgeführt sein.

Mit Hilfe der Zuordnungsliste läßt sich bereits die Anzahl der benötigten Ein-und Ausgänge abschätzen. Danach kann z.B. bei modular aufgebauten SPS die Anzahl der benötigten Ein- und Ausgabebaugruppen festgelegt werden. Nun kann mit der Erstellung des Funktionsplanes begonnen werden. Steht dem Anwender ein komfortables Bildschirmprogrammiergerät zur Verfügung, so kann die SPS direkt im Funktionsplan programmiert werden. Das Anfertigen einer Anweisungsliste entfällt somit. In den meisten Fällen muß jedoch eine Anweisungsliste erstellt und in den Schreib- Lesespeicher der SPS programmiert werden. Nachdem die Steuerung getestet und eventuelle Fehler beseitigt wurden, kann das Steuerungsprogramm auf den programmierbaren Festwertspeicher (PROM) der SPS übertragen werden. Der letzte Schritt ist die Inbetriebnahme der Steuerung.

Zusammenfassend ergibt sich für die Vorgehensweise bei der Projektierung:
1. Klartextbeschreibung der Steuerungsaufgabe
2. Technologieschema
3. Programmablaufplan
4. Zuordungsliste
5. Funktionsplan
6. Anweisungsliste
7. Testen und korrigieren
8. Programm sichern
9. Inbetriebnahme

Am praktischen Beispiel einer Pumpensteuerung soll die Vorgehensweise bei der Projektierung erläutert werden.

1. <u>Klartextbeschreibung der Steuerungsaufgabe</u>
Es soll eine automatisch arbeitende Steuerung für die Pumpen P1 und P2 entwickelt werden. Mit dem Schließer S1 kann die Steuerung ein- und ausgeschaltet werden. Das Niveau des Flüssigkeitsspiegels wird mit den Schwimmerschaltern S2, S3 und S4 ermittelt. Steht der Flüssigkeitsspiegel über dem Schwimmerschalter, so wird der Schalter geschlossen. Er meldet "1"-Signal. Der Durchflußmelder S5 meldet "1"-Signal, wenn das Abflußventil geöffnet ist.

Folgende Bedingungen sollen erfüllt werden:

- Pumpe P1 und P2 aus, wenn der Behälter voll ist.
- Pumpe P1 ein, wenn der Behälter voll und und das Abflußventil geöffnet ist
- Pumpe P1 ein, wenn der Behälter halbvoll ist.
- Pumpe P1 ein, wenn der Behälter halbvoll und das Abflußventil geöffnet ist
- Pumpe P2 ein, wenn der Flüssigkeitsspiegel zwischen leer und halbvoll steht.
- Pumpe P2 ein, wenn der Behälter leer ist.
- Pumpe P1 und P2 ein, wenn der Flüssigkeitsspiegel zwischen leer und halbvoll steht und das Abflußventil geöffnet ist.
- Pumpe P1 und P2 ein, wenn der Behälter leer ist und das Abflußventil geöffnet ist.

2. <u>Technologieschema</u>

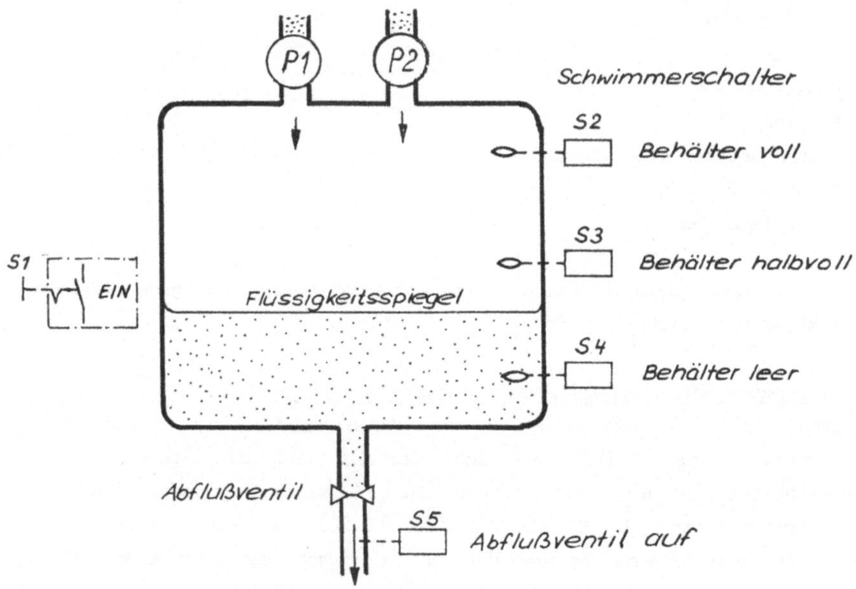

3. Programmablaufplan der Steuerung

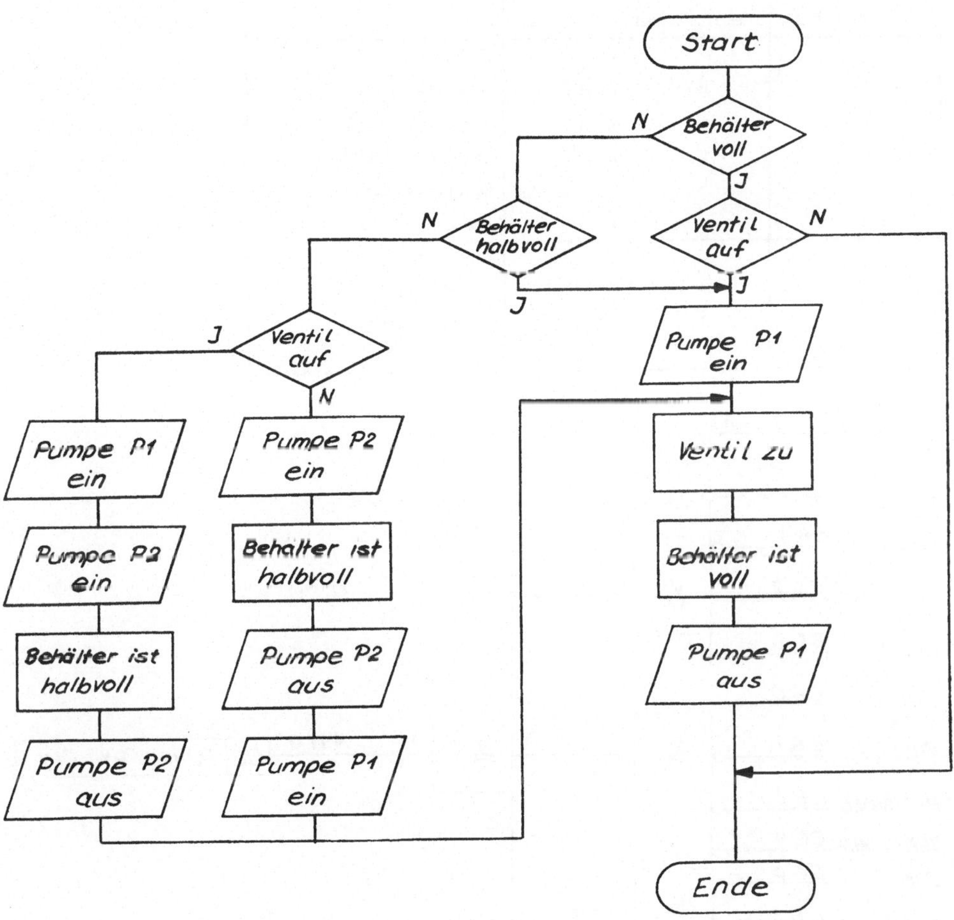

4. Zuordnungsliste

Geräte- kennzeichen	Operand Kennzeichen	 Parameter	Funktion
			Eingänge
S1	E	Ø6,ØØ	Steuerung ein
S2	E	Ø6,Ø1	Behälter voll
S3	E	Ø6,Ø2	Behälter halbvoll
S4	E	Ø6,Ø3	Behälter leer
S5	E	Ø6,Ø4	Abflußventil auf
			Ausgänge
P1	A	11,ØØ	Pumpe 1 ein
P2	A	11,Ø1	Pumpe 2 ein

5. Der Funktionsplan

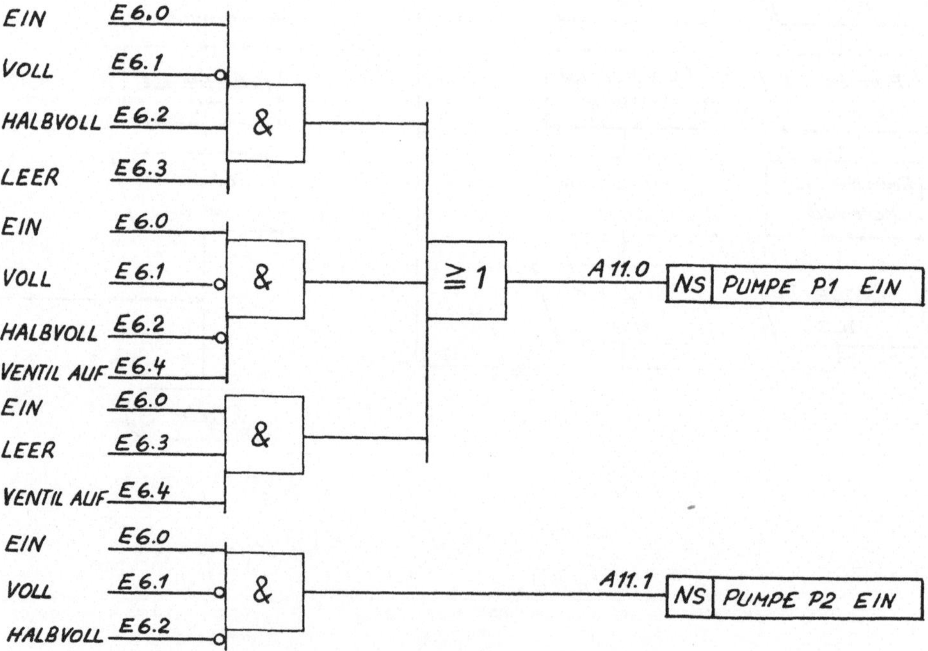

6. <u>Die Anweisungsliste und der Kontaktplan</u>

```
S0001 W0000    ! E 06,00   &NE 06,01   & E 06,02   & E 06,03
      W0004    / E 06,00   &NE 06,01   &NE 06,02   & E 06,04
      W0008    / E 06,00   & E 06,03   & E 06,04   = A 11,00
S0002 W0012    ! E 06,00   &NE 06,01   &NE 06,02   = A 11,01
S0003 W0016    ! PE
*


        I                                                    I
S0001I E 06,00    E 06,01    E 06,02    E 06,03      A 11,00 I
 0000I---] [---+---]/[---+---] [---+---] [---+--+----( )---I
     I                                             !       I
     I E 06,00    E 06,01    E 06,02    E 06,04     !       I
 0004I---] [---+---]/[---+---]/[---+---] [---+--+           I
     I                                             !       I
     I E 06,00    E 06,03    E 06,04               !       I
 0008I---] [---+---] [---+---] [---+---------+--+           I
     I                                                    I
S0002I E 06,00    E 06,01    E 06,02                A 11,01 I
 0012I---] [---+---]/[---+---]/[---+---------+--+---( )---I
     I                                                    I
 PE  I                                                    I
     I                                                    I
```

8.8 Anwendung von Sprungfunktionen

Mit sog. Sprunganweisungen können Programmteile übersprungen werden, wenn
bestimmte Abfragebedingungen nicht erfüllt sind (bedingter Sprung). Die
Verwendung bedingter Sprünge kann dann sehr wertvoll sein, wenn mit einem
Betriebsartenschalter ein Steuerungsprozess im Hand- oder Automatikbetrieb
ablaufen soll. Steuerungsprogramme lassen sich somit in Unterprogramme
aufgliedern. Bei der hier verwendeten SPS steht vor dem Unterprogramm im
Zuweisungsteil einer Verknüpfung die Anweisung =MA (Merker Anfang). In Bild
8.8.1 wird z.B. das Unterprogramm A nur dann vom Mikroprozessor abgearbeitet,
wenn E07,00 "1"-Signal führt. Jedes mit "=MA" geöffnete Unterprogramm muß mit
!ME (Merker Ende) abgeschlossen werden. Die Hersteller von SPS verwenden
unterschiedlich definierte Sprungbedingungen. So verwendet z.B. Siemens in der
Programmiersprache "STEP 5" die in Bild 8.8.1 jeweils rechts aufgelisteten
Sprungbedingungen. Ist das Verknüpfungsergebnis "1", erfolgt ein Sprung
(SPB=Sprung bedingt) zur Marke "=M1" im Programm. Ist das Verknüpfungsergebnis
"0", so wird der Sprung nicht beachtet. Die zyklische Programmabarbeitung wird
fortgesetzt.

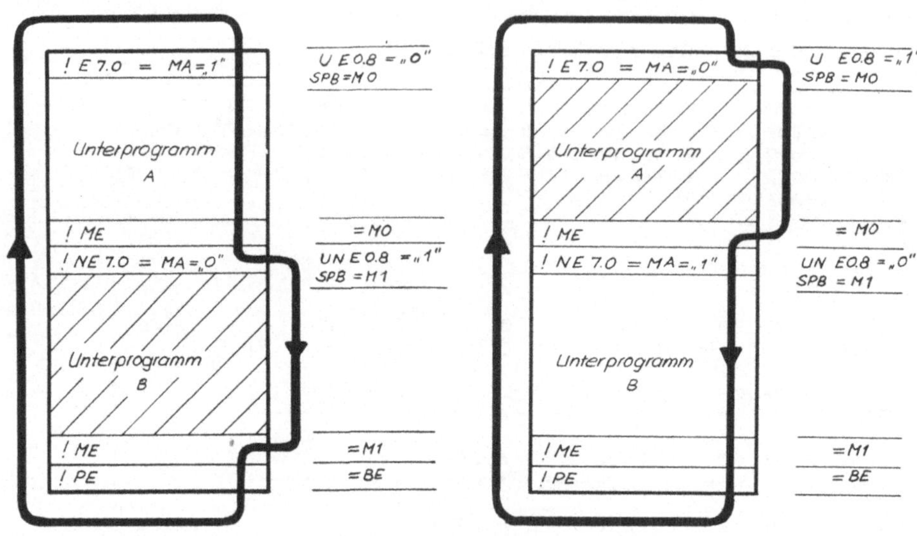

Bild 8.8.1

Auswirkung von Sprungbefehlen auf die Programmbearbeitung

Die automatische Pumpensteuerung aus Abschnitt 8.7 soll mit einem Betriebsartenschalter (E07,$\emptyset\emptyset$) zwischen Hand- und Automatikbetrieb umschaltbar sein. Wenn E$\emptyset$7,$\emptyset\emptyset$ betätigt wird ("1"-Signal), soll die Steuerung automatisch arbeiten. Ist E$\emptyset$7,$\emptyset\emptyset$ nicht betätigt, so können die Pumpen unabhängig von Hand über die Eingänge E$\emptyset$6,$\emptyset$5 und E$\emptyset$6,$\emptyset$6 geschaltet werden, wenn der Behälter nicht voll ist.

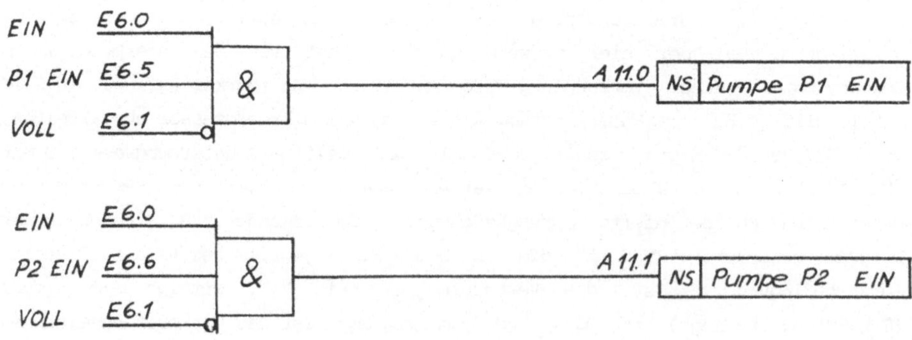

Bild 8.8.2

Funktionsplan der Handsteuerung für die Pumpen P1 und P2

In der Anweisungsliste für die vollständige Pumpensteuerung sind die Unterprogramme für Automatik- und Handbetrieb als eigenständige Programme erkennbar (Bild 8.8.3). Je nach Betätigung des Betriebsartenschalters kann immer nur eines der beiden Unterprogramme vom Mikroprozessor zyklisch bearbeitet werden. Der Betriebsartenschalter sollte so geschaltet sein, daß im geöffneten Zustand ("∅"-Signal) das Unterprogramm "Hand" von der SPS bearbeitet wird. Sollte es zu einem Drahtbruch zwischen Betriebsartenschalter und dem Eingang der SPS kommen, so kann trotz dieses Defektes die Steuerung von Hand betrieben werden.

```
W0000    ! E 07,00     = MA          Unterprogramm „Automatik"
W0002    ! E 06,00    &NE 06,01    & E 06,02    & E 06,03
W0006    / E 06,00    &NE 06,01    &NE 06,02    & E 06,04
W0010    / E 06,00    & E 06,03    & E 06,04    = A 11,00
W0014    ! E 06,00    &NE 06,01    &NE 06,02    = A 11,01
W0018    ! ME
W0019    !NE 07,00     = MA          Unterprogramm „Hand"
W0021    ! E 06,00    & E 06,05    &NE 06,01    = A 11,00
W0025    ! E 06,00    & E 06,06    &NE 06,01    = A 11,01
W0029    ! ME
W0030    ! PE
```

Bild 8.8.3

Vollständige Anweisungsliste der Pumpensteuerung für Automatik- und Handbetrieb

Wird während der zyklischen Bearbeitung die Adresse mit der Anweisung "!PE" (Programm-Ende) erreicht, so erfolgt ein absoluter Sprung zum Programmbeginn. Mit dem Sprungbefehl "!PE" am Ende der Anweisungsliste kann die Zykluszeit verkürzt werden. Hierbei ist zu beachten, daß hinter "!PE" folgende Anweisungen nicht mehr erkannt werden. In der von Siemens verwendeten Programmiersprache bewirkt die Anweisung "=BE" (Baustein-Ende) ebenfalls einen Rücksprung zum Programmanfang. In der Programmiersprache von Mitsubishi Electric hat der Befehl "END" die gleiche Wirkung.

8.9 Anwendung von Schrittketten in Ablaufsteuerungen

Die meisten automatischen Prozeßabläufe in Steuerungen laufen schrittweise in einer festgelegten Reihenfolge ab. Sie werden daher zweckmäßig als Ablaufsteuerung dargestellt.

Vorteile der Ablaufsteuerung:

- Übersichtliche Strukturierung des Prozeßablaufes

- leichteres Erstellen der Anweisungsliste

Die Ablaufsteuerung ist eine Zwangsfolgeschaltung, die in Einzelschritte unterteilt ist. Die Ablaufsteuerung besteht also aus einer Schrittkette (vgl. Abschnitt 8.5.6), in der jeder Schritt Speicherverhalten hat. Das Weiterschalten von einem Schritt zum nachfolgenden Schritt in der Schrittkette hängt von Weiterschaltbedingungen ab. Ist der nachfolgende Schritt gesetzt, so wird der vorhergehende Schritt gelöscht. In einer Schrittkette kann also immer nur ein Schritt speichernd gesetzt sein. Der von einem Schritt angesteuerte Ausgang wird mit "NS" (nicht speichernd) gekennzeichnet, da der Befehl für das zu schaltende Betriebsmittel dann wieder "∅" wird, wenn die Weiterschaltbedingung für den nächsten Schritt in der Schrittkette erfüllt ist. Der Anfangsschritt in der Schrittkette einer Ablaufsteuerung steuert meist keinen Ausgang an. Dieser Schritt legt die Rücksetz- und Startbedingungen für die Ausgangsstellung der Ablaufsteuerung fest.

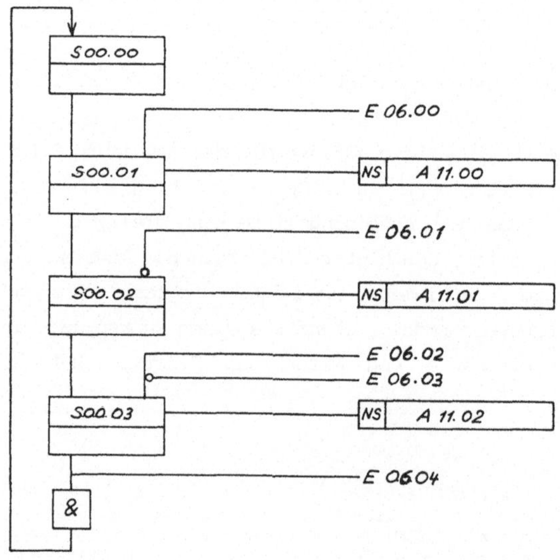

Bild 8.9.1

Beispiel einer Schrittkette in einer Ablaufsteuerung

Die in Bild 8.9.1 dargestellte Wirkungslinie vom letzten zum ersten Schritt der
Schrittkette gibt an, daß die Ablaufsteuerung nach dem letzten Schritt in die
Ausgangsstellung gesetzt wird.
Jeder Schritt besteht aus einer Verknüpfung der Weiterschaltbedingungen mit dem
Ausgang des vorhergehenden Schrittes. Ist das Verknüpfungsergebnis erfüllt,
dann wird ein Merker speichernd gesetzt. Eine weitere Verknüpfung mit dem
Ausgang des nachfolgenden Schrittes bewirkt ein Rücksetzen des Merkers, wenn
der nachfolgende Schritt geschaltet ist.

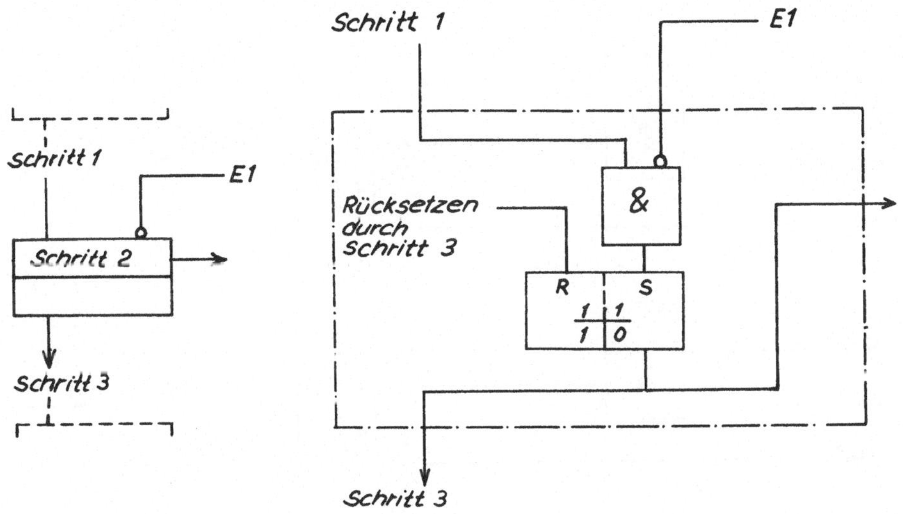

Bild 8.9.2
Realisierung des 2. Schrittes in der Schrittkette von Bild 8.9.1

Damit nach dem Starten des Steuerungsprozesses die Setzbedingung des
1.Schrittes vorbereitet ist, muß der Anfangsschritt Ø bereits gesetzt sein. Da
beim Start alle Schrittmerker "Ø" sind, können diese invertiert UND- verknüpft
den Anfangsschritt Ø setzen und somit die Setzbedingung für den 1.Schritt
vorbereiten. Nachdem der letzte Schritt in der Schrittkette UND der Eingang
EØ3,Ø4 gesetzt sind, soll der Steuerungsablauf von Neuem beginnen. Dazu muß der
Anfangsschritt Ø ebenfalls wieder gesetzt werden. Mit dem Setzen von Schritt Ø
wird der letzte Schritt rückgesetzt.

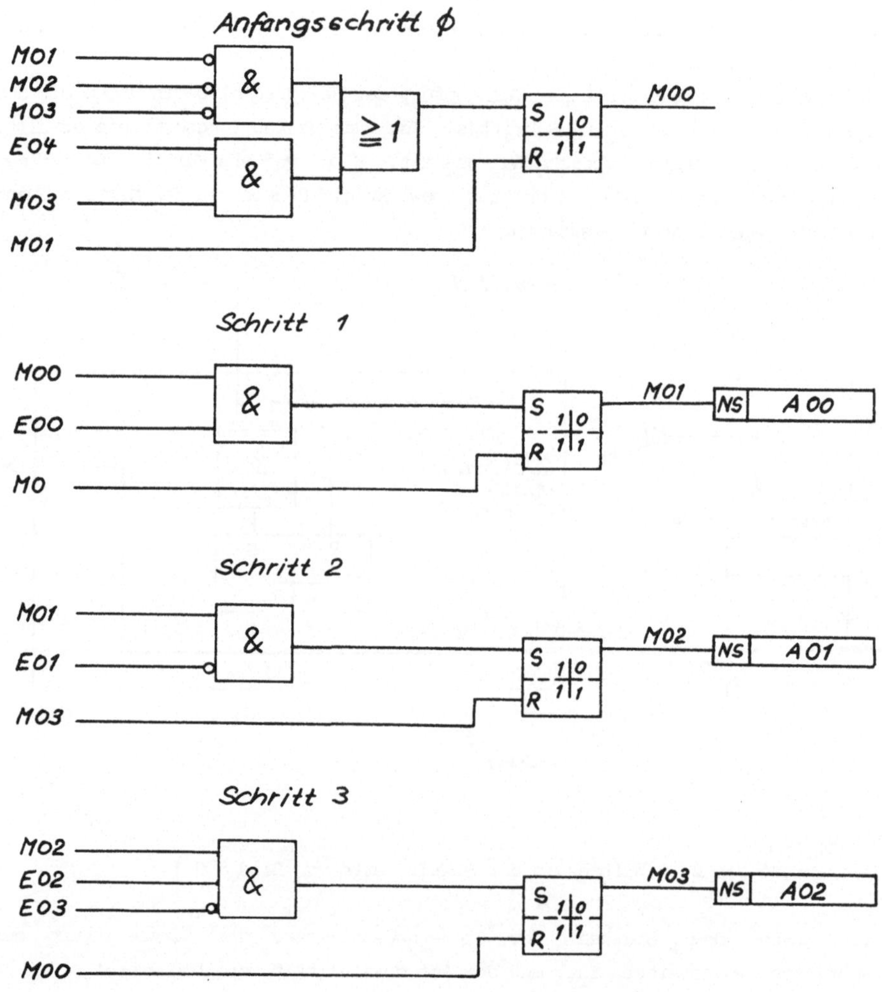

Bild 8.9.3

Funktionsplan der Ablaufsteuerung aus Bild 8.9.1 in Feinstruktur

Der Zuweisungsteil der Ablaufsteuerung für die Befehlsausgabe an die Ausgänge sollte nach der Schrittkette programmiert werden. Damit die Anweisungsliste direkt aus dem Funktionsplan erstellt werden kann, sind im Funktionsplan (Bild 8.9.3) die Schrittkette und der Zuweisungsteil bereits getrennt dargestellt.

```
S0001 W0000   !NM 00,01   &NM 00,02   &NM 00,03    / E 06,04
      W0004   & M 00,03   =SM 00,00                           Schritt 0
S0002 W0006   ! M 00,01   =RM 00,00
S0003 W0008   ! M 00,00   & E 06,00   =SM 00,01              Schritt 1
S0004 W0011   ! M 00,02   =RM 00,01
S0005 W0013   ! M 00,01   &NE 06,01   =SM 00,02              Schritt 2
S0006 W0016   ! M 00,03   =RM 00,02
S0007 W0018   ! M 00,02   & E 06,02   &NE 06,03   =SM 00,03  Schritt 3
S0008 W0022   ! M 00,00   =RM 00,03
S0009 W0024   ! M 00,01   = A 11,00  ⎫
S0010 W0026   ! M 00,02   = A 11,01  ⎬ Zuweisungsteil
S0011 W0028   ! M 00,03   = A 11,02  ⎭
S0012 W0030   ! PE
*
```

Bild 8.9.4
Anweisungsliste der Ablaufsteuerung aus Bild 8.9.1 und Bild 8.9.3

Manche Hersteller von SPS bieten Funktionsbausteine für Schrittketten als Hardware- oder Softwaremodul an. Hierdurch wird der Zeitbedarf bei der Erstellung von Programmen für Ablaufsteuerungen erheblich reduziert. Die verwendete SPS (BBC Procontic b) besitzt ein Hardwaremodul für Schrittketten. In der Anweisungsliste wird z.B. der Anfangsschritt als Operand $S00,00$ bezeichnet. Beim Programmstart führt dieser Schritt immer 1-Signal. Die Setzbedingung für den Schritt 1 ist beim Programmstart somit gegeben. Bei Verwendung eines solchen Funktionsbausteines kann die Anweisungsliste direkt aus der Funktionsplandarstellung in Bild 8.9.1 erstellt werden. Die Anweisungsliste für das gleiche Steuerungsproblem wird dadurch übersichtlicher und kürzer, da nur noch die Weiterschaltbedingungen der Schrittkette programmiert werden . Der Zuweisungsteil muß hier nach der Schrittkette in der Anweisungsliste stehen.

```
S0001 W0000   ! S 00,00   & E 06,00   = S 00,01
S0002 W0003   ! S 00,01   &NE 06,01   = S 00,02
S0003 W0006   ! S 00,02   & E 06,02   &NE 06,03   = S 00,03
S0004 W0010   ! S 00,03   & E 06,04   = S 00,00
S0005 W0013   ! S 00,01   = A 11,00
S0006 W0015   ! S 00,02   = A 11,01
S0007 W0017   ! S 00,03   = A 11,02
S0008 W0019   ! FE
*
```

Bild 8.9.5

Anweisungsliste der Ablaufsteuerung von Bild 8.9.1 unter Verwendung eines Funktionsbausteines für Ablaufsteuerungen.

8.9.1 Anwendungsbeispiel für eine Ablaufsteuerung

Für das in Bild 8.9.1.1 dargestellte Modell eines Hubtisches soll eine Ablaufsteuerung erstellt werden.

Bild 8.9.1.1

Modell eines Hubtisches mit Transportbändern

Die Steuerung soll folgende Aufgabe erfüllen:

Durch Betätigen der "START"-Taste S1 wird die Meldeleuchte "Steuerung EIN" eingeschaltet. Rollt ein Behälter über die schiefe Ebene vor die Lichtschranke B1 und befindet sich das Band 1 in Position "unten", dann schaltet Bandmotor M1 ein. Hat sich der Behälter bis zum Näherungsinitiator B2 am Ende von Band 1 bewegt, dann schaltet Bandmotor M1 ab und der Hubmotor M2 ein ("aufwärts"). Befindet sich Band 1 mit dem Behälter in Position "oben", so schaltet M2 ab und die Bandmotoren M1 und M2 ein. Nachdem sich der Behälter vom Band 1 bis zum Näherungsinitiator B3 am Ende von Band 2 bewegt hat, schalten die Bandmotoren M1 und M2 ab und der Hubmotor M2 schaltet ein ("abwärts"). Befindet sich Band 1 wieder in Position "unten", schaltet der Hubmotor M2 ab. Der Steuerungsablauf kann von Neuem beginnen.

Anmerkung:

Die "STOP"-Taste S2 und die Endtaster S3 und S4 sind als Öffner geschaltet.

nicht betätigt - "1"-Signal

betätigt   = "∅"-Signal

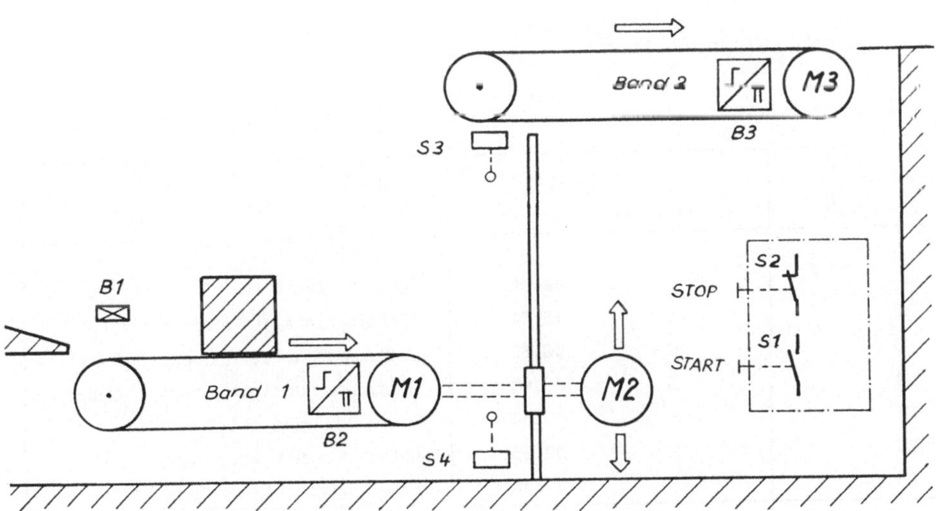

Bild 8.9.1.2

Technologieschema des Hubtischmodells

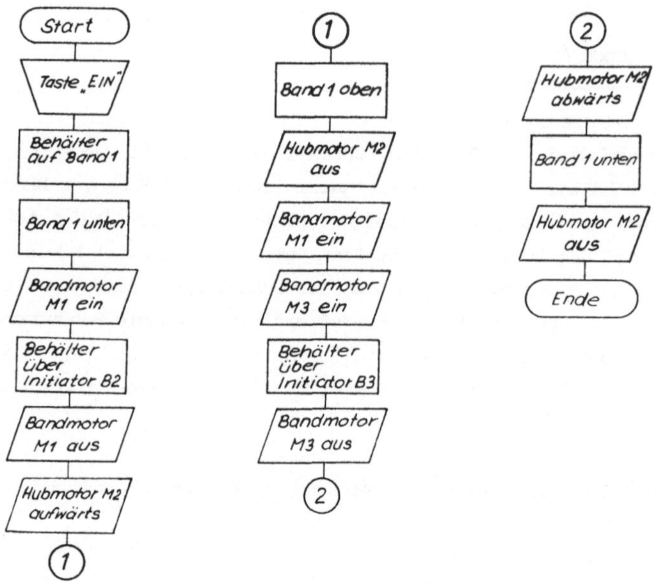

Bild 8.9.1.3

Programmablaufplan der Hubtisch-Steuerung

Zuordnungsliste

Geräte-kennzeichen	Operand		Funktion
	Kennzeichen	Parameter	
			Eingänge
S1	E	10,00	"START"-Taste
S2	E	10,01	"STOP"-Taste (Öffner)
S3	E	06,02	Endtaste Hubtisch oben (Öffner)
S4	E	06,03	Endtaste Hubtisch unten (Öffner)
B1	E	07,04	Lichtschranke
B2	E	07,05	Näherungsinitiator Band 1
B3	E	07,06	Näherungsinitiator Band 2
			Ausgänge
M1	A	11,02	Motor Band 1 ein
M2	A	11,01	Hubmotor aufwärts ein
M2	A	11,00	Hubmotor abwärts ein
M3	A	11,03	Hubmotor aufwärts ein
H1	A	12,00	Meldeleuchte "Steuerung EIN"

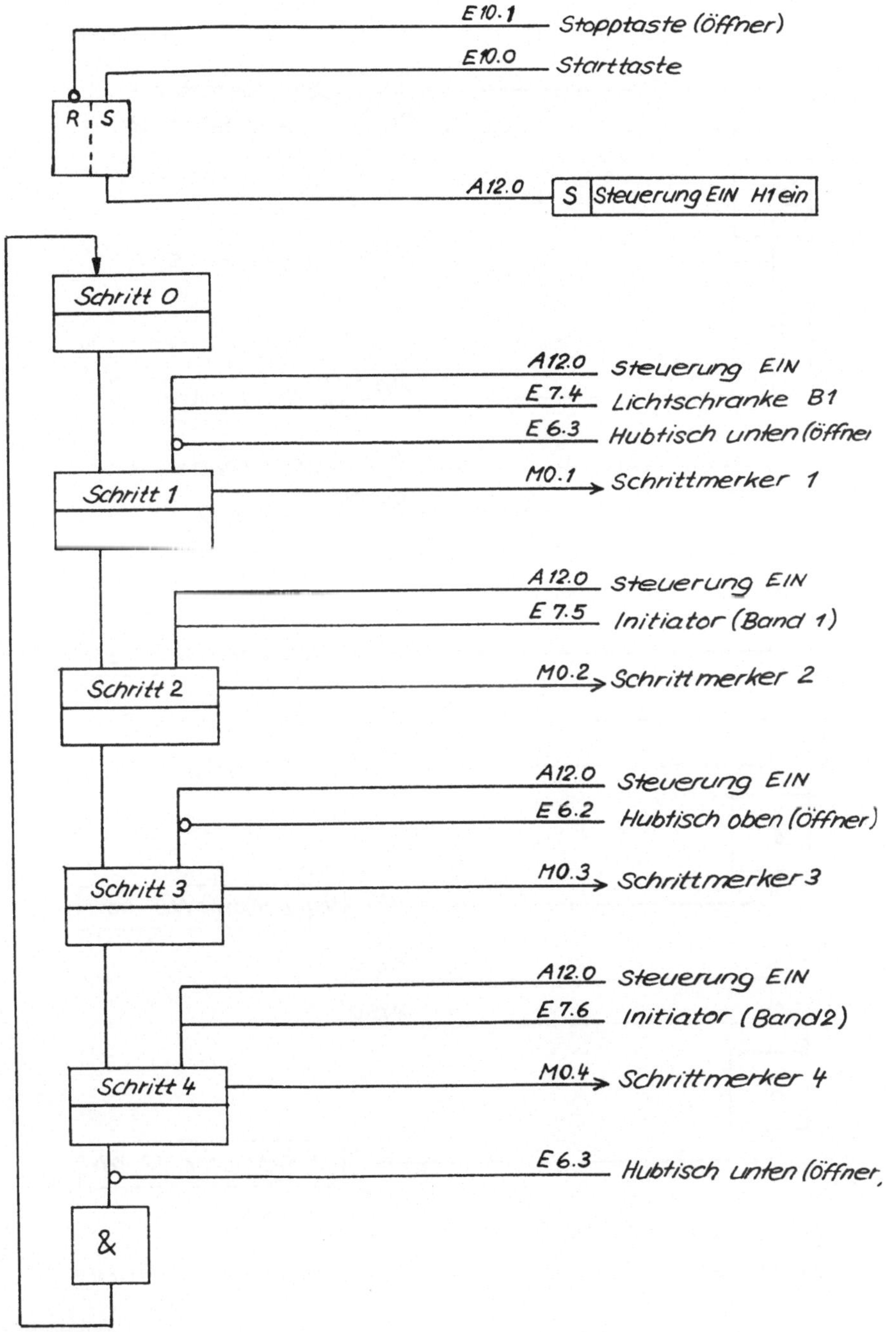

Bild 8.9.1.4

Funktionsplan der Schrittkette in der Hubtisch-Ablaufsteuerung

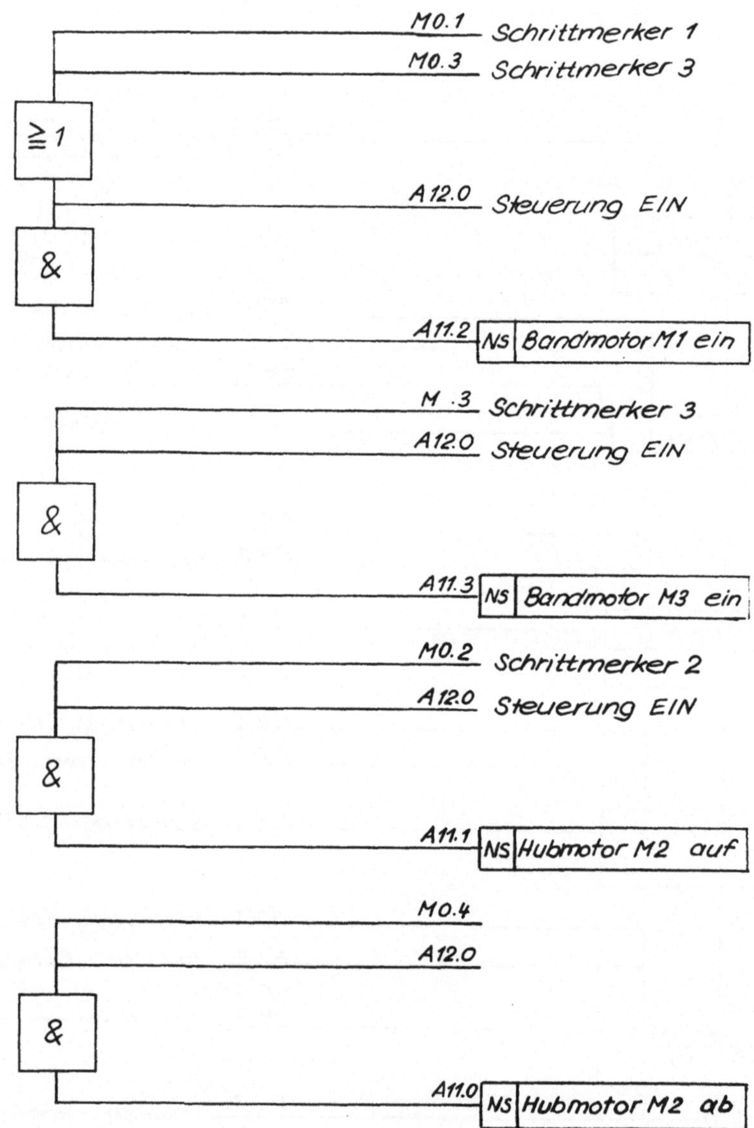

Bild 8.9.1.5

Funktionsplan des Zuweisungsteiles in der Hubtisch-Ablaufsteuerung

Die Ablaufsteuerung kann über Merker, oder direkt als Schrittkette realisiert
werden (siehe Abschnitt 8.9).

```
S0001 W0000   ! E 10,00    =SA 12,00                        ⌉
S0002 W0002   !NE 10,01    =RA 12,00                        │
S0003 W0004   !NM 00,01    &NM 00,02    &NM 00,03           │
      W0007   &NM 00,04    /NE 06,03    & M 00,04           │
      W0010   =SM 00,00                                     │
S0004 W0011   ! M 00,01    =RM 00,00                        │
S0005 W0013   ! E 07,04    &NE 06,03    & A 12,00           │
      W0016   & M 00,00    =SM 00,01                        │
S0006 W0018   ! M 00,02    =RM 00,01                        │
S0007 W0020   ! E 07,05    & A 12,00    & M 00,01           ⎬Schrittkette
      W0023   =SM 00,02                                     │
S0008 W0024   ! M 00,03    =RM 00,02                        │
S0009 W0026   !NE 06,02    & A 12,00    & M 00,02           │
      W0029   =SM 00,03                                     │
S0010 W0030   ! M 00,04    =RM 00,03                        │
S0011 W0032   ! E 07,06    & A 12,00    & M 00,03           │
      W0035   =SM 00,04                                     │
S0012 W0036   ! M 00,00    =RM 00,04                        ⌋
S0013 W0038   ! M 00,01    / M 00,03    = M 00,05           ⌉
S0014 W0041   ! M 00,05    & A 12,00    = A 11,00           │
S0015 W0044   ! M 00,03    & A 12,00    = A 11,03           ⎬Zuweisungs-
S0016 W0047   ! M 00,02    & A 12,00    = A 11,01           │  teil
S0017 W0050   ! M 00,04    & A 12,00    = A 11,02           ⌋
S0018 W0053   ! FE
```

Bild 8.9.1.6

Anweisungsliste der Hubtisch-Ablaufsteuerung

```
S0001 W0000   ! E 10,00    =SA 12,00
S0002 W0002   !NE 10,01    =RA 12,00
S0003 W0004   ! S 00,00    & A 12,00    & E 07,04    &NE 06,03
      W0008   = S 00,01
S0004 W0009   ! S 00,01    & A 12,00    & E 07,05    = S 00,02
S0005 W0013   ! S 00,02    & A 12,00    &NE 06,02    = S 00,03
S0006 W0017   ! S 00,03    & A 12,00    & E 07,06    = S 00,04
S0007 W0021   ! S 00,04    &NE 06,03    = S 00,00
S0008 W0024   ! S 00,01    = M 01,01
S0009 W0026   ! S 00,02    = M 01,02
S0010 W0028   ! S 00,03    = M 01,03
S0011 W0030   ! S 00,04    = M 01,04
S0012 W0032   ! M 01,01    / M 01,03    = M 01,05
S0013 W0035   ! M 01,05    & A 12,00    = A 11,02
S0014 W0038   ! M 01,03    & A 12,00    = A 11,03
S0015 W0041   ! M 01,02    & A 12,00    = A 11,01
S0016 W0044   ! M 01,04    & A 12,00    = A 11,00
S0017 W0047   ! FE
*
```

Bild 8.9.1.7

Lösungsvariante mit einem Schrittketten Funktionsbaustein

9 Der Anschluß des Rechners an die Außenwelt

9.0 Einleitung

Damit ein Rechner für den Menschen ein brauchbares Hilfsmittel wird, muß der
Rechner mit der Außenwelt in Beziehung treten können.

Das geschieht auf drei Weisen:

- durch die Bedienperipherie, mit deren Hilfe der Mensch über Tastaturen,
  Rollkugeln, Tastpads usw. Eingaben in den Rechner machen kann und über
  Drucker, Bildschirme, Leuchttafeln usw. Ausgaben des Rechners
  präsentiert bekommt.

- durch die Prozeßperipherie, mit der der Rechner über Wandler mit einem
  technischen Prozeß Daten austauscht.

- durch Zugriff auf Massenspeicher (Disketten, Platten, Magnetbänder)
  in denen große Programme und Datenmengen abgelegt sind.

In allen Fällen verlassen Daten den Rechner oder kommen von außen in ihn hinein
und es muß sichergestellt werden, daß die Verständigung zwischen Rechner und
Außenwelt klappt.Dazu sind viele verschiedene Dinge abzusprechen.

Um den Benutzer von den Einzelheiten der internen Darstellung von Daten
freizuhalten, präsentiert der Rechner nach außen eine möglichst einfache
Schnittstelle, die vielfach genormt ist.

Die Vermittlung zwischen dieser Schnittstelle und dem Inneren des Rechners
übernehmen Interfaces, die Teil des E/A-Werks sind. Die Umformung
physikalischer Größen wie Druck, Temperatur, Spannungen, ... in digitale Werte
ist Aufgabe von Wandlern:

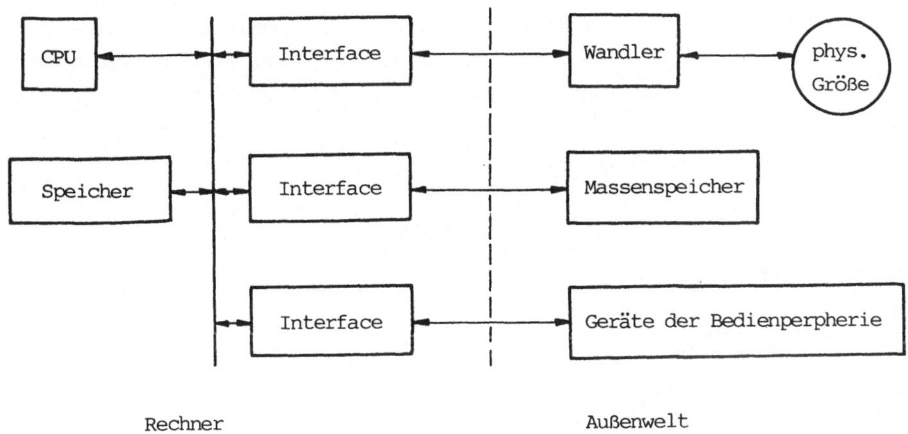

Zunächst soll die Schnittstelle näher untersucht werden.

9.1 Ebenen der Schnittstelle Rechner/Außenwelt

Um ein Gerät an der Schnittstelle an einen Rechner anschließen zu können, müssen viele verschiedene Dinge abgesprochen werden, die auf verschiedenen Ebenen liegen.

9.1.1 PHYSIKALISCHE EBENE

Auf dieser Ebene sind zunächst ganz einfache mechanische Dinge anzusprechen: Wie soll die mechanische Verbindung erfolgen (Lötbuchsen, Schraubverbindungen, Stecker) und wie ist die Anordnung und Belegung der einzelnen Anschlußstifte: Man möchte schließlich ein Gerät und einen Rechner "einfach zusammenstecken" können.

Dazu muß man sich auch über die elektrischen Eigenschaften klar werden: Wie sollen "0" und "1" repräsentiert werden. Sie werden i.A. durch eine physikalische Größe repräsentiert, die nur Werte in zwei engen Toleranzbändern annehmen kann: H (für hohes, engl. high) und L (für niedriges, engl. low) Toleranzband.

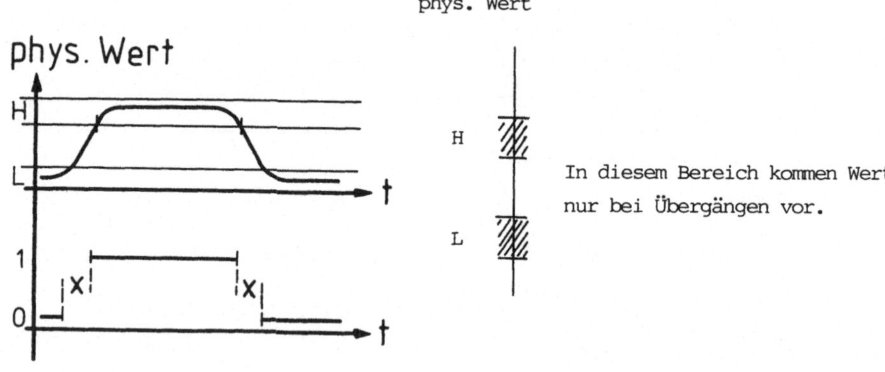

Identifiziert man H <-> 1; L <-> 0 (positive Logik), dann ist der logische Wert "0" oder "1" oder unbestimmt (x) wenn der physikalische Wert in keinem der beiden Toleranzbänder liegt.

(Man kann auch identifizieren H <-> 0; L <-> 1 und hat "negative Logik" verwendet).

Eine häufig verwendete Absprache über die benutzten physikalischen Werte und logischen Pegel ist die TTL-Logik :

$$L = 0.0 \ldots 0.4 \text{ V}$$
$$H = 2.4 \ldots 5.0 \text{ V}$$

Es ist eine "stromziehende" Logik: Im Zustand L muß der treibende Baustein einen Strom von 1.6 mA aufnehmen können für jeden angeschlossenen Bausteineingang.

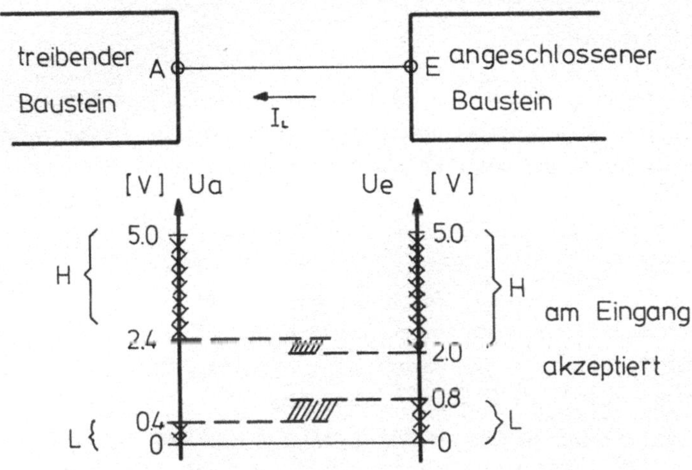

Man hat infolgedessen eine maximale Anzahl von Eingängen, die an einen Ausgang eines Bausteins angeschlossen werden können (Ausgangsfächer, engl. fan out).

Zwischen dem Ausgang des treibenden und dem Eingang des getriebenen Bausteins dürfen Störungen auf die Verbindungsleitung aufgekoppelt werden, ohne daß die Definition der logischen Pegel am Eingang leidet, solange der Störspannungsabstand von Ø.4 V nicht überschritten wird.

Andere Formen der Darstellung von "1" und "Ø" könnten z.B. sein:

- ein eingeprägter Strom von 2Ø mA oder kein Strom
- Spannungsbänder bei +12 V und -12 V
- zwei verschiedene Frequenzen für "Ø" und "1".

9.1.2 SIGNALEBENE

Neben einer Absprache über mechanische Kopplung und die Repräsentation von "Ø" und "1" müssen Rechner und Außenwelt sich verständigen über die Art und Weise, wie Ziffern, Zeichen und Zahlen dargestellt werden sollen als Folgen von Ø und 1.

Daten können repräsentiert werden durch eine zeitseriell übertragene Folge von "Ø" und "1" oder ein parallel übertragenes Wort von n Bit Länge, wobei n die Wortlänge des Rechners ist; bei Mikroprozessoren 8 oder 16 Bit.

Für Zwecke der Datenübertragung haben sich verschiedene Darstellungsformen für Zeichen durchgesetzt:

a) ASCII (American Standard Code for Information Interchange)
   Man stellt alle Buchstaben des lateinischen Alphabets (Groß- und
   Kleinbuchstaben), alle Ziffern und Sonderzeichen der
   Schreibmaschinentastatur und eine Reihe von Steuerzeichen wie z.B.
   "Zeilenvorschub", "Papiervorschub", "Textende" mit Hilfe von 7 Bit dar
   ($2**7 = 128$ verschiedene Zeichen sind möglich) und fügt als 8. Bit ein
   Prüfbit so hinzu, daß die Summe der "1" Bits gerade oder ungerade wird.
   (gerade oder ungerade Parität, engl. odd/even parity). Bild 9.2 zeigt
   den ASCII-Code.

ASCII-Zeichensatz

Spalte / Zeile	0	1	2	3	4	5	6	7
0	NUL 0	DLE 16	␣ 32	Ø 48	64	P 80	` 96	p 112
1	SOH 1	DC1 17	! 33	1 49	A 65	Q 81	a 97	q 113
2	STX 2	DC2 18	" 34	2 50	B 66	R 82	b 98	r 114
3	ETX 3	DC3 19	# 35	3 51	C 67	S 83	c 99	s 115
4	EOT 4	DC4 20	$ 36	4 52	D 68	T 84	d 100	t 116
5	ENQ 5	NAK 21	% 37	5 53	E 69	U 85	e 101	u 117
6	ACK 6	SYN 22	& 38	6 54	F 70	V 86	f 102	v 118
7	BEL 7	ETB 23	' 39	7 55	G 71	W 87	g 103	w 119
8	BS 8	CAN 24	(40	8 56	H 72	X 88	h 104	x 120
9	HT 9	EM 25	) 41	9 57	I 73	Y 89	i 105	y 121
10	LF 10	SUB 26	* 42	: 58	J 74	Z 90	j 106	z 122
11	VT 11	ESC 27	+ 43	; 59	K 75	[91	k 107	{ 123
12	FF 12	FS 28	, 44	< 60	L 76	92	l 108	I 124
13	CR 13	QS 29	- 45	= 61	M 77	] 93	m 109	} 125
14	SO 14	RS 30	. 46	> 62	N 78	^ 94	n 110	‾ 126
15	SI 15	US 31	/ 47	? 63	O 79	_ 95	o 111	DEL 127

└─Steuerzeichen┘ └────────Schriftzeichen────────┘

└──────eingeschränkter ASCII-Zeichensatz──────┘

Bild 9.2

BEDEUTUNG DER STEUERZEICHEN:

Platz	Kurzzeichen	Benennung
0	NUL	Nil (Null)
1	SOH	Anfang des Kopfes (Start of Heading)
2	STX	Anfang des Textes (Start of Text)
3	ETX	Ende des Textes (End of Text)
4	EOT	Ende der Übertragung (End of Transmission)
5	ENQ	Stationsaufforderung (Enquiry)
6	ACK	Positive Rückmeldung (Acknowledge)
7	BEL	Klingel (Bell)
8	BS	Rückwärtsschritt (Backspace)
9	HT	Horizontal-Tabulator (Horizontal Tabulation)
10	LF	Zeilenvorschub (Line Feed)
11	VT	Vertikal-Tabulator (Vertical Tabulation)
12	FF	Formularvorschub (Form Feed)
13	CR	Wagenrücklauf (Carriage Return)
14	SO	Dauerumschaltung (Shift-out)
15	SI	Rückschaltung (Shift-in)
16	DLE	Datenübertragungsumschaltung (Date Link Escape)
17-20	DC	Gerätesteuerung (Device Control)
21	NAK	Negative Rückmeldung (Negative Acknowledge)
22	SYN	Synchronisierung (Synchronous Idle)
23	ETB	Ende des Datenübertragungsblocks (End of Transmission Block)
24	CAN	Ungültig (Cancel)
25	EM	Ende der Aufzeichnung (End of Medium)
26	SUB	Substitution (Substitute Character)
27	ESC	Umschaltung (Escape)
28	FS	Hauptgruppen-Trennung (File Separator)
29	GS	Gruppen-Trennung (Group Separator)
30	RS	Untergruppen-Trennung (Record Separator)
31	US	Teilgruppen-Trennung (Unit Separator)
127	DEL	Löschen (Delete)

Bild 9.3

Diese Form der Darstellung wird am häufigsten verwendet.

b) EBCDIC (Extended Binary Code for Digital InterChange)
Dies ist die in den Maschinen von IBM verwendete Darstellung für Ziffern
und Zeichen, abgeleitet von der Darstellung in der Kugelkopfmaschine.

Diese Darstellung verwendet 8 Bit zur Darstellung eines Zeichens und stellt
Buchstaben dar als eine Hexaziffer und eine BCD-Ziffer, wie Bild 9.3
zeigt.

Zeile \ Spalte	0	1	2	3	4	5	6	7	8	9	10	11	12	13	14	15
0	NUL				␣	&	-									0
1							/		a	j			A	J		1
2									b	k	s		B	K	S	2
3									c	l	t		C	L	T	3
4	PF	RES	BYP	PN					d	m	u		D	M	U	4
5	HT	NL	LF	RS					e	n	v		E	N	V	5
6	LC	BS	EOB	UC					f	o	w		F	O	W	6
7	DEL	IL	PRE	EOT					g	p	x		G	P	X	7
8									h	q	y		H	Q	Y	8
9									i	r	z		I	R	Z	9
10			SM		¢	!	∧	:								
11					.	$	,	#								
12					<	*	%									
13					(	)	-	'								
14					+	; ,	>	=								
15					'	¬	?	"								

BEDEUTUNG DER STEUERZEICHEN:

Kurzzeichen	Benennung	Kurzzeichen	Benennung
NUL	Nil (Füllzeichen)	EOB	Blockende
PF	Stanzer Aus	PRE	Bedeutungsänderung der bei-
HT	Horizontal-Tabulator		den Folgezeichen
LC	Kleinbuchstaben	PN	Stanzer Ein
DEL	Löschen	RS	Leser Stop
RES	Sonderfolgenende	UC	Großbuchstaben
NL	Zeilenvorschub mit Wagenrücklauf	EOT	Ende der Übertragung
BS	Rückwärtsschritt	SM	Betriebsartenänderung
IL	Leerlauf	␣	Zwischenraum
LF	Zeilenvorschub		

c) 5-Bit Fernschreibcode (Baudot-Code)

Man benutzt hier 5 Bit zur Darstellung eines Zeichens. Da man aber mit 5
Bit nur 32 verschiedene Zeichen darstellen kann, aber für Buchstaben,
Ziffern und Sonderzeichen mehr braucht, reserviert man eine Kombination von
5 Bit als Umschaltzeichen: Was anschließend kommt sind Ziffern und
Sonderzeichen oder Buchstaben.

Ziffern werden fast immer als BCD-Ziffern dargestellt (engl. binary coded
digits): die letzten 4 Bit geben die Ziffer

Ø	:	ØØØØ	5	:	Ø1Ø1
1	:	ØØØ1	6	:	Ø11Ø
2	:	ØØ1Ø	7	:	Ø111
3	:	ØØ11	8	:	1ØØØ
4	:	Ø1ØØ	9	:	1ØØ1

und sind zugleich die natürliche Binärdarstellung der Zahlen

$$\emptyset\ldots9;\ z = \sum_{i=\emptyset}^{n-1} x(i) \cdot 2^{**i}$$

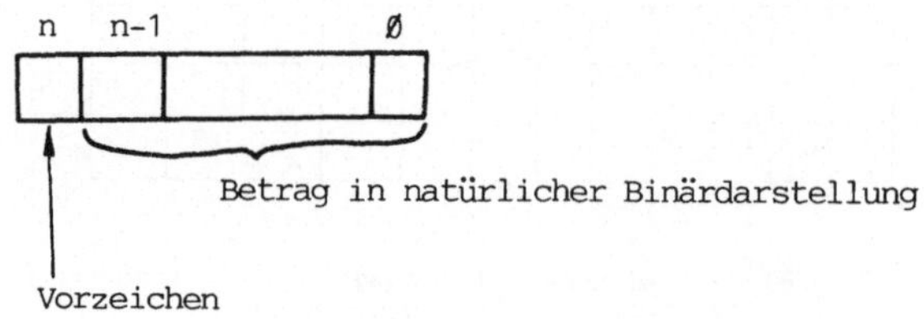

Man kommt bei der Übernahme von physikalischen Werten aus Wandlern in den
Rechner bisweilen in die Verlegenheit, größere Zahlen übergeben zu müssen. Das
kann man mit n+1 Bit tun in der Form

Betrag in natürlicher Binärdarstellung

Vorzeichen

oder im 2-Komplement:

$$+z = -Ø \quad 2**n + \sum_{i=Ø}^{n-1} x(i) \cdot 2**i$$

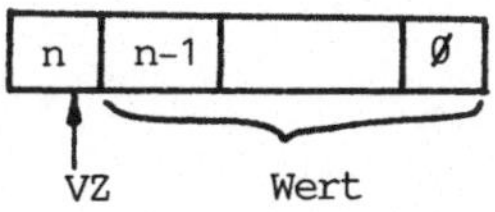
n
n-1
Ø
VZ
Wert

$$-z = -1 \quad 2**n + \sum_{i=Ø}^{n-1} x(i) \cdot 2**i + 1 \qquad \text{(invertieren und 1 addieren)}$$

mit dem man ganze Zahlen $-2**n \leqslant z < 2**n - 1$
rechnerintern darstellt.

Beispiel: n = 4 ; z = 5

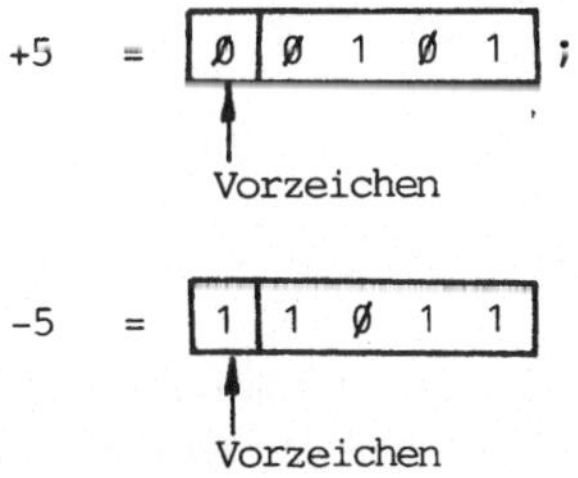
+5 =
Ø Ø 1 Ø 1 ;
Vorzeichen
-5 =
1 1 Ø 1 1
Vorzeichen

	Ø Ø1Ø1
invertiert:	1 1Ø1Ø
Eins addiert:	1
	1 1Ø11

Zahlen mit einem großen Wertumfang stellt man als Gleitkommazahlen (G.K.-Zahlen) dar:

$$z = + m \cdot b**e$$

mit m = Mantisse; normiert i.A. auf $1/b < m < 1$
b = Basis (i.A. 16) und e = Exponent
entsprechend der gewöhnlichen Schreibweise für G.K.-Zahlen
z.B. Ø,514 1Ø**17 (Mantisse Ø.514; Basis 1Ø; Exponent 17)

Man wählt für die Darstellung im Rechner fast immer 32 Bit (oder 64 Bit) und folgende Form:

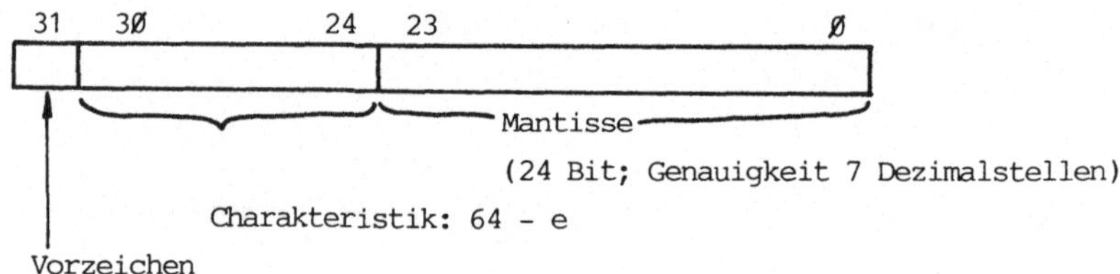

Darstellbar sind Zahlen zwischen 16**+63 und 16**-63

Es ist 16 = 2**4; 16**63 = 2**(4 · 63) = 2**252;
 2**1Ø = 1Ø24   1Ø**3 $\Rightarrow$ 2**252 = 2**2 · 2**(1Ø · 25)
= 4 · 2**(1Ø · 25) = 4 · 1Ø**(3 · 25) = 4 · 1Ø**75

Also sind Zahlen darstellbar zwischen 1Ø**+75 und 1Ø**-75

9.1.3 HÖHERE EBENEN (PROTOKOLLE)

Mit einer Verständigung über die Darstellung von Ziffern und Zeichen und die Repräsentation von "Ø" und "1" durch physikalische Werte ist es noch nicht getan: Es sind noch eine Reihe weiterer Fragen zu klären, bevor Daten zwischen einem Rechner und der Außenwelt zuverlässig ausgetauscht werden können.

Dazu gehört das Problem der Synchronisation:

Es muß der Erzeuger (Quelle) von Daten den Verbraucher (Senke) in Kenntnis setzen, daß und wann Daten gültig sind, und der Verbraucher sollte quittieren können, daß er die Daten empfangen hat.

Die Darstellung von "Ø" und "1" geschieht durch Spannungen:

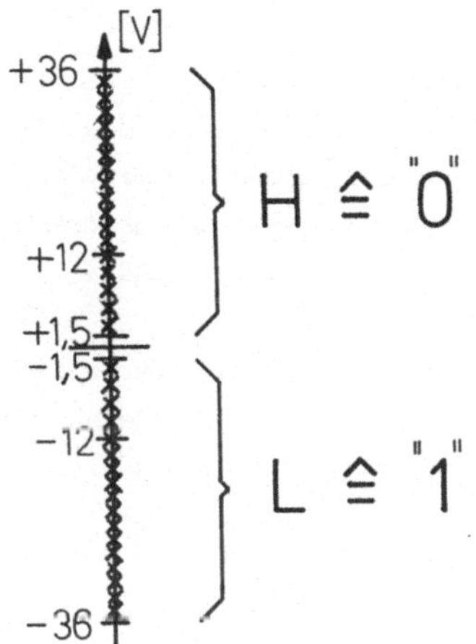

Bevorzugte Werte sind +12 V für "Ø" und
-12 V für "1".

Von dieser Spannungsdifferenz von 24 V hat
die Schnittstelle den Namen: V 24.

Im Ruhezustand liegt die Leitung auf -12 V,
d.h. auf logisch "1".

Man spricht dann von negativer Logik, da L
mit "1" identifiziert wird.

Ziffern und Zeichen werden durch serielle Folgen von Bits dargestellt, wobei
die Übertragung eines Zeichens eingeleitet wird durch ein Startbit und
abgeschlossen durch ein oder zwei Stopbits wie Bild 9.5 zeigt.

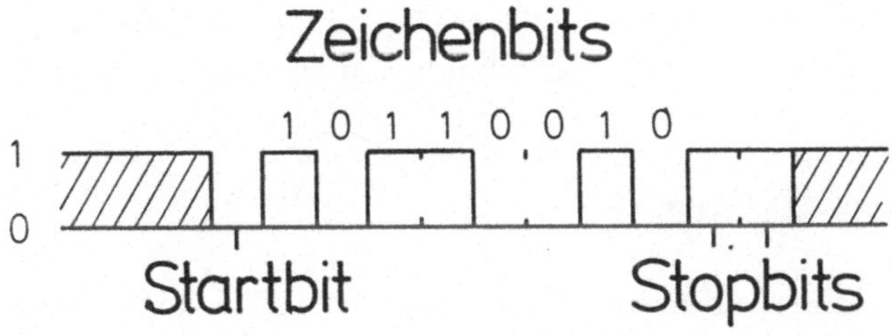

Bild 9.5
Die Synchronisierung erfolgt durch das Startbit. Danach folgen die Zeichenbits
in einem festen Abstand.

Ein weiteres Problem, das zu behandeln ist, betrifft den Fehlerfall: Es sollte sichergestellt sein, daß Fehler in der Datenübertragung erkannt werden und die Reaktion auf erkannte Fehler sollte abgesprochen sein.

Zur Fehlererkennung und ggf. -lokalisation dienen Prüfbits, die den eigentlichen Nachrichtenbits in geeigneter Weise zugefügt werden und mit deren Hilfe der Verbraucher erkennen kann, ob und ggf. wo auf der Übertragungsstrecke vom Erzeuger zum Verbraucher ein oder mehrere Bits verfälscht worden sind.

Im Fehlerfall kann der Verbraucher möglicherweise das falsch übertragene Zeichen restaurieren, sonst muß er den Erzeuger zu einer Wiederholung auffordern können oder die Möglichkeit haben, die Übertragung abzubrechen (über einen Interrupt, der meist "break" genannt wird).

Schließlich müssen sich der Rechner und seine Umwelt noch über den Anfang und das Ende einer längeren Datenübertragung geeinigt haben, und es muß Klarheit darüber bestehen, wo die übertragenen Daten hingebracht werden sollen.

Anfang und Ende werden i.A. durch Sonderzeichen markiert.

Bevor mit der Übertragung begonnen wird, müssen beide Beteiligten sich überzeugt haben, daß der Partner störungsfrei arbeitet, was durch extra Leitungen oder durch den Austausch diagnostischer Daten geschehen kann.

9.1.4 BEISPIEL: V-24-SCHNITTSTELLE

Als Beispiel einer genormten Schnittstelle soll die bitserielle, byte-asynchrone Schnittstelle für langsame Bedienperipherie, RS 232 C, dienen. (DIN 66020)

Diese Norm hat sich weltweit durchgesetzt und ermöglicht den Anschluß von Geräten der Bedienperipherie an Rechner.

Es gibt viele verschiedene Möglichkeiten der Synchronisation, angefangen vom Abgleich interner Uhren bei Erzeuger und Verbraucher durch ein Startsignal bis hin zu mehreren Leitungen, die für die Synchronisation des Datenaustauschs sorgen durch die speziellen Signale, die auf ihnen ausgetauscht werden. Zu dem letzteren ein Beispiel:

Erzeuger E und Verbraucher V synchronisieren sich über zwei Signalleitungen; der Erzeuger signalisiert auf seiner Leitung, daß er Daten bereitgestellt hat, der Verbraucher quittiert, daß er die Daten aufgenommen hat.

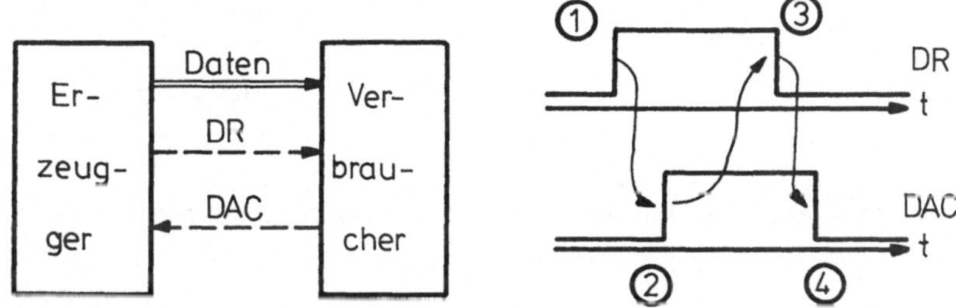

Bild 9.4: DR : Daten bereit (engl. data ready)
        DAC: Daten aufgenommen (engl. data accepted)

1) Der Erzeuger erzeugt mit den Daten sein "Daten bereit"-Signal.
2) Der Verbraucher sieht dieses Signal, übernimmt die Daten und setzt
   seinerseits sein "Daten aufgenommen"-Signal.
3) Der Erzeuger sieht dieses Quittungssignal, daraufhin nimmt er Daten und
   sein "Daten bereit"-Signal fort.
4) Dieses sieht der Verbraucher und kann dann seinerseits sein "Daten
   aufgenommen"-Signal zurücksetzen.

Damit ist der Datenaustausch beendet. Erst wenn der Erzeuger sich vergewissert hat, daß das Quittungssignal des Verbrauchers nicht mehr da ist, beginnt er mit einer neuen Datenübertragung.

Die Baudrate (Anzahl von Bits/S.) kann betragen

110	(Fernschreiber)	4800	
300	(Telekommunikation, DATEX)	9600	Rechner-Direktverbindungen
1200	(Telekommunikation, BTX)	19200	
2400		48400	

Die Anzahl von Bits/Zeichen ist entweder 8 (ASCII) oder 5 (Fernschreibercode). Zur Weiterverarbeitung müssen sie in ein paralleles Wort gewandelt werden.

empfangen   7   6   Ø   senden

(Bit 0 zuerst)   (Bit Ø zuerst)
                   Prüfbit   Datenbits

Die mechanische Verbindung erfolgt durch einen 25-poligen Stecker mit folgender Belegung:

Stift Nr.

	Stift Nr.	Belegung
	1	Schutzerde (ground)
	2	TxD - Sendedaten (transmit data)
	3	RxD - Empfangsdaten (receive data)
	4	RTS - Sendeteil einschalten (request to send)
	5	CTS - Sendebereitschaft (clear to send)
	6	DSR - Betriebsbereit (data set ready)
Gerät	7	Betriebserde (signal ground)
	8	DCD - Empfangssignalpegel (data carrier detect)
	15	TxC - Sendetakt (transmit clock)
	17	RxC - Empfangstakt (receive clock)
	20	DTR - Endgerät betriebsbereit (data terminal ready)
	22	RI - Ankommender Ruf (Rins indicator)
	24	TxC - Sendetakt (transmit clock)

Bei diesen Leitungen sind die Sendeleitung TxD und die Empfangsleitung RxD die eigentlichen Datenleitungen.

Ein Gerät signalisiert seinem Partner Betriebsbereitschaft auf der Leitung DTR, und kann sich seinerseits über die Betriebsbereitschaft des Partners informieren auf der Leitung DSR.

Daß überhaupt eine Verbindung da ist, wird dem Gerät signalisiert auf der Leitung DCD. (Der Träger bei der Fernübertragung ist vorhanden.)

Die Aufforderung, etwas zu senden, kann das Gerät mit RTS kundtun; der Partner meldet sich entsprechend auf der Leitung CTS.

Schließlich können noch die Takte übertragen werden : TxC und RxC.

Im einfachsten Fall - beide Geräte haben eigene Taktgeber - kann die Verbindung so aussehen:

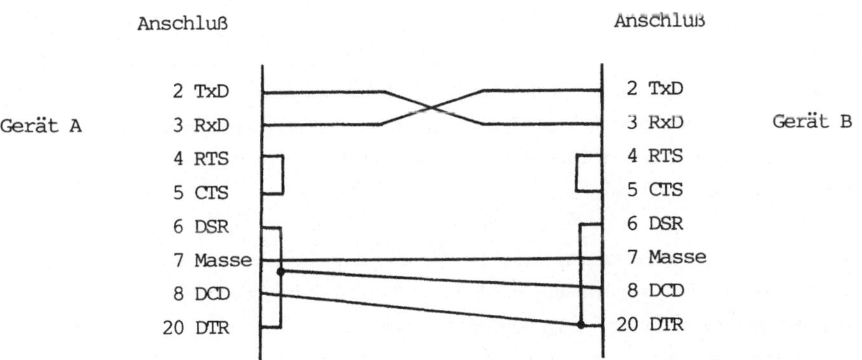

9.2 Interfaces: Aufgabenstellung und prinzipieller Aufbau

9.2.1 AUFGABENSTELLUNG

Wenn zwischen der Außenwelt und dem Rechner eine Schnittstelle definiert worden ist, wie sie in Kapitel 9.1. beschrieben wurde, dann muß die Umsetzung geleistet werden zwischen dieser Schnittstelle und dem Inneren des Rechners. Das ist die Aufgabe eines Interface.

Diese Aufgabe zerfällt in drei Teilaufgaben:

- Es ist die Wandlung zu leisten in der Darstellung und Repräsentation von Daten an der Schnittstelle zur Interndarstellung im Rechner.
  Z.B. serielle Darstellung eines Zeichens, repräsentiert durch Spannungen
       $\pm$12 V an der Schnittstelle und Worte von 8 Bit parallel mit einer
       Repräsentation durch TTL-Pegel im Rechner.

- Es sind Daten und Kommandos bereitzustellen und Daten und Zustände abzufragen.
  Da der Rechner Befehlsausführungszeiten von einigen μs hat und es andererseits lange dauern kann, bis ein Zeichen übertragen ist
  (0.1 S = 10**5 μs bei 110 Baud für die Übertragung eines Zeichens auf dem Fernschreiber), müssen Kommandos, Daten und Zustandsinformationen zwischengespeichert werden.

- Die im Rechner vorhandenen Befehle für die Ein-Ausgabe von Daten müssen im Interface erkannt werden und sind umzusetzen in entsprechende Steuerkommandos für das angeschlossene Gerät.
  Z.B. sind die Kommandos abzurufen für die Serien- Parallelwandlung bei der Aufnahme eines Zeichens über eine V-24-Schnittstelle.

9.2.2 PRINZIPIELLER AUFBAU EINES INTERFACE

Die Dreiteilung in der Aufgabe eines Interface wird sich wiederspiegeln in einer entsprechenden Dreiteilung im Aufbau, der dann so aussieht:

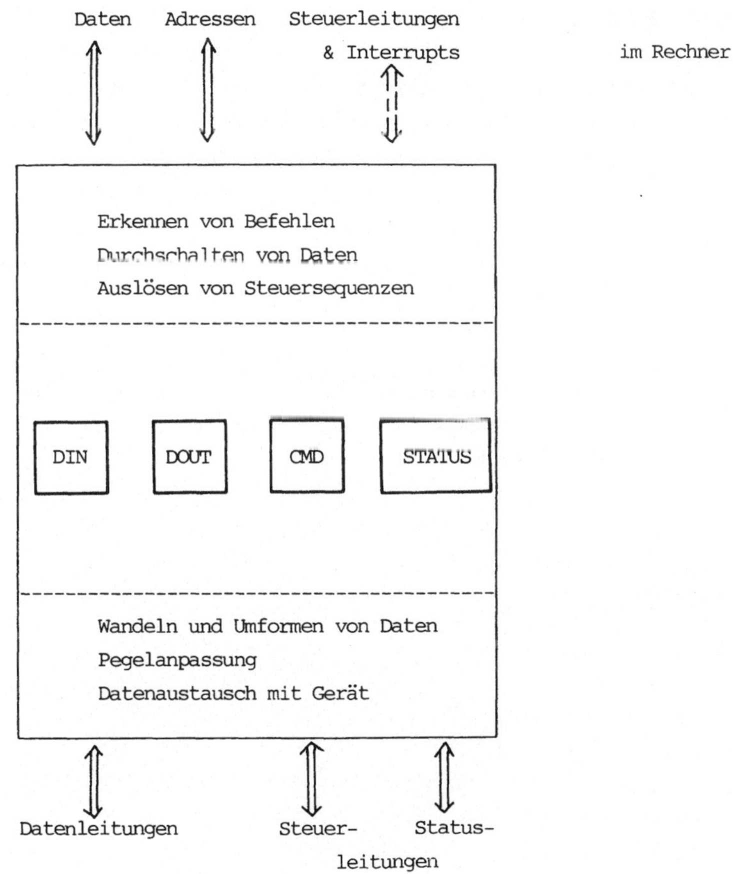

Auf der Seite zum Rechner hin sind Befehle zu entschlüsseln, entsprechende Steuersequenzen abzurufen und die Durchschaltung von Daten und Statusinformationen zu veranlassen.

Die Informationen vom Rechner für das Gerät, das sind Daten (DOUT) und Befehle (CMD), werden intern zwischengespeichert, da der Rechner für die Abgabe der Daten nur wenige μs hat und es ggf. lange dauert, bis ein Befehl ausgeführt ist, oder ein Datum herausgeschrieben wurde.

Die Betriebszustände des Interface selber und des angeschlossenen Geräts werden in einem Register STATUS gespeichert und die Daten aus der Außenwelt in einem Register DIN bereitgestellt zur Übernahme durch den Rechner.

Der Rechner kann das Vorliegen von gültigen Daten entweder ablesen aus dem Status, dann fragt er immer wieder nach, ob schon ein Datum vorliegt, oder er wird vom Vorliegen eines Datums benachrichtigt durch einen Interrupt, der im Rechner dann ein entsprechendes Programm auslöst.

Auf der dem Gerät zugewandten Seite des Interface werden die notwendigen Wandlungen und Umformungen von Daten und Steuersignalen vorgenommen und die Pegelanpassungen gemacht.

9.2.3 PARALLEL-INTERFACE ZUM 8085-MIKROPROZESSOR

Als Beispiel für einen Interface-Baustein soll hier der Baustein 8155 dienen,
der als Parallel-Ein-Ausgabe-Baustein für den 8085-Mikroprozessor dient.

Es ist eine hochintegrierte Schaltung, die nach außen hin dem Benutzer drei
Ein-Ausgabebündel (ports) zur Verfügung stellt: Port A, B, C. Über diese Ports
können 8 Bit-Daten ein- oder ausgelesen werden (Ports A und B) bzw. 6-Bit über
Port C.

Der Anschluß an den Rechner geschicht über Adress/Datenleitungen AD0 ... AD7,
die wahlweise Adressen oder Daten tragen und über eine Reihe von
Steuerleitungen:

ALE	–	Umschalten Adressen/Daten
CS	–	Ansteuerung des Bausteins
CL	–	Taktimpulse
RD	–	Schreiben
WR	–	Lesen
IO/M	–	signalisiert Ein-Ausgabe oder Ansprechen des Speichers
Res	–	Rücksetzleitung
Tout	–	Ausgang der Taktimpulse

Bild 9.6 zeigt das Interface.

8
CS
3 Cl
4 Res
9 RD
10 WR
7 10/M
Port A
21
D∅ 22
23
24
25
26
27
D7 28
40 Vcc
20 Gnd
11 ALE
19 AD7
18
Port C
37
D∅ 38
39
1
2
D5 5
17
16
15
14
13
12 AD∅
8155
Port B
36
D∅ 35
34
33
32
31
30
D7 29
Tout
6

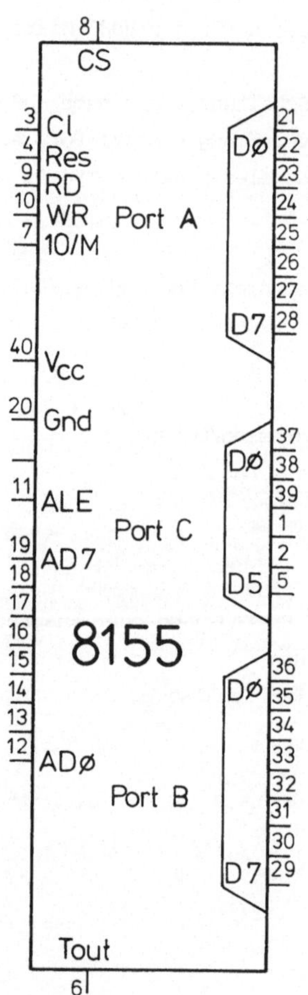

Bild 9.6

9.3 Wandler

9.3.1 AUFGABENSTELLUNG

Die Signale aus der Außenwelt, die der Rechner verarbeiten soll oder die Signale, die schließlich in der Außenwelt etwas bewirken sollen, liegen meist nicht in der Form vor, wie sie ein Interface an der Schnittstelle nach außen vorfinden muß. Es sind Drucke, Temperaturen, Kräfte, Winkelstellungen u.a.m. die als physikalische Werte vorliegen und in diejenige Form gewandelt werden müssen, die allein die Schnittstelle zum Interface aufnehmen kann.

Diese Wandlung geschieht i.A. in zwei Schritten: In einem ersten Schritt wird die physikalische Größe umgesetzt in eine elektrische Spannung (oder einen Strom) und diese Größe muß dann in eine digitale Größe gewandelt werden; umgekehrt ist eine analoge Spannung (oder ein eingeprägter Strom) zu erzeugen, die proportional einer Zahl ist, die als ein Wort von "∅" und "1" vorliegt.

Diese Aufgabe wird von Analog-Digital-Wandlern bzw. Digital-Analog-Wandlern erledigt, die damit wesentliche Teile der Prozeßperipherie bilden.

9.3.2 DIGITAL-ANALOG-WANDLER

Die Aufgabe eines Digital-Analog-Wandlers (engl. digital to analog converter, DAC) ist die Umsetzung einer Zahl, gegeben als ein digitales Wort von n-Bit Länge $(X(n-1), \ldots, X(∅))$ in eine analoge Spannung $U(a)$ nach Bild 9.7

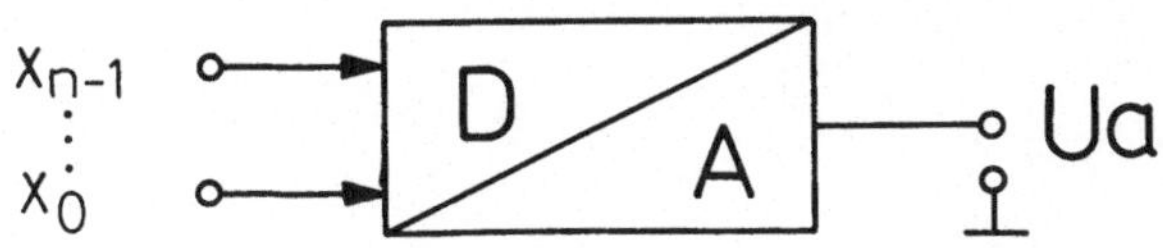

Bild 9.7

Im einfachsten Fall ist die Zahl gegeben als eine positive ganze Zahl in natürlicher Binärdarstellung

$$\begin{array}{ccc} n-1 & i & 0 \end{array}$$

$$\boxed{X(n-1), \quad ,X(i), \ \ldots \ ,X(0)} \qquad \text{mit } X(i) \in \{0,1\}$$

und dem Wert $z = \sum\limits_{i=0}^{n-1} X(i) * 2^{**}i$.

Dann soll gelten Ua $\sim$ z.

Das kann auf zwei Weisen erreicht werden:

- indem man Ströme I(i) aufaddiert, für die gilt

$$I(i) \sim X(i) * 2^{**}i$$

$$I = \sum\limits_{i=0}^{n-1} I(i)$$

und an einem Widerstand den Strom I umsetzt in Ua.

- oder indem man Teilspannungen Ui $\sim$ x(i) $* 2^{**}i$ aufaddiert zu einer Gesamtspannung

$$Ua = \sum\limits_{i=0}^{n-1} Ui$$

Man verwirklicht meistens die zweite Alternative aus technischen Gründen und gelangt zu einer Schaltung wie sie Bild 9.8 zeigt:

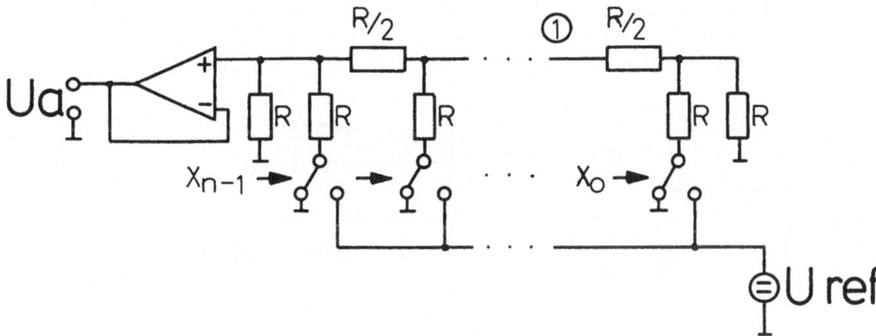

Bild 9.8

In dieser Schaltung ist von einem Punkt (1) aus der Widerstand der Kette nach rechts jeweils R, während der Einfluß der zugeschalteten Spannungen nach rechts hin jeweils um einen Faktor 2 abnimmt:

$$U(a) = \frac{1}{3} \sum_{i=0}^{n-1} X(i) \cdot \frac{2^i}{2^{n-1}} \cdot U(ref)$$

Diese Schaltung hat den Vorteil, daß nur Widerstände R und R/2 auftreten, die sich recht genau herstellen lassen; insbesondere auch als integrierte Schaltung. Üblich sind Digital-Analog-Wandler für 8, 12, 16 Bit; letztere repräsentieren schon eine Genauigkeit von 10**-5, d.h. rd. 1/2 LSB.
(16 Bit = 65.000; und damit das niederwertigste Bit (engl. least significant Bit, LSB) gerade Eins.)

9.3.3 ANALOG-DIGITAL-WANDLER

Die Aufgabe, eine analoge Spannung umzusetzen in ein ditigales Wort von n Bit Länge ist Sache eines Analog-Digital-Wandlers (engl. analog to digital converter, ADC), dessen prinzipiellen Aufbau Bild 9.9 zeigt:

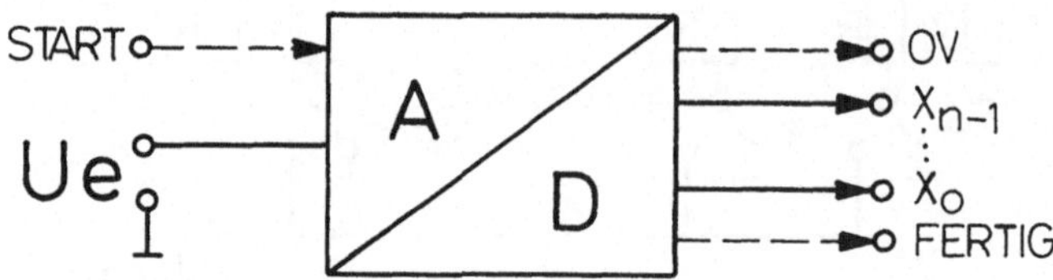

Bild 9.9

Die Umsetzung wird i.A. nicht fortlaufend erfolgen, sondern durch ein eigenes Signal START von außen angestoßen werden.

Dann laufen im Inneren drei Vorgänge ab:

- Der anstehende Wert der Eingangsspannung ist zu messen und festzuhalten (engl. sample & hold).

- Die Umwandlung ist zu leisten.

- Nach außen ist zu signalisieren (durch ein Signal FERTIG), daß der Umwandlungsprozeß stattgefunden hat, und der digitale Wert (X(n-1), ..., X(∅)) herauszugeben. Wenn die analoge Eingangsspannung außerhalb des zulässigen Bereichs liegt, der auf (X(n-1), ..., X(∅)) abgebildet werden kann, ist das Überlaufsignal OV zu setzen.

Intern kann die Umsetzung nach mehreren Methoden erfolgen:

- Suksessive Approximation

  (geeignetes Einstellen eines DAC bis dessen Ausgangswert der

  Eingangsspannung entspricht)

- Schritthaltende Approximation

  (Einstellen des DAC durch einen Vor-Rückwärtszähler)

- Doppelintegrationsverfahren

  (in den meisten digitalen Multimetern angewandt)

Dieses letztere Verfahren soll kurz geschildert werden:

Man integriert die Eingangsspannung Ue für eine feste Zeit T auf in einem Integrator und entlädt dann diesen Integrator mit einer festen Referenzspannung Uref. Dabei mißt man die Zeit τ, bis die Spannung wieder Null geworden ist. Bild 9.10 zeigt den Aufbau eines solchen ADC.

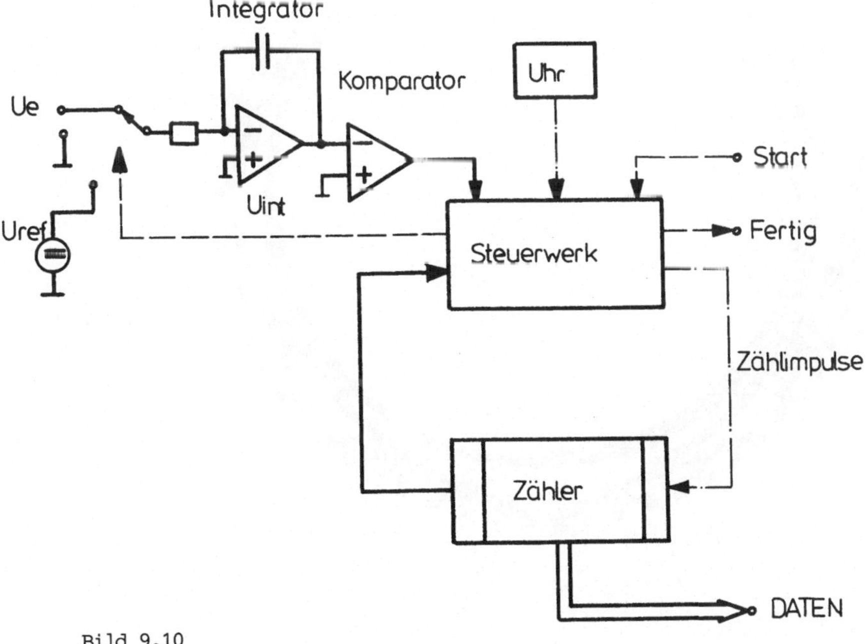

Bild 9.10

Diese Zeit τ mißt man in einem Zähler von n Bit. Dann ist der Zählerstand $(X(n-1), \ldots, X(\emptyset)) \sim$ Ue.

Das Verfahren ist als Kompensationsmetode recht genau, dafür langsam.

9.3.4 CODIERSCHEIBEN FÜR WINKEL

Für Messungen von Drehwinkeln und Strecken werden vielfach Codierscheiben oder -maßstäbe benutzt, mit denen eine Winkelstellung oder eine Wegstrecke direkt in ein digitales Wort umgesetzt werden kann.

Man braucht dazu eine Codierung der Winkelstellung in einer Form, daß beim Fortschreiten von einem Winkel zum nächst benachbarten sich nur gerade ein Bit in der Darstellung des Winkels ändert. Solche Codes heißen Gray Codes und das Bild 9.11 zeigt eine derartige Codierscheibe, codiert für 256 Schritte.

Bild 9.11

Man kann ohne Schwierigkeiten Scheiben mit 10 - 12 Bit Auflösung (1024 - 4086) bauen.

9.4 Intelligente Schnittstellen

9.4.1 CONTROLLER

Mit fortschreitender Integrationsdichte ist es wirtschaftlich, zunehmend mehr Funktionen aus dem Rechner auszulagern in die Schnittstellen hinein, die damit gewissermaßen "intelligent" werden. Der einfachste Fall dieser Auslagerung von Funktionen ist in den Controllern komplexerer Peripheriegeräte zu beobachten. Vor allem bei Massenspeichern wie Platten und Bändern oder Floppy's hat es sich als praktisch erwiesen, den Rechner von der Arbeit des Transports einzelner Bytes freizumachen: Der Rechner sagt dem Interface des Massenspeichers (Controller) nur, welche Daten wohin transportiert werden sollen (Anfangsadresse von Senke und Quelle und Blocklänge) und der Controller wickelt den Transport selbständig ab, wird bei auftretenden Fehlern von sich aus ggf. wiederholen und sich erst nach Ende der Übertragung oder bei einem nicht behebaren Fehler wieder beim Rechner melden.

Man spricht dann auch von einer "autonomen Kanalsteuerung" (engl. channel controller).

9.4.2 WANDLER MIT INTEGRIERTER VORVERARBEITUNG

Das Herausziehen von Funktionen aus dem Rechner in die Schnittstelle hinein ist deutlich zu sehen im Bemühen, eine Menge Vorverarbeitung direkt in den Wandler hinein zu legen und dort vor Ort schon einige Verarbeitung von Daten zu treiben.

So liegt es nahe, das analoge Signal des Meßwertgebers sofort zu digitalisieren, es ggf. mit Korrekturfaktoren zu versehen, die das Signal linearisieren, und es z.B. als Bitfolge herauszugeben. Oder es würde naheliegen, die Umcodierung des Signals einer Codierscheibe vor Ort zu machen, um von dort aus nur mit einer Leitung (Glasfaserkabel) zum Rechner gehen zu müssen.

Es ist zur Zeit ein Gebiet der Forschung, wie man die Möglichkeiten der gezielten Herstellung mikroskopisch kleiner Strukturen ausnutzen kann, um bessere oder neuartige Sensoren mit integrierter Datenvorverarbeitung herzustellen - das Gebiet der Sensorik. Ansätze reichen von Aufnehmern für Kraft und Zug über Temperaturfühler und Drucksensoren hin zu empfindlichen Photodetektoren und Meßgeräten für spezielle chemische Substanzen.

Bild 9.12   Ein Mikrocomputer steuert über ein Parallelinterface einen
            Produktionsroboter von Mitsubishi an. Damit ist für
            Ausbildungszwecke die Programmierung des Roboters in
            verschiedenen Programmiersprachen (PASCAL, BASIC, ASSEMBLER)
            möglich,   Bild: Bauer

10 Numerisch gesteuerte Werkzeugmaschinen

10.0 Vorbemerkung

Über "NC - Technik" sind viele Lehr- und Übungsbücher in den vielfältigsten Formen am Markt erhältlich. Es ist nicht die Absicht des Verfassers, im Rahmen dieses Buches ein weiteres hinzuzufügen. Vielmehr ist daran gedacht, einen wichtigen Anwendungsbereich der Mikroelektronik in der Metallbearbeitung vorzustellen und an einem praktischen Beispiel zu verdeutlichen. Dies ist jedoch nicht möglich, ohne einige theoretische Grundlagen voranzustellen und zu erläutern. Danach ist das "Programmieren" von Werkzeugmaschinen recht einfach, da es im Prinzip nur eine Sprache gibt, die nach DIN 66025 genormt ist.
Dies ermöglicht zwar nicht, daß man alle Maschinen mit dem gleichen "Wortschatz" bedienen kann, denn die Norm läßt für spezielle Aufgaben des "Drehens" und "Fräsens" den Herstellern gewisse Freiräume.
Zur Programmierung einer anderen numerisch gesteuerten Werkzeugmaschine sind nur wenige Programmanweisungen auszuwechseln , während in weiten Bereichen der Mikroelektronik neue Problemstellungen in der Regel auch eine andere Programmiersprache benötigen.

10.0.1   Historische Entwicklung

Mit zunehmender Technisierung wurde der Wunsch zur Herstellung komplizierter Formen immer größer. Insbesondere die Militärtechnik stellte diesbezüglich große Anforderungen an die Techniker. So wurde bald nach dem zweiten Weltkrieg das -MIT- <Massachussetts Institute of Technology> von der amerikanischen Luftwaffe beauftragt, eine Werkzeugmaschine zu konstruieren, mit der man z.B. komplizierte Tragflächenprofile und Holme für Überschallflugzeuge beliebig oft mit großer Genauigkeit herstellen und wiederholen kann. Die Lösung dieser Aufgabenstellung durch Steuern der Antriebsmotoren mittels Computer wird als Durchbruch der numerisch gesteuerten Werkzeugmaschinen angesehen.
Diese Technik wurde allgemein unter den Begriff - NC-Technik - "numerical control" bekannt.
Anfang der 60iger Jahre kam diese neue Technologie nach Europa und wurde erstmalig auf der Hannover Messe vorgestellt. Sie hat sich auch hier sehr schnell durchgesetzt und wurde weiterentwickelt. Sah man um 1975 auf Fachmessen ca. zur Hälfte hand- und numerisch gesteuerte Maschinen, so sind heute handgesteuerte Maschinen eine Rarität. Die NC - Maschinen wurden und werden noch in ihrer Leistungsfähigkeit und in ihrem Bedienungskomfort ständig verbessert.

10.1 Grundlagen der NC-Technik

10.1.1   NC - Technik

Wie bereits erwähnt, wurden die Steuerungen, die Werkzeugmaschinen "bedienen", in Amerika entwickelt. So ist es nicht verwunderlich, daß auch Begriffe und Abkürzungen aus der anglo-amerikanischen Sprache stammen. "NC" steht für numerical control und bedeutet zahlenwertmäßige Steuerung.
Bei der Steuerung von Werkzeugmaschinen sind diese Zahlenwerte die Maßangaben über dem "Standort" des zu bearbeitenden Werkstückes und des Werkzeugs.

10.1.2   CNC - Technik

Um das auf der Zeichnung vorgegebene Werkstück zu erhalten, muß das Werkzeug (z.B. ein Fräser) an der Werkstück-Kante entsprechend seinem Durchmesser jeweils einen anderen Weg beschreiben, damit die gewünschte Werkstückkontur entsteht. Dies machte oftmals komplizierte geometrische Berechnungen erforderlich, die sehr zeitraubend und damit teuer waren. Durch die Verbilligung der elektronischen Bauteile konnte man es sich leisten, diese Werkzeugbahnen und einige andere Berechnungen durch einen besonderen Computer berechnen zu lassen. So entstand die Abkürzung "CNC" und bedeutet "computerized numerical control". Also computergesteuerte zahlenwertmäßige Steuerung.

10.1.3   DNC - Technik

Das vorgestellte D vor die numerische Steuerung heißt "direct numerical control" und bedeutet, daß weitere Werkzeugmaschinen von einem zentralen Rechner "gleichzeitig" gesteuert werden.
Dieses System hat den Vorteil, daß der größere Rechner zusätzliche Aufgaben erfüllen kann. Beispielsweise können korrigierte und verbesserte Programme von der Maschine zum Rechner rückübertragen, oder gefertigte bzw noch zu fertigende Werkstückanzahlen jederzeit abrufbar gemacht werden . Von Nachteil ist allerdings , daß bei Störungen im Rechner nicht nur eine Werkzeugmaschine betroffen ist, sondern alle.

10.1.4   Vergleich von manuell und NC - gesteuerter Fertigung.

Nach der manuellen Fertigungsmethode wurde ein Produkt auf dem Reißbrett entwickelt, im Arbeitsvorbereitungsbüro eine Zeit- und Kostenkalkulation durchgeführt, der Arbeitsablaufplan festgelegt, und die Produktion des Werkstückes weitgehend dem Fertigungsingenieur bzw. dem Meister überlassen. Ein Sachbearbeiter des Betriebes überwachte die Terminplanung.

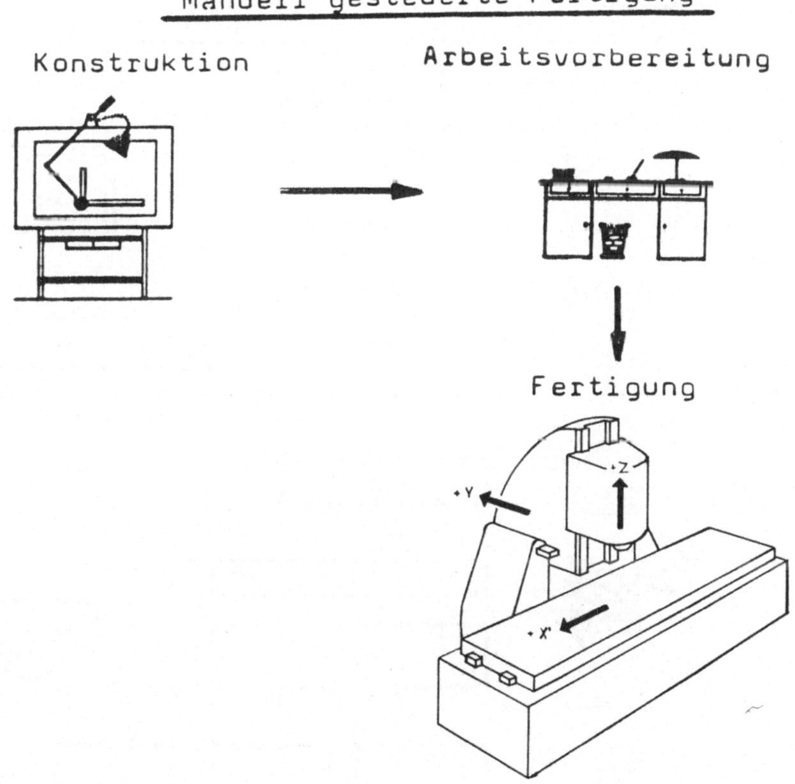

Abb. 10.1.4.1

Bei der NC - gesteuerten Fertigung wird die Bemaßung der Technischen Zeichnung bereits nach steuerungstechnischen Gesichtspunkten gestaltet.

Im Arbeitsvorbereitungsbüro werden alle erforderlichen Arbeitsinformationen (Zeichnung und technologische Herstellungsdaten) für eine bestimmte Werkzeugmaschine bereitgestellt und daraus ein Fertigungsprogramm erstellt, das der Computer versteht und nach dem Einspannen des Rohteiles selbstständig mit hoher Genauigkeit beliebig oft abarbeitet. Als Nebenprodukt erhält man gleichzeitig beim Testlauf des Programms die exakten Fertigungszeiten einschließlich Rüst- und Umspannzeiten.

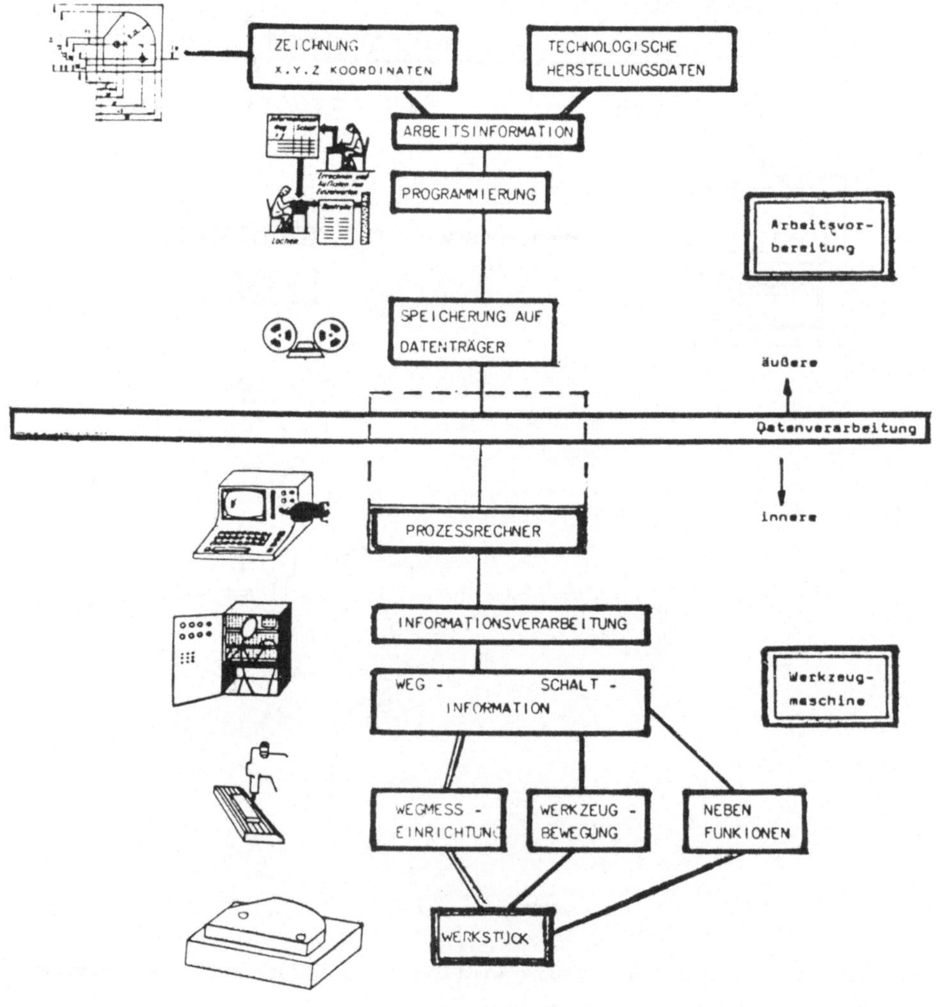

Abb.10.1.4.2

Bei neueren Anlagen wird die Terminplanung ebenfalls vom Computer überwacht. Das Erstellen und Eingeben des Programms bezeichnet man als "Äußere Datenverarbeitung". Das selbständige Abarbeiten des Programms zur Herstellung des Werkstückes wird mit "Innere Datenverarbeitung" bezeichnet.

10.1.5 Koordinatensysteme an NC - Maschinen

Damit bei der Bearbeitung eines Werkstückes jeder Punkt am Werkstück und auch der Standort des Werkzeuges im "Bearbeitungsprogramm" genau bestimmt werden kann, beschreibt man ihn in einem rechtwinkligen Koordinatensystem. In der

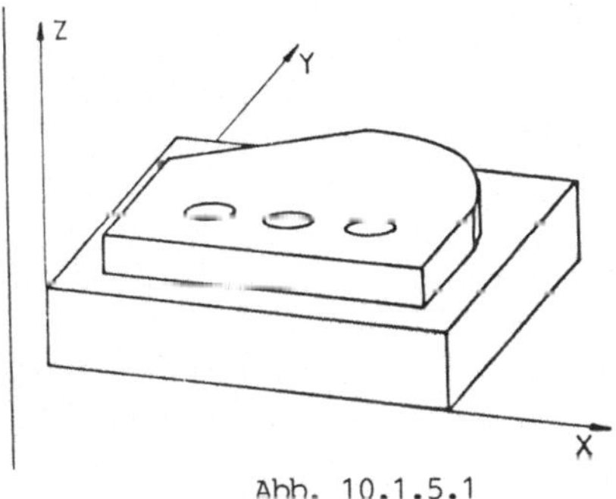

Abb. 10.1.5.1

Abbildung 10.1.5.1 ist der Ursprung oder Nullpunkt frei gewählt. Man hat die Bewegungsachsen in der DIN 66217 genormt. Danach ist die Achse immer durch die Richtung der Arbeitsspindel festgelegt. Für das Bohren und Vertikalfräsen bedient man sich der "Rechten Hand - Regel". Danach zeigt der Mittelfinger die positive Z-Achse, der Zeigefinger die positive Y-Achse und der Daumen die positive X-Achse an (Abb.10.1.5.2).

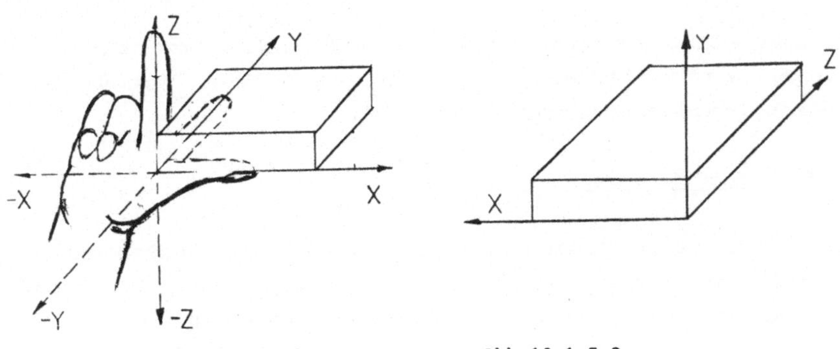

Abb.10.1.5.2   Abb.10.1.5.3

Beim Horizontalfräsen ist das Koordinatensystem gemäß der Bestimmung der Z-Achse verändert, wie es die Abbildung 10.1.5.3 zeigt. Da beim Drehen nur 2 Bewegungsrichtungen möglich sind, weist das Koordinatensystem auch nur 2 Achsen auf, die mit Z und X bezeichnet werden.

Bei der Programmierung geht man von der Festlegung aus, daß sich das Werkzeug bewegt und das Werkstück im Koordinatensystem still steht. Das hat den Vorteil, daß die positive Achsbewegung in Zustellrichtung (Z-Achse) immer vom Werkstück wegführt, und somit die Bruchgefahr durch Vorzeichenfehler beim Programmieren vermindert wird.

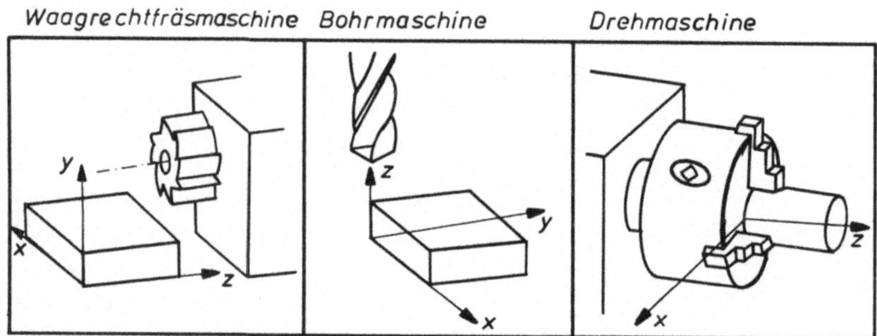

Abb.10.1.5.4

10.1.6 Steuerungsarten

Die numerischen Steuerungen sind zwar für die Herstellung komplizierter Formen entwickelt worden, trotzdem ist es naheliegend, diese Vorteile auch auf einfachere Fertigungsverfahren zu übertragen.

10.1.6.1 Punktsteuerung

Beim Bohren, Stanzen, Punktschweißen ect. kommt man mit einfacheren Steuerungen aus, weil das Werkzeug nur punktuell im Einsatz ist, d.h. während des Verfahrens ist das Werkzeug nicht im Eingriff. Man spricht in diesem Fall von einer Punktsteuerung (siehe Abb. 10.1.6.1).

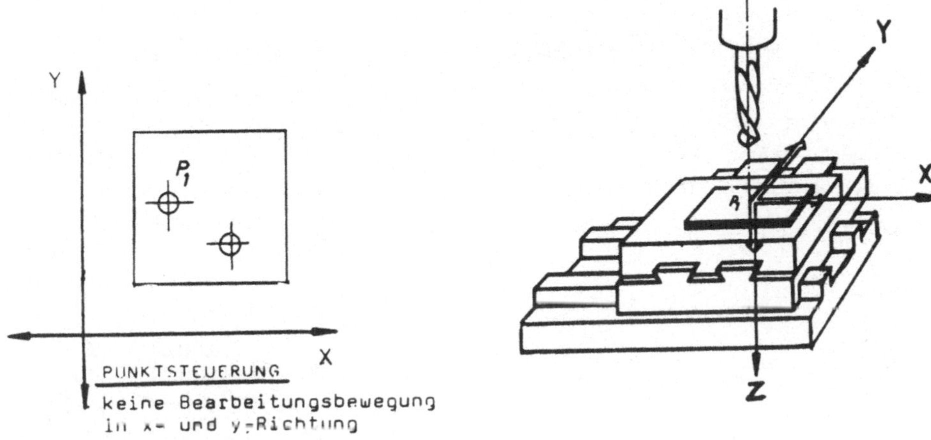

Abb.10.1.6.1

10.1.6.2 Streckensteuerung

Von einer Streckensteuerung spricht man, wenn sich das Werkzeug während des Eingriffs nur parallel zu einer Achse bewegt.Diese Art der Steuerung wird heute seltener verwendet.

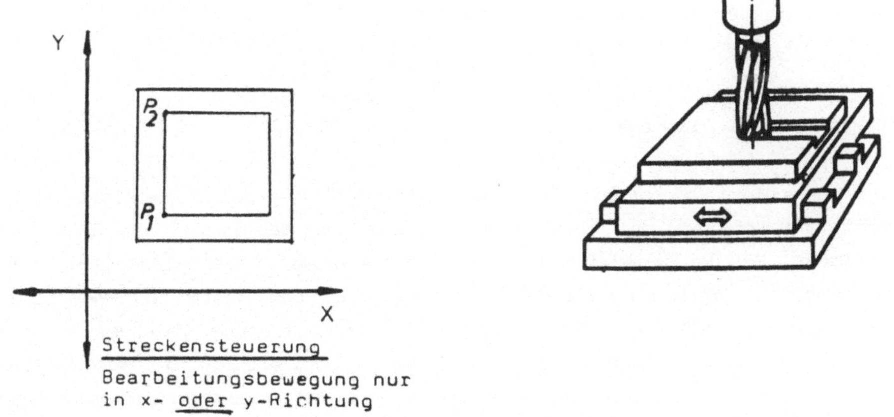

Abb.10.1.6.2

10.1.6.3 Bahnsteuerung

Die heute am häufigsten vorkommende Steuerung ist die Bahnsteuerung. Von einer Bahnsteuerung spricht man, wenn die Bearbeitung in mindestens 2 Achsrichtungen gleichzeitig erfolgt. Es können aber auch 3 und mehr Achsen gleichzeitig gesteuert weden. Dies ist beim Fräsen komplizierter Werkstücke, wie z.B.bei Turbinenschaufeln, erforderlich.

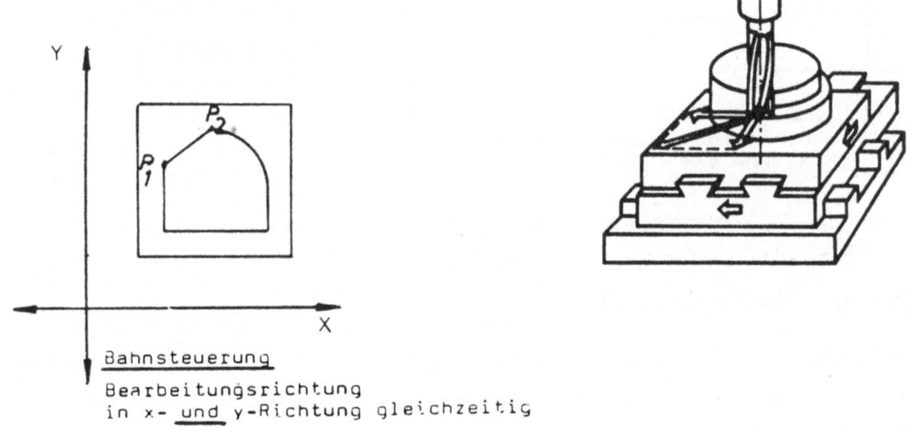

Abb.10.1.6.3

10.1.7 Wegmeß - Systeme

NC - Maschinen benötigen für jede gesteuerte Achse eine Wegmeßeinrichtung. Dabei unterscheidet man nach dem Ort der Messung das direkte oder indirekte Verfahren. Bei der direkten Messung erfolgt die Meßwerterfassung unmittelbar am Maschinenbett (Werkzeugschlitten); d.h. zwischen dem festen und beweglichen Maschinenteil, während die indirekte Meßwerterfassung über mechanische Zwischenglieder wie Zahnstange oder Gewindespindel erfolgt. Der Meßwert wird dann in elektrische Impulse umgewandelt. Die Art der Meßwerterfassung kann "analog" oder "digital" erfolgen (siehe Abb.10.1.7.1).

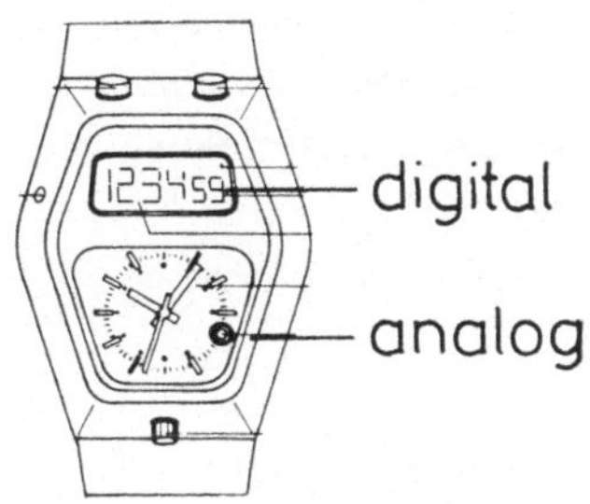

Abb.10.1.7.1

Bei der analogen Wegmessung wird die Darstellung des Meßwertes in eine elektrische Spannung umgewandelt. Jeder Stellung des Werkzeugschlittens wird eine bestimmte Spannung zugeordnet. Die digitale Meßwerterfassung wird durch Zählen gleichgroßer Einheitsschritte an den Werkzeugschlitten erreicht.

Nach dem Bezugspunkt der Messung unterscheidet man absolute und inkrementale Meßverfahren (Kettenmaßsystem). Das absolute Meßverfahren ist dadurch gekennzeichnet, daß jeder Meßwert aufgrund eines eindeutigen Meßbezugssystems erfaßt- und wiederholbar ist, ohne Bezug auf den vorangegangenon Meßwert zu nehmen(siehe Abb. 10.1.7.2).

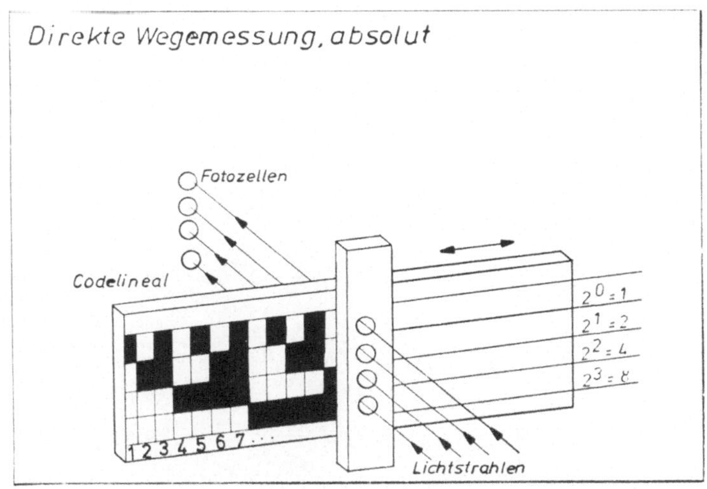

Abb.10.1.7.2

Beim Inkremental - Meßverfahren wird der maximale Schlittenweg mit einem Strichgitter in gleichwertige kleinste Wegschritte zerlegt und optisch oder magnetisch erfaßt.Diese kleinsten Wegschritte werden in einem Zählwerk addiert und als zurückgelegte Wegstrecke ausgewiesen. Meist werden bei beiden Systemen die Meßergebnisse digital angezeigt.

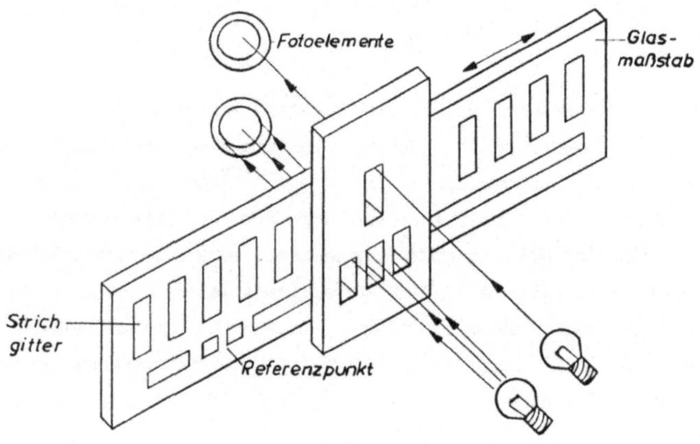

Abb.10.1.7.3

<u>**Wegmessung (Istwertermittlung)**</u>

Bei der Wegmessung wird die Bewegung des Schlittens erfaßt.

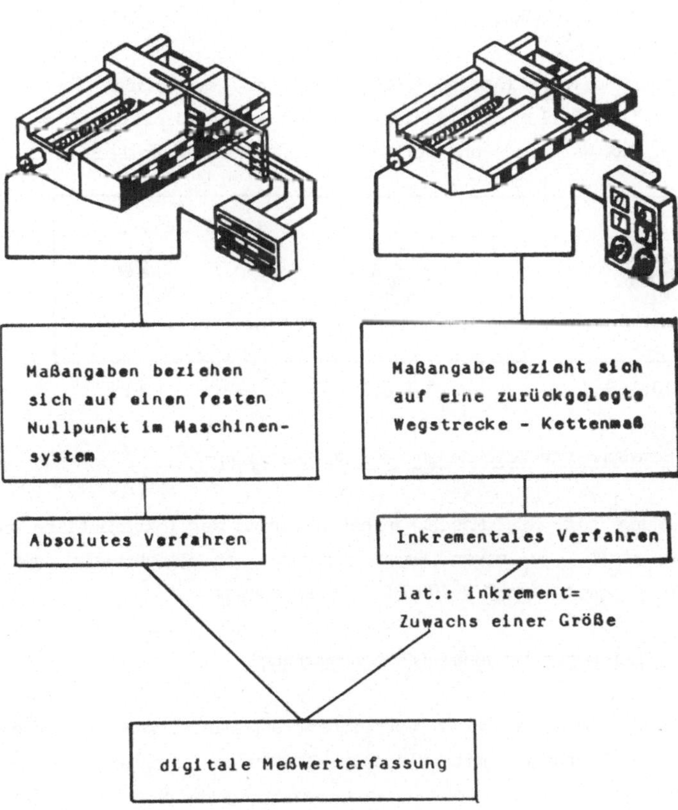

Abb.10.1.7.4

10.1.8   Bezugspunkte

Der Maschinen-Nullpunkt (Abb. 10.1.8.1) ist ein konstruktiv festgelegter Punkt der Maschine . Alle Achsen werden auf diesen Punkt positioniert und die Meßanzeige auf "Null" gesetzt.Ausgehend von diesem Punkt, können weitere Punkte angefahren werden.

Der Werkstück-Nullpunkt(Abb. 10.1.8.2) ist frei wählbar. Er wird vom Programmierer zweckmäßigerweise so gewählt, daß das Werkstück eindeutig vermaßt und fertigungstechnisch gut herzustellen ist. Meist liegt er an einer Werkstückecke. Bei Vergrößerungsprogrammen legt man ihn am besten in den Vergrößerungsmittelpunkt.

Der Programm-Nullpunkt(Abb.10.1.8.3) ist der Startpunkt für das Programm. Dieser ist ebenfalls frei wählbar. Es hat sich als praktisch erwiesen, ihn so anzuordnen, das Werkzeug- und Werkstückwechsel leicht möglich sind.

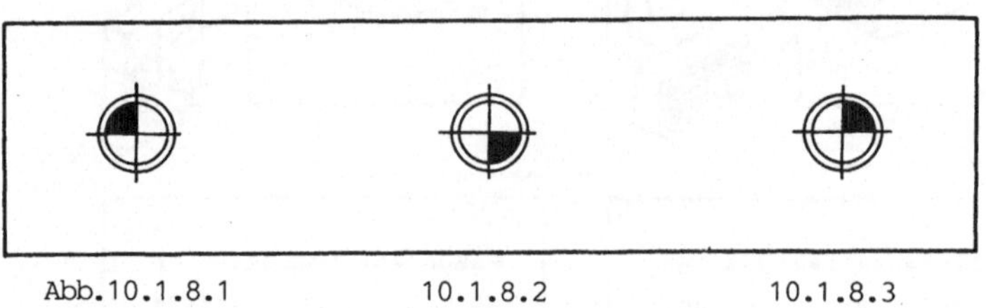

Abb.10.1.8.1   10.1.8.2   10.1.8.3

10.1.9   Bemaßung von Zeichnungen für NC-Maschinen

Die Fertigung mit NC - Maschinen hat aufgrund der inkrementalen und absoluten Wegmessung auch zu neuen Bemaßungsarten von Zeichnungen geführt. Diese NC-Bemaßung wurde in der DIN 406 Bl. 2 festgelegt.

10.1.9.1   Inkrementalbemaßung (Kettenbemaßung)

Die Inkrementalbemaßung wird vorteilhaft angewandt, wenn wiederkehrende Maße, wie z.B. 3 Bohrungen mit gleichen Abständen, auftreten. Dann besteht die Möglichkeit einer vereinfachten Programmierung. Nachteilig ist dabei, daß ein Maßfehler sich in der Maßkette fortsetzt.Das Werkstück ist dadurch mit Sicherheit unbrauchbar (siehe Abb.10.1.9.1).

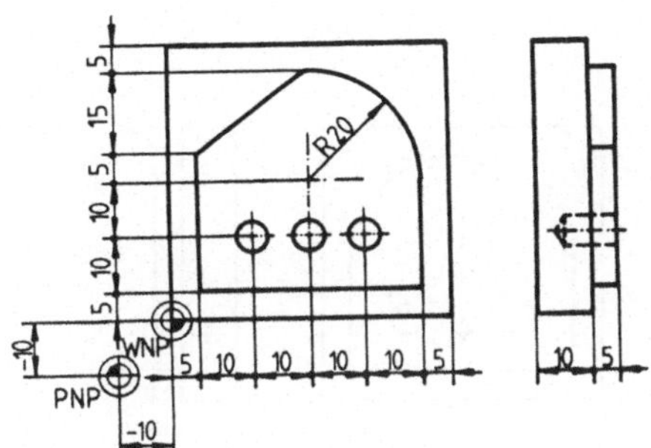

Abb. 10.1.9.1

10.1.9.2   Absolut – Bemaßung

Dieses Verfahren wird überwiegend angewandt, da es übersichtlich ist und wenig Fehlerquellen beinhaltet. Alle Maße beziehen sich auf den Werkstücknullpunkt.

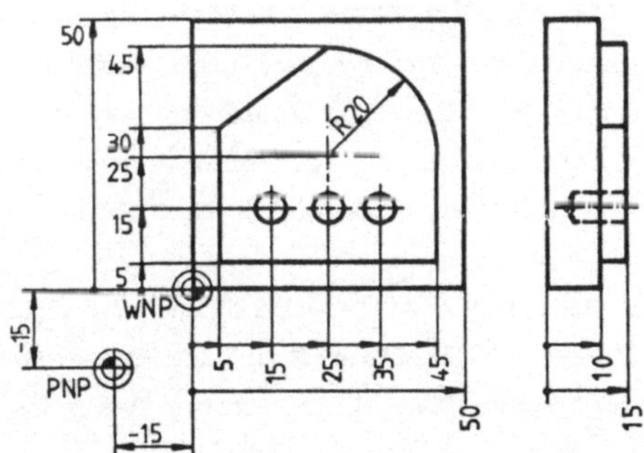

Abb.10.1.9.2

10.1.9.3   Koordinaten – Bemaßung

Bei Werkstücken mit Lochkreisen bzw. zahlreichen Bohrungen wird vorteilhaft die Koordinaten – Bemaßung angewandt(vergl.Abb.10.1.9.3.2). Dabei trägt man zweckmäßigerweise den Bohrungsmittelpunkt in Tabellen ein.

Position	X	Y	Z	Bohrungs ⌀ Paßmaß	Bemerkungen
P1	15.000	15.000	-10.000	6.000	
P2	25.000	15.000	-10.000	6.000	
P3	35.000	15.000	-10.000	6.000	

Abb. 10.1.9.3.1

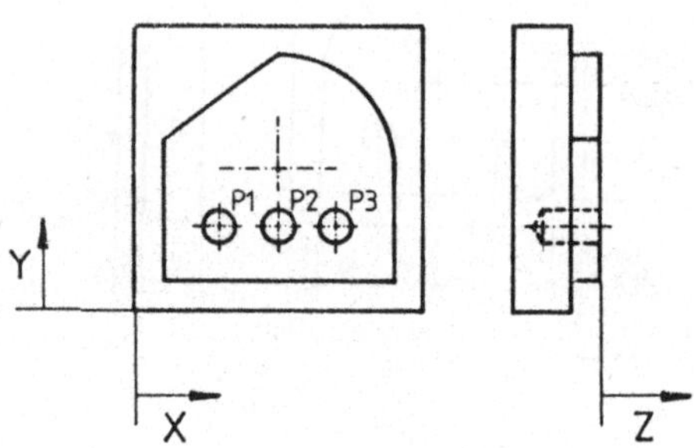

Abb. 10.1.9.3.2

10.1.10 Codierung

Zur Steuerung der Werkzeugschlitten werden Gleichstrommotoren oder Schrittmotoren (Impulsmotoren) verwendet. Diese werden durch elektrische Bauelemente gesteuert, die nur 2 Schaltzustände kennen: "EIN - AUS". Alle Steuerbefehle müssen so verschlüsselt (codiert) werden, daß sie sich durch 2 elektrische Zustände (Spannung - keine Spannung) darstellen lassen.

Wir wissen, daß NC - Maschinen zahlenwertmäßige Steuerungen sind.Folglich müssen wir unser Zahlensystem (DEZIMALSYSTEM mit der Basis 10) und den Ziffern 0.....9 durch ein Zahlensystem (DUALSYSTEM mit der Basis 2) und den Ziffern 0 und 1 ersetzen.
Eine Darstellungsform, die nur 2 Zustände kennt, nennt man ein "binäres Element", oder kurz "Bit"(engl. "binary digit"). 0 und 1 sind zuwenig, um alle Zahlen und Buchstaben darstellen zu können. Aber bereits 2 Bit ermöglichen 4 Kombinationen. 3 Bit - 8, 4 Bit - 16,............. 8 Bit - 256 Kombinationen,genug, um alle Zahlen, Buchstaben und Sonderzeichen verschlüsseln zu können . 8 Bit bilden 1 Byte.

Da die Meßsysteme bei NC - Maschinen in Mikrometer (1/1000mm) messen, würden sehr schnell sehr große Zahlenkolonnen entstehen, die zu Schwierigkeiten führen. Deshalb hat man eine Kombination aus Binar- und Dezimalsystem geschaffen, das man den BCD - Code (Binär codierter Dezimalcode) nennt. Bei diesem Code werden die Ziffern 0......9 codiert und dazu ergänzend der Stellenwert wie im Dezimalsystem berücksichtigt.

Damit ermöglicht der BCD - Code die Darstellung jedes beliebigen Zahlenwertes.

Ein Beispiel soll das Verfahren erläutern.

174,236 mm entsprechen 174 236 Mikrometer


```
0 0 0 1    0 1 1 1    0 1 0 0    0 0 1 0    0 0 1 1    0 1 1 0
    1          7          4          2          3          6
```

10.1.11   <u>Datenträger</u>

Mit diesem Sammelbegriff bezeichnet man alle Medien, die dem steuernden Computer Informationen (Weg-, Schalt- oder technologische Informationen) übermitteln. In der CNC - Technik werden Lochstreifen, Magnetbandkassetten und Disketten (flexible Magnetplatten) verwendet.

Mit der Diskette - auch Floppy-Disk genannt - können 20 000 - 30 000 Informationszeichen pro Sekunde an die Steuerung übermittelt werden. Sie ist die schnellste Übertragungsmöglichkeit, aber sehr anfällig gegen Verschmutzung (Staub). Sie findet meist Anwendung bei DNC - Maschinen.
Magnetbandkassetten sind 10mal langsamer als Disketten, aber auch nicht so störanfällig im Werkstattbetrieb wie Floppies. Das älteste, aber im rauhen Werkstattbetrieb am besten bewährte Übertragungssystem, ist der Lochstreifen, der wiederum nur den 10ten Teil der Lesegeschwindigkeit (mech. Leser ca 200 Zeichen/Sec) der Magnetkassette erreicht.
Der in Europa gebräuchlichste Lochstreifen ist der 8 - Spur-Lochstreifen. Er ist nach DIN 66024 genormt. Neben der langsamen Lesegeschwindigkeit ist von Nachteil, daß der Lochstreifen nur fortlaufend (sequentiell) verarbeitet werden kann. Allerdings bietet er auch eine Reihe von Vorzügen.

1. Lesbarkeit für Fachleute
2. Rasche Erkennung von Fehlerquellen
3. Variable Informationsträgerlänge
4. Kostengünstigkeit

Lochstreifencode ISO bzw. DIN 66 024

Spur	Zeichen	Beschreibung
8 7 6 5 4 . 3 2 1		
	0	Zahlenwert
	1	Zahlenwert
	2	Zahlenwert
	3	Zahlenwert
	4	Zahlenwert
	5	Zahlenwert
	6	Zahlenwert
	7	Zahlenwert
	8	Zahlenwert
	9	Zahlenwert
	A	Adresse für Winkelmaß um x-Achse
	B	Adresse für Winkelmaß um y-Achse
	C	Adresse für Winkelmaß um z-Achse
	D	Adresse für Winkelmaß um zus. Achse oder dritte Vorschubgeschwindigkeit
	E	Adresse für Winkelmaß um zus. Achse oder zweite Vorschubgeschwindigkeit
	F	Vorschubgeschwindigkeit
	G	Vorbereitender Schaltbefehl
	H	Werkzeuglängenkorrektur
	I	Hilfsgröße zur Zirkular-Interpolation oder Gewindesteigung, parallel zur x-Achse
	J	Hilfsgröße zur Zirkular-Interpolation oder Gewindesteigung, parallel zur y-Achse
	K	Hilfsgröße zur Zirkular-Interpolation oder Gewindesteigung, parallel zur z-Achse
	L	frei verfügbar
	M	Maschinenbefehle
	N	Satznummer
	O	Nicht verwenden
	P	Dritte Eilgangbegrenzung oder dritte Achse parallel zur x-Achse
	Q	Zweite Eilgangbegrenzung oder dritte Achse parallel zur y-Achse
	R	Erste Eilgangbegrenzung oder dritte Achse parallel zur z-Achse
	S	Hauptspindel-Drehzahl
	T	Werkzeugauswahl
	U	Zweite Achse parallel zur x-Achse
	V	Zweite Achse parallel zur y-Achse
	W	Zweite Achse parallel zur z-Achse
	X	Wegadresse x-Achse
	Y	Wegadresse y-Achse
	Z	Wegadresse z-Achse
	+	Positives Richtungsvorzeichen
	–	Negatives Richtungsvorzeichen
	SP	Zwischenraum (Space)
	DEL	Korrekturzeichen (Delete)
	LF	Satzendezeichen, (Line Feed)
	HT	Tabulator (Horizontal Tabulator)
	%	Lochstreifen Halt
	/	Wahlweise Satzunterdrückung
	(	Überlesen EIN / Anmerkungs-Beginn
	)	Überlesen AUS / Anmerkungs-Ende

Abb.10.1.11.1

Das nachfolgende Beispiel soll das Prinzip des Lochstreifens verdeutlichen.

Der Lochstreifen als Datenträger

Die Informationsnachricht beruht auf dem dualen Zahlensystem
(Lochung oder keine Lochung).

Die 10 Ziffern des Dezimalsystems müssen durch eine Kombination den zwei Zuständen des Lochstreifens - gelocht (L) und
nicht gelocht (0) - zugeordnet werden.

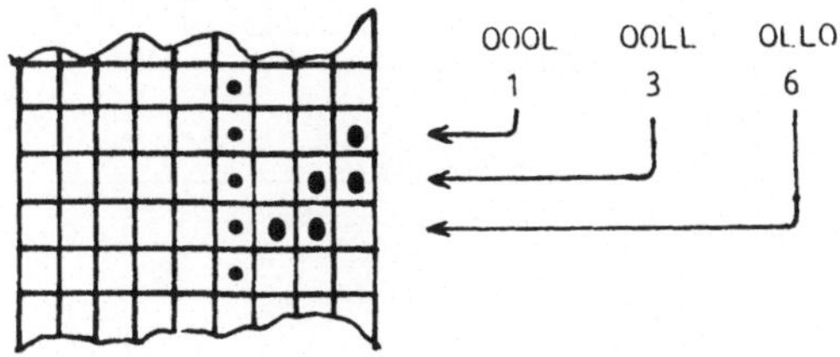

Wertigkeit 2^3 2^2 2^1 2^0	Ziffer	Dualzahl
	0	0000
	1	000L
	2	00L0
	3	00LL
	4	0L00
	5	0L0L
	6	0LL0
	7	0LLL
	8	L000
	9	L00L

In der NC-Technik
sind 8-Spur-Loch-
streifen genormt
➔ 2^8 = 256 Kombina-
tionsmöglichkeiten

Taktspur

8-Spur-Lochstreifen

__Beispiel:__ Die Zahl 136 heißt codiert:

Abb.10.1.11.2

10.1.12 Schematischer Aufbau einer NC - Anlage.

CNC gesteuerte Werkzeugmaschinen haben je nach ihrem Verwendungszweck einen sehr verschiedenenartigen Aufbau. Weitestgehend gemeinsam ist dieser schematische Aufbau, wie er in der Skizze - vereinfacht - und auf dem Bild dargestellt ist. Lediglich die Ein/Ausgabegeräte (Peripheriegeräte) sind hier mehrfach vorhanden, weil es sich bei dieser Maschinenkonfiguration um eine kleine Produktionsmaschine handelt, die für Lehrzwecke verwendet wird. Im praktischen Betrieb kommt man mit 2 Peripheriegeräten aus.

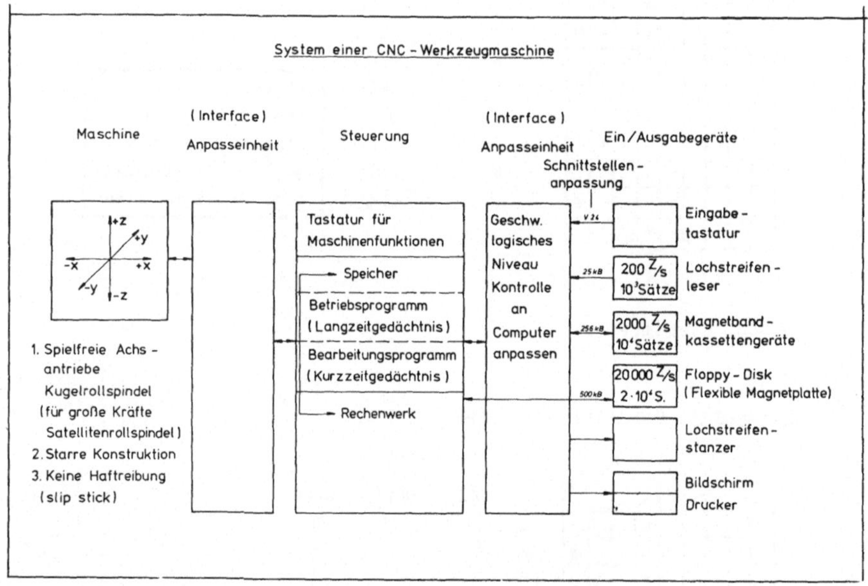

Abb.10.1.12.1

Der Computer
denkt genauso
schnell,
wie jede andere
Maschine:
gänzlich gar nicht.

Datenterminal   Plotter

Lochstreifenleser und -stanzer

Steuerung

Werkzeugmaschine

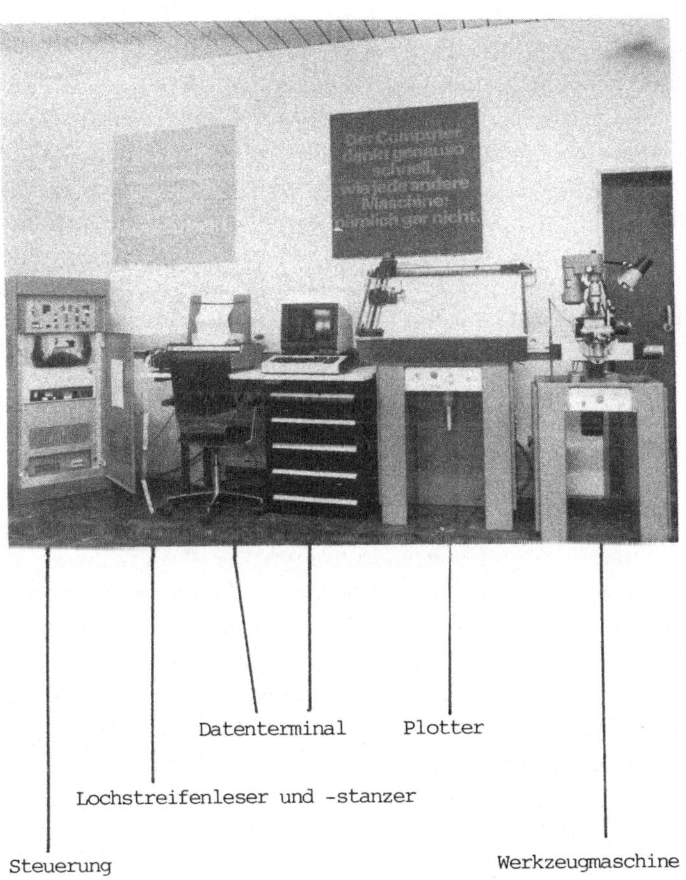

Abb.10.1.12.2

10.2 Programmieren von NC-Maschinen

<u>10.2.1   Einführung in die Programmierung nach DIN 66025</u>

Zur Herstellung eines Werkstückes, ob konventionell oder numerisch gesteuert, benötigt man eine Technische Zeichnung von dem Werkstück und eine Anzahl von Daten der Werkzeugmaschine, auf der das Werkstück hergestellt werden soll (aus AWF - Maschinenkarte). Daraus erstellt man einen Arbeitsplan. Im Gegensatz zur herkömmlichen Fertigung, bei der die Herstellungsschritte (z.B. 1.Planfräsen, 2.Vorbohren, 3.Bohren. 4.Reiben usw.) aufgelistet sind, wird die Steuerung durch eine Kombination aus Buchstaben und Zahlen, die genormt sind, in einer für die Maschine verständlichen Form eingegeben. Dieses Umsetzen des herkömmlichen Arbeitsablaufplanes in den "codierten" Maschinenbearbeitungsplan stellt das eigentliche Programmieren dar. Den codierten Maschinenbeabeitungsplan bezeichnet man als Teileprogramm.

<u>10.2.1.1   Programm - Satz</u>

Das Teileprogramm setzt sich aus einer Anzahl nummerierter Programmsätze nach DIN 66025 zusammen. Der Programmsatz besteht aus einer Zeile von Wörtern, die als Einheit verarbeitet werden. Er enthält alle Angaben zur Ausführung eines Arbeitsganges (z.B. Maschinenbewegung, Vorschubänderung) und ist nach festen Regeln aufgebaut.
Ein Satz kann geometrische oder technologische Informationen oder programmtechnische Anweisungen sowie eine Kombination dieser Möglichkeiten enthalten. An einem Beispiel soll das im Folgenden verdeutlicht werden.

Satz: N 17 G2 X 45. Y 25. I 25. J 25. F 8Ø

<u>10.2.1.2   Programm - Wort</u>

Ein Satz besteht aus mehreren Wörtern. In der Programmiersprache nach DIN 66025 besteht das Wort aus einem Buchstaben und einer Zahl.Zwischen Buchstaben und Zahl muß das mathematische Vorzeichen der Zahl stehen(+ wird automatisch angenommen). Der Buchstaben gibt die "Adresse" für den Speicherplatz in der Steuerung an. Die Zahl gibt den Speicherinhalt an.

Maßangaben bzw. Wegstrecken werden in Tausendstel Millimeter programmiert. Durch Sonderzeichen (Dezimalpunkt) ist eine verkürzte Schreibweise möglich,z.B.

bedeutet im Wort " X 45. " X die Adresse u. 45. den Inhalt

10.2.2 Programmaufbau

Jeder Programmsatz beginnt mit einer Nummer. Die Nummerierung kann fortlaufend oder in Sprungform (N5, N1Ø, N15....) erfolgen. Letzteres Verfahren vereinfacht das Ändern und Optimieren des Programms. Der Adressbuchstabe ist "N"(engl.number). N.... bezeichnet man als Satz- oder Blocknummer. Sie ist eine programmtechnische Anweisung.

Danach muß die Wegbedingung "G" (engl. go) erfolgen, die der Steuerung angibt, ob die Maschinenbewegung im Eilgang (GØØ) oder mit programmiertem Vorschub in geradliniger Richtung (GØ1) oder kreisförmiger Bewegung in Uhrzeigersinn (GØ2) oder gegen den Uhrzeigersinn (GØ3) erfolgen soll. Einige wichtige G-Funktionen sind in der Tabelle 10.2.2.1 zusammengefaßt. Nach der Wegbedingung erfolgt die Weginformation in den Koordinaten X, Y, Z sowie ggf. die zur Bestimmung der Kreisbewegung erforderlichen Kreismittelpunktkoordinaten I und J.In der Form Adresse - Inhalt. Adresse kann sein X,Y,Z,I u.J. Den Inhalt bilden Zahlenwerte, wie sie im Abschnitt 10.2.1.1 angegeben sind. Die obengenannten Adressbuchstaben bilden die geometrischen Informationen.

```
Code      Funktion
------------------------------------------------------------
G ØØ      Positionierung im Eilgang
G Ø1      Lineare Interpolation
G Ø2      Kreisinterpolation in Uhrzeigersinn (CW)
G Ø3      Kreisinterpolation gegen Uhrzeigersinn (CCW)
G Ø4      Verweilzeit
G Ø5      Halt
. ..      ...........
G 33      Gewindeschneiden mit konstanter Steigung
G 34      Gewindeschneiden mit zunehmender Steigung
G 35      Gewindeschneiden mit abnehmender Steigung
....      ...........
```

G 4Ø   Löschen aller aufgrufenen Werkzeugkorrekturen

G 41   Werkzeugradiuskorrektur, Versatz nach rechts

G 42   Werkzeugradiuskorrektur, Versatz nach links

G 43   Werkzeugradiuskorrektur, positiv

G 44   Werkzeugradiuskorrektur, negativ

....

G 53   Löschen der aufgerufenen Nullpunktverschiebung

G 54/59 Nullpunktverschiebung der Achsen

....

G 62   Schnellpositionierung, nur Eilgang

....

G 74/75 Referenzpunkte anfahren

....

G 8Ø   Löschen der aufgerufenen Zyklen

G 81/89 Festgelegte Bohrzyklen

G9Ø   Bezugsmaßeingabe(Absolutbemaßung)

G91   Relativmaßeingabe(Inkrementalbemaßung)

Tabelle 10.2.2.1 G-Funktionen

Technologische Informationen sind die Adressbuchstaben "F" für den Vorschub(engl. feed), "S" für die Drehzahl (engl. speed), "T" für das Werkzeug Bohrer, Fräser, Drehmeißel (engl. tool) und die Zusatzfunktion der Buchstabe"M" (engl. miscellaneous = verschiedenartig).Wie die Übersetzung verdeutlicht,handelt es sich bei dieser Befehlsadresse um verschiedene Anweisungen, wie Arbeitsspindel einschalten (MØ3/MØ4), Programmende (MØ2) oder Werkzeugwechsel(MØ6)

Einige M-Funktionen sind in der nachfolgenden Tabelle 10.2.2.2 zusammengefaßt

Code	Funktion
M ØØ	Programm Halt, Spindel,Kühlmittel u.Vorschub aus
M Ø1	Wahlweiser Halt, wie M ØØ
M Ø2	Programmende
M Ø3	Spindel ein, Rechtslauf
M Ø4	Spindel ein, Linkslauf
M Ø5	Spindel STOP

M Ø6	Werkzeugwechsel ausführen
M Ø7/Ø8	Kühlmittel ein
M Ø9	Kühlmittel aus
......	....
M 13	Spindel ein,Rechtslauf u. Kühlmittel ein
M 14	Spindel ein,Linkslauf u. Kühlmittel ein
....	....
M 3Ø	Lochstreifenende, Rückspulen
M 32/35	Konstante Schnittgeschwindigkeit
....	....
M 4Ø/45	Getriebestufen-Umschaltung
M 6Ø	Werkstückwechsel
M 68	Werkstück spannen
M 69	Werkstück entspannen

10.3 Erstellen eines Programms für ein Werkstück, zu fertigen auf einer Vertikal-Fräsmaschine

Anhand des perspektivisch dargestellten Werkstücks "Formstück" (Abb.10.3.1) und der vorhandenen Werkstattzeichnung (inkremental und absolut vermaßt) (Abb.10.3.2) soll das erworbene theoretische Wissen dazu genutzt werden, ein Werkstück zu programmieren. Die Programmierung erfolgt in der häufig angewandten Absolutbemaßung(G9Ø). Dazu sind noch die technologischen Daten der für die Ausführung bestimmten Werkzeugmaschine bereitzustellen.

Hier eine ACIERA F1 CNC:

Die wichtigsten Angaben aus der "AFW-Maschinenkarte" lauten:

Motor:	25Ø Watt/28ØØ 1/min.	
Spindel,Spann-		
zangen u.Fräs-		
dorn	12 mm	
Drehzahlen	125-2ØØ-31Ø-5ØØ	1/min
	1ØØØ-16ØØ-25ØØ-4ØØØ	1/min

Maschinenfeld:		Schrittmotoren:	
längs	12Ø mm	auf allen Achsen	1 Schritt 5 mü
quer	8Ø mm	Vorschübe	0-5ØØ mm/min.stufenlos
vertikal	15Ø mm	Eilgang	5ØØ mm/min.

Z
Y
X
Maßstab   1:2
Datum
Name
Bearb
Gepr.
Norm
FORMSTÜCK
Nr. 10. 30.1
Blatt
3
Bl.
Zust.   Änderung   Datum   Name

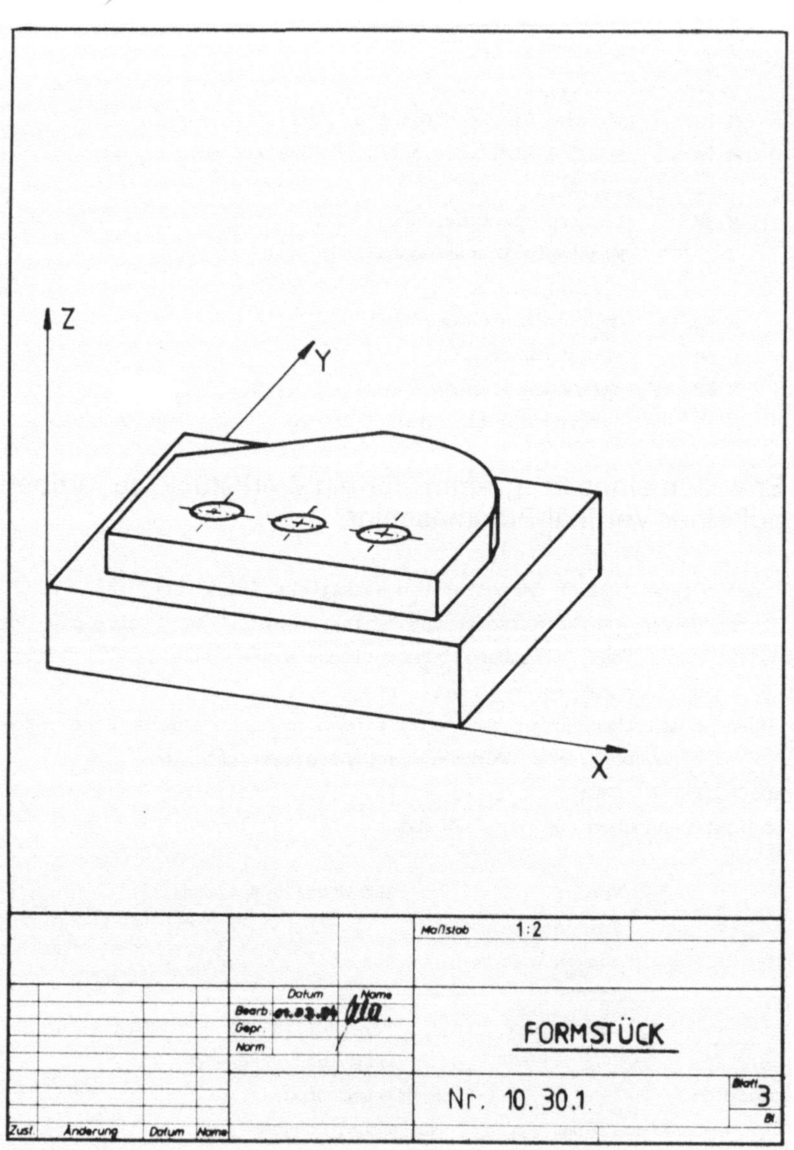

Abb.10.3.1

R20
WNP
PNP
-10
-10
5
15
5
10
10
5
5
10
10
10
10
5
10
5
R20
WNP
PNP
-15
-15
50
45
30
25
15
5
5
15
25
35
45
50
10
15
Maßstab
1:1
Datum
Name
Bearb 01.03.84
Gepr.
Norm
FORMSTÜCK
Nr. 10. 30.2
Blatt 1
Bl.
Zust. Änderung Datum Name

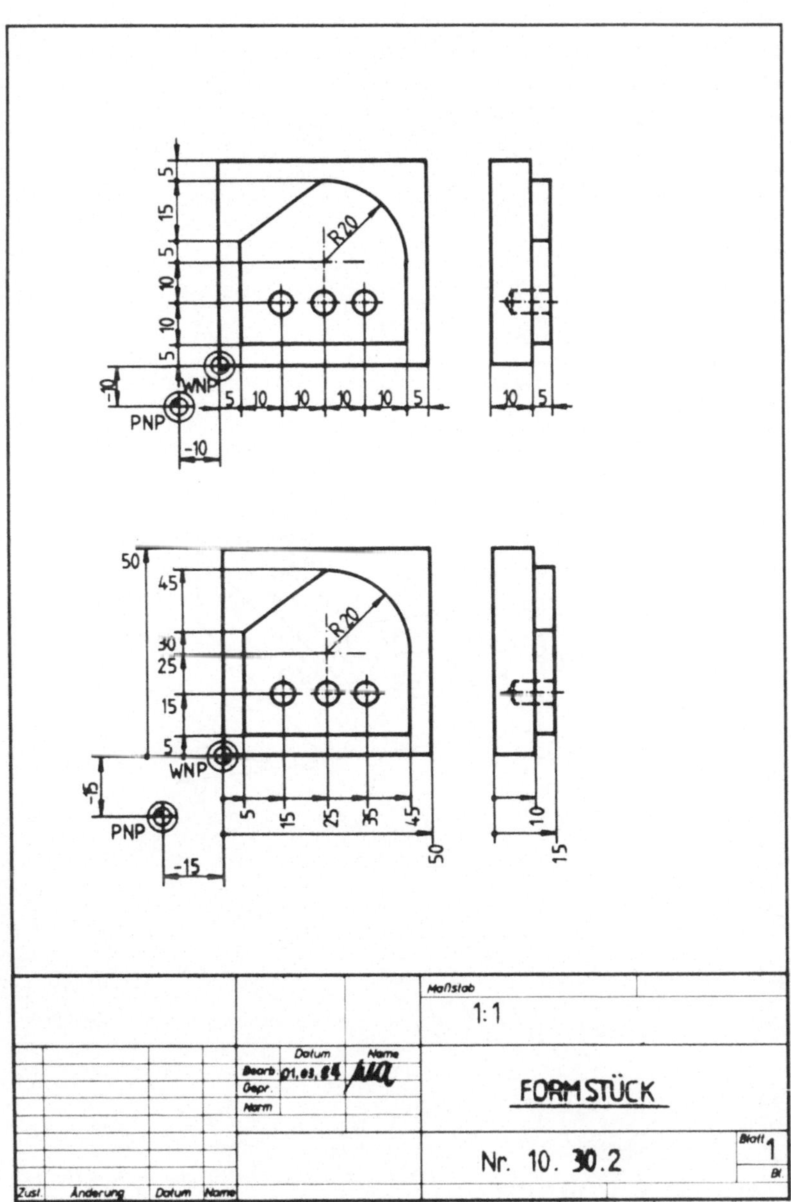

Abb.10.3.2

Bevor mit der Programmierung begonnen wird, erstellt man den Arbeitsablaufplan, der mit dem Algorithmus und dem Flußdiagramm in der Informatik vergleichbar ist. Für die Eintragung der Programmsätze (Arbeitsfolgen) bietet sich die perspektivische Zeichnung (vergl. Abb.10.3.1) an.

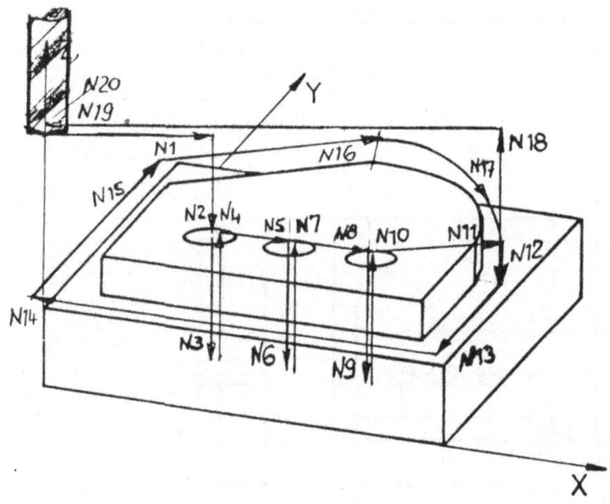

Abb.10.3.3

10.3.1 Programmierung und Eingabe in das Datenterminal

Wenn alle Informationen - Technische Zeichnung und technologische Herstellungsdaten - vorhanden sind, wird das Programm geschrieben. Dazu bedient man sich in der Regel eines Formulars(Abb.10.3.1.2) , in dem die charakteristischen Merkmale des Werkstückes und Besonderheiten über die Fertigung vermerkt sind. Dieses Urprogramm wird meist mit dem Datenträger im Archiv verwahrt.

Da bekanntlich aller Anfang schwer ist, hat es sich als zweckmäßig erwiesen, für die Erstellung der ersten Programme die in der Abb. 10.3.1.1 dargestellten Übersicht über die wichtigsten Adressbuchstaben und deren Bedeutung zu bedienen. Die Adresse "S" ist hier nicht angeführt, weil bei dieser Maschine die Drehzahl manuell eingestellt wird. Die Adresse "L" stellt eine Sonderform dar.

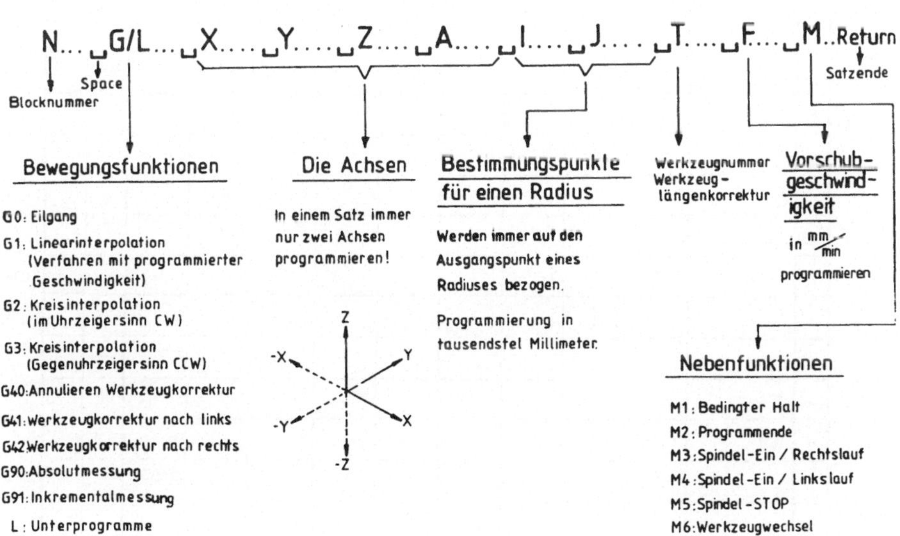

Abb.10.3.1.1

FICHE DE PROGRAMMATION				PROGRAMMIER BLATT				PROGRAMMING SHEET			
Symbole / Symbol								**Feuille No.** TI 02			
Designation / Bezeichnung				*Formstück*				**Date / Datum** 01.03.84			
Matière / Werkstoff / Material				St 60-2				**Visa / Sign**			
Outil / Werkzeug / Tool				Fräser HM ⌀ 6							

N	G / L	X	Y	Z	A	Interpolateur Circulaire I	J	Vitesse Broche S	T	F	Fonction auxiliaire M
1	G00/G90	X 15.	Y 15.								
2	G00			Z-19.5				S1000	T0101		M3
3	G01			Z-29.5						F 150	M7
4	G00			Z-19.5							
5	G00	X 25,									
6	G01			Z-29.5						F 150	
7	G00			Z-19.5							
8	G00	X 35.									
9	G01			Z-29.5						F 150	
10	G00			Z-19.5							
11	G00	X 45.	Y 25.								
12	G01/G41			Z-25.						F 120	
13	G01		Y 5.								
14	G01	X 5.									
15	G01		Y 30.								
16	G01	X 25.	Y 45.							F 100	
17	G02	X 45.	Y 25.			I 25.	J 25.			F 80	
18	G00			Z 0							M 9
19	G00/G40	X 0	Y 0								
20	G00										M 2

Abb.10.3.1.2

10.3.1.1 Erstellen eines Listings

Nach der Eingabe der Daten vom Programmblatt in das Datenterminal führt man
eine erste Kontrolle durch, ob die eingegebenen Daten der gewollten Werkstück-
Kontur entsprechen. Dazu gibt man dem Datenterminal den Befehl "LIST" und man
erhält nach der Ausführungsanweisung eine gedruckte Datenliste, die in der
Fachsprache LISTING genannt wird. Diese Liste enthält die von der Steuerung
tatsächlich gespeicherten Daten. Dabei ist zu berücksichtigen, daß in der
Praxis alle Weg- und Schaltinformationen nur dann geschrieben werden müssen,
wenn diese sich ändern. Deshalb drucken die meisten Steuerungen auch nur die
Änderungen aus. Das ist der Grund, warum das Ursprungprogramm und das Listing,
bei fehlerloser Dateneingabe nicht identisch sein müssen.

```
LIST

BEREIT !

T0101 P0100 Q013.
N1 G0 X15. Y15.
N2 G0 Z-19.5 T0101 M3
N3 G1 Z-29.5
N4 G0 Z-19.5
N5 G0 X25.
N6 G1 Z-29.5
N7 G0 Z-19.5
N8 G0 X35.
N9 G1 Z-29.5
N10 G0 Z-19.5
N11 G41 X45. Y25.
N12 G1 Z-25. F120
N13 G1 Y5. F120
N14 G1 X5. F120
N15 G1 Y30. F120
N16 G1 X25. Y45. F100
N17 G2 X45. Y25. I25. J25. F80
N18 G0 Z0
N19 G40 X0. Y0.
N20 M2
BEREIT !
```

Abb. 10.3.1.1.1

Vergleicht man den Beispielsatz aus Abschnitt 10.2.1.1 mit dem Urprogramm oder dem Listing,so erkennt man den Programmsatz N17 wieder,der folgendes aussagt:
- N17 - Programmsatz Nr. 17
- G02 - Kreisbewegung im Uhrzeigersinn
- X45. Y25. I25. J25. - Das Werkzeug bewegt sich um den Kreismittelpunkt mit den Koordinaten I 25. J 25. in X- und Y-Richtung g l e i c h z e i t i g zu den Koordinaten X 45. und Y 25.(vergl.10.3.1.2)
-F80 - Die Vorschubgeschwindigkeit beträgt dabei 80 mm pro Minute

10.3.2   Kontrolle und Optimierung des Programms

Durch den Vergleich des Urprogramms mit dem Listing, kann man erste Fehler, die z.B. durch falsche Eingabe (Tippfehler) entstande sind,korrigieren. Da bei dieser Kontrolle aber meist nicht alle Fehler aufgedeckt werden, testet man das Programm zusätzlich, indem man die geometrische Form des Werkstücks auf einem Zeichengerät (Plotter) darstellen läßt. Weil der nächste Programmsatz das Werkzeug vom tatsächlich erreichten Standort des vorangehenden Satzes fortfahren läßt, hätte z.B. das Nichtschreiben eines Dezimalpunktes oft fatale Folgen für Werkstück und Maschine. (Bedenke: X50. bedeutet 50 mm in X - Richtung, X50 bedeutet 50/1000 mm = 0.05 mm in X - Richtung!). Diesen Unterschied sieht man aus der Aufzeichnung des Plotters sofort.

Abb.10.3.2.1 (Hüllkurve)

Beim Aufzeichnen (Ausplotten) des Programms stellt man weitere Verbesserungmöglichkeiten fest. Diese können oft durch Änderung des Arbeitsablaufplanes (Programmfolge) erreicht werden, mit Sicherheit sind die technologischen Daten, Drehzahl (S), Vorschub (F) und somit die Schnittgeschwindigkeit und Standzeit der Werkzeuge zu verbessern. Die endgültige Programmfassung wird in der Regel erst an der Werkzeugmaschine vom Bediener gefunden, denn zur Optimierung gehören außer Programmierkenntnissen auch ein fundiertes Wissen über moderne Schneidwerkstoffe und die sich daraus ergebende Schneidengeometrie, die auf den jeweils zu bearbeitenden Werkstoff abgestimmt sein muß.

10.3.3 Vertrautheit mit der Bedienung der Werkzeugmaschine

Wie bei der Bedienung aller Werkzeugmaschinen muß man zunächst mit der Handhabung einer Maschine ("handling") vertraut sein. Die Abbildung 10.3.3.1 zeigt das Einrichterbedienungsfeld einer SWISS-PERFO Steuerung SP 282.

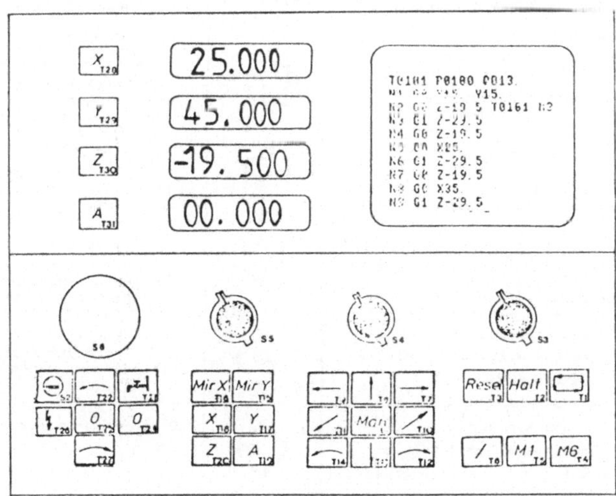

Abb.10.3.3.1

Da, wie in Abschnitt 10.1.12 erwähnt, die numerisch gesteuerten Werkzeugmaschinen sehr verschiedenartig sind, aber eine möglichst einheitliche Maschinenbedienung angestrebt wird, hat man die Symbole für das Einrichterbedienfeld in der Norm DIN 55003 zusammengefaßt.

In der nachfolgenden Tabelle sind die wichtigsten Symbole aufgeführt.

Bildzeichen für NC-gesteuerte Werkzeugmaschinen nach DIN 55003

Die Bildzeichen kennzeichnen die Funktionen von Bedienungstasten.
Von den zahlreichen genormten Bildzeichen sind nachfolgende für die Bedienung von CNC-gesteuerten Werkzeugmaschinen wichtig. Allerdings werden von den Herstellern zahlreiche weitere z. T. auch **nicht genormte Symbole verwendet.**

Bildzeichen (Symbol)	Bezeichnung und Anmerkungen	Bildzeichen (Symbol)	Bezeichnung und Anmerkungen
	Programm-Einlesen Auf Tastendruck wird das Programm in den Speicher eingelesen. Es erfolgt zunächst keine Maschinenfunktion.		**Relative Maßangaben (inkremental)** Nach Tastenbetätigung wird in relativen Maßangaben verfahren.
	Satzweise Einlesen Auslösen durch Handbetätigung: das innere Quadrat weist auf einen einzelnen Programmsatz hin.		**Referenzpunkt** Bei relativen Maßangaben verwendete Position, die in einem bestimmten Bezug zum Achsen-Nullpunkt steht.
	Programm verändern Wird angewendet, um Veränderungs-Funktionen darzustellen, z. B. Einfügungen		**Koordinaten-Nullpunkt** Er stellt den Anfang des Maschinen-Koordinaten-Systems dar.
	Satznummern-Suche (vorwärts) Bei Tastenbetätigung wird der nächste Satz aufgerufen		**Werkzeuglängen-Korrektur** Der Pfeil am symbolisch gezeichneten Fräser weist auf die Werkzeuglänge hin
	Satznummern-Suche (rückwärts) Bei Tastenbetätigung wird der vorhergehende Satz aufgerufen		**Werkzeugradius-Korrektur** Der Pfeil am symbolisch gezeichneten Fräser weist auf den Radius hin.
	Programm-Anfang Durch Tastenbetätigung wird das eingegebene Programm auf den ersten Programmschritt gestellt		**Werkzeug-Korrektur** Nach Tastendruck wird ein hiernach anzugebender Korrekturwert berücksichtigt.
	Programmierter Halt Gleiche Wirkung wie die Zusatzfunktion M00		Daten-Eingabe in einen Speicher Nach Tastendruck erfolgt das Einlesen der Daten in den Speicher.
	Handeingabe Nach Tastenbetätigung befolgt die Steuerung die Handeingaben		Daten-Ausgabe aus einem Speicher
	Programmspeicher Durch Tastenbetätigung wird der Programmspeicher angesprochen		**Löschen** Vorsicht! Diese Taste löscht das gesamte Programm
	Absolute Maßangaben Nach Tastenbetätigung wird im Bezugsmaß-System verfahren		Positions-Istwert z. B. wird nach Tastendruck die gegenwärtige Position angezeigt

Abb.10.3.3.2

10.3.4 Herstellen des Werkstücks

Nachdem das Rohteil fest und horizontal eingespannt ist,kann die Herstellung beginnen. Dazu wird das Werkzeug mit Hilfe eines "Kantentasters" in allen Achsen auf den Werkstück-Nullpunkt eingerichtet und nochmals überprüft, ob kein Hindernis im Maschinenbearbeitungsraum vorhanden ist.Dann wird der Steuerung der Werkzeugradius und ggf. die Werkzeuglänge mit der zugehörigen Werkzeugnummer(T0101, P0100, Q013.) eingegeben.T0101 bedeutet das erste Werkzeug mit der ersten Korrektur, P0100 sagt aus, daß die erste Werkzeuglängenkorrektur Null ist, und Q013. steht für die erste Werkzeugradienkorrektur, die 3.000 mm beträgt. Diese Anweisung ist erforderlich, weil das Programm entsprechend der Werkstück Kontur erstellt wurde.Das Programmieren der Werkstück-Kontur ist sinnvoller als das Programmieren der Werkzeugbahn-Kontur, weil das Werkstück mit verschiedenen Werkzeugdurchmessern(-radien) hergestellt werden kann. Alle neueren Steuerungen sind so ausgerüstet, daß sich die Steuerung die Werkzeugbahn selbsttätig ermittelt. Diesen Vorgang nennt man Äquidistantenberechnung(Äqudistante= Linie gleichen Abstandes). Diese Aufgabe übernimmt bei einer CNC-Steuerung das "erste" C(computerized) im Zusammenhang mit der Wegbedingung G41(links von der Werkstück-Kontur) < vergl. Programmsatz N12 > , G42(rechts von der Werkstück-Kontur), und G40 hebt die Wegbedingung wieder auf<vergl. N19>.
Trotz Prüfung der Werkstück-Geometrie auf dem Plotter(2-dimensional) erfolgt vor der Herstellung des Werkstückes ein Probelauf, bei dem das Werkzeug nicht im Eingriff ist. Läuft das Programm fehlerfrei ab,kann das Werkstück mit gleichbleibend hoher Genauigkeit beliebig oft hergestellt werden. Der Vorgang kann vom archivierten Datenträger nach Bedarf wiederholt werden.

10.3.5 Schlußbemerkung

Mit den Kenntnissen des Hauptabschnitts 10 ist ein praxisgerechtes Werkstück hergestellt worden. Dem aufmerksamen Leser ist sicher nicht entgangen, daß die Tabellen 10.2.2.1 und 10.2.2.2 auch Weginformationen und technologische Informationen sowie die Abb. 10.3.1.1 Adressbuchstaben enthält,die zur Herstellung des Werkstückes nicht erforderlich sind.
Die Programmiersprache nach DIN 66025 umfaßt noch etliche Möglichkeiten, wie u. a. Unterprogrammtechnik,Zyklenzerspanung u. Nullpunktverschiebung, die im Rahmen dieser Abhandlung nicht zu bewältigen sind. Was auch, wie aus der Vorbemerkung zu entnehmen ist, nicht beabsichtigt war.

11 Die Verwendung des Rechners zum Umgang mit großen Datenmengen

11.1 Einleitung

Eine der ersten Anwendungen des Rechners noch in den Frühzeiten der Rechnerentwicklung war sein Einsatz zum Sortieren großer Datenmengen nach bestimmten Gesichtspunkten, zum Erstellen umfangreicher Listen und zur Suche in großen Datenbeständen. Nach wie vor ist das ein wichtiger Teil der kommerziellen Datenverarbeitung. Daneben treten nun Datenbanken, die komplizierte Abfragen ermöglichen. Beides soll im Folgenden dargestellt werden.

11.2 Suchen und Sortieren

Große Datenmengen von einigen Millionen Byte lassen sich meist nicht unmittelbar in den Speicher eines Rechners bringen, sondern stehen zum größten Teil auf Massenspeichern wie Platten oder Magnetbändern, und nur ein kleiner Teil ist im Speicher unmittelbar jeweils zugreifbar.

Die im Prinzip einfache Aufgabe, eine Menge von Daten nach einem Kriterium zu sortieren, z.B. eine Namensliste alphabetisch zu ordnen, wird in diesem Fall recht kompliziert. Ebenfalls kompliziert wird die Aufgabe, ein bestimmtes Datum in einer Menge von Daten zu suchen, z.B. den Teilnehmer mit einer bestimmten Telefonnummer im Telefonbuch einer Stadt zu finden, wenn die Stadt sehr groß ist.

Man hat viele Überlegungen in die Entwicklung effizienter Algorithmen für Suchen und Sortieren und in Sprachen für die Bearbeitung großer Datenmengen investiert z.B. enthält COBOL Funktionen wie SORT (engl. sort = sortieren) und SEARCH (engl. search = suchen), mit denen sich diese Aufgabe effizient lösen läßt, weitgehend unabhängig von der Menge der Daten, die durchsucht oder sortiert werden sollen. Die Zeitdauer für das Durchsuchen oder Sortieren ist dabei von der Form n. ln n d.h. bei einer Vervierfachung der Datenmenge steigt die Suchzeit an auf das 4 * 2 = 8-fache.

11.3 Ein Sortierbeispiel in Basic

Nimmt man keine Rücksicht auf die Effizienz eines Sortierverfahrens, dann läßt sich ein Sortiervorgang sehr einfach beschreiben.

Dazu ein Beispiel:

Es seien N Zahlen einzulesen in ein Feld A(I), die der Größe nach aufsteigend sortiert werden sollen. Man suche sich zunächst die kleinste der N Zahlen - sie stehe in A(M) -, halte sie fest als erste Zahl, die auszugeben ist, indem man A(1) mit A(M) vertauscht, und wiederhole das Verfahren für die N - 1 verbleibenden Zahlen. In BASIC formuliert sich das so:

```
10    INPUT  "ANZAHL :" ; N
20    DIM A(N)
30    FOR I = 1 TO N
40    INPUT A(I)
50    NEXT I
51    REM  DAMIT SIND N ZAHLEN EINGELESEN
60    FOR S = 1 TO N - 1
70    M = S
80    I = S
90    I = I + 1
100   IF A(I) < A(M) THEN M = I
110   IF I < N THEN 90
120   H = A(M)
121   REM  DIE GEFUNDENE KLEINSTE ZAHL IN A(M) WIRD ZWISCHENGESPEICHERT
130   A(M) = A(S)
140   A(S) = H
141   REM  IN A(S) STEHT DIE GEFUNDENE KLEINSTE ZAHL
150   NEXT S
151   REM  DAMIT IST DAS ZAHLENFELD SORTIERT
160   FOR I = 1 TO N
170   PRINT A(I)
180   NEXT I
181   REM  DAS SORTIERTE FELD IST AUSGEGEBEN
190   END
```

Das hier angegebene Verfahren ist sehr ineffektiv zum Sortieren großer Zahlenfelder, da der Aufwand rasch mit wachsendem N steigt: Die Zahl der Durchläufe der innersten Schleife (Befehle 80 bis 110) ist proportional N**2, d.h. eine Verdopplung von N hat den vierfachen Aufwand zur Folge, eine Vervierfachung von N läßt die Anzahl der Durchläufe 16 mal so groß werden.

11.4 Datenbanken

Wenn man eine Menge von Daten nach verschiedenen Gesichtspunkten durchsuchen will, muß man sie geeignet im Rechner darstellen und effektive Zugriffsmethoden auf die Daten finden. Die Abfrage kann kompliziert sein, z.B. im Datenbestand einer Kfz-Versicherung will man alle Fahrer eines Golf ermitteln, die in den letzten beiden Jahren nicht mehr als einen Unfall hatten bei dem Fremdverschulden vorlag.

Programmsysteme, die dem Benutzer bei der Formulierung solcher Anfragen helfen und die Abfrage organisieren, heißen Datenbanken.

Sie stellen dem Benutzer spezielle Abfragesprachen (engl. query languages) zur Verfügung, mit denen er Fragen formulieren kann.

Ein schwieriges Problem ist die Sicherstellung der Konsistenz der Datenbank: Es darf nicht geschehen, daß Daten verlorengehen, weil sich Programm-Abfragen und Einfügungen in der Datenbank durch verschiedene Sachbearbeiter kreuzen.

Die Organisation verteilter Datenbanken, wo die Daten auf verschiedenen Rechnern liegen, ist noch Gegenstand der Forschung.

12 Der Computer und die Gesellschaft

Das Zusammenwirken der beiden Basiserfindungen, des Transistors durch Bardeen und Shockley 1947 und des Rechners durch John v. Neumann 1946, hat eine neue industrielle Revolution ausgelöst, in der nun Rechner als Massenprodukte in die Tiefe der Wirtschaft hineindringen.

Dabei werden Rückwirkungen auf die Gesellschaft sichtbar:
Der Einbau von Mikroprozessoren in einer Vielzahl von technischen Geräten ersetzt dort elektromechanische Steuerungen mit Vorteilen; die Produkte werden für den Benutzer dabei problemloser handhabbar und sehr viel weniger störanfällig.
Auf der anderen Seite werden diese Vorteile mit einem Verlust an Fertigungstiefe erkauft, sofern der Gerätehersteller nicht auch die Chips mit den Mikroprozessoren herstellt.

Der Einsatz von mikroprozessorgesteuerten Handhabungsautomaten (Robotern), zunächst noch für einfache Tätigkeiten wie Punktschweißen und Lackieren, bringt deutlich höhere Qualität der Fertigung und ermöglicht eine flexible Produktion.
Die Nachfolgetypen, ausgerüstet mit Tastsensoren und Fernsehkameras mit massiver Datenverarbeitung dahinter durch größere Rechner, werden in Kürze die Übernahme von Montagen ermöglichen. Kostenvorteile und höhere Qualität der Produktion werden auch hier unter dem Druck internationaler Konkurrenz die Fertigungsautomatisierung vorantreiben und möglicherweise in gewissem Umfang Arbeitsplätze freisetzen.

Die Möglichkeiten der Textverarbeitung im Büro mit Rechnern sind erst andeutungsweise sichtbar.
Wieweit ihre Einführung in die Büroarbeit Kostenvorteile bringen wird, ist noch nicht sicher.

Schließlich sind weitergehende Forschungen an der Schwelle zur praktischen Umsetzung, mit Hilfe von speziellen Programmen (Expertensystemen) die Arbeit von Spezialisten in einem Fachgebiet zu übernehmen, die dort Diagnosen stellen und Fragen beantworten.

Die Auswirkungen in die Gesellschaft hinein sind hier vorerst noch reine Spekulation.

Die Verbreitung von Rechnern als Massenprodukte wird zu einem viel selbstverständlicheren Umgang mit diesen Geräten führen, wenn Heranwachsende sie als selbstverständliche Teile ihrer technischen Umwelt sehen.

13 Anhang: Handhabung eines Mikrocomputers am Beispiel Apple II

1. Beim Einschalten des Mikrocomputers (MC) wird bei eingelegter DOS- bzw. ProDOS-Master-Diskette das Disketten-Operations-System (DOS) von der Diskette in den Internspeicher des MC geladen. Wenn man das DOS nicht benötigt, wird mit der Tastenkombination CTRL-RESET das Diskettenlaufwerk angehalten. In beiden Fällen entsteht am Monitor ein "Zeilenbeginnzeichen", das eine eckige Klammer ( ]) oder ein Ü sein kann. Immer wenn der MC sich mit diesem Zeilenbeginnzeichen meldet, ist er für weitere Eingaben bereit. Das dahinter im Regelfall blinkende Quadrat, das die momentane Schreibposition anzeigt, nennt man "Cursor".

2. Wenn zu Beginn der Arbeit das DOS geladen wurde, dann können Programme auf die Diskette gespeichert (SAVE NAME), von ihr geladen (LOAD NAME) und auf ihr gelöscht (DELETE NAME) werden. Außerdem kann u.a. ein Inhaltsverzeichnis (CATALOG) der Programme , die sich auf der Diskette befinden, ausgegeben werden. Name ist dabei eine mit einem Buchstaben beginnende Zeichenkette mit maximal 15 Zeichen bei ProDOS bzw. 30 Zeichen bei DOS 3.3.

3. Die Programmzeilen sind Zeichen für Zeichen einzutippen. Dabei ist insbesondere zu beachten, daß die Zahl $\emptyset$ und der Buchstabe O zwei verschiedene Zeichen (Tasten) sind. Am Ende jeder einzelnen abgeschlossenen Programmzeile muß die RETURN-Taste (↵) gedrückt werden. Danach entsteht in der nächsten Zeile ein neues "Zeilenbeginnzeichen", und die Eingabe kann fortgesetzt werden.

4. Tritt eine Fehlerstelle in noch nicht mit RETURN abgeschlossenen Zeilen auf, kann der Cursor mit der LINKS-PFEIL-TASTE auf das fehlerhafte Zeichen bewegt werden. Durch Eingabe des korrekten Zeichens wird der Fehler behoben. Die Zeichen nach der Fehlerstelle müssen mit der RECHTS-PFEIL-TASTE wieder gelesen oder neu geschrieben werden. Fehler in bereits mit RETURN abgeschlossenen Zeilen kann man beheben, indem die Zeile mit der entsprechenden Zeilennummer neu geschrieben wird. Dabei ist normal, daß evt. die "alte" Zeile am Bildschirm noch zu sehen ist, auch wenn sie im Internspeicher bereits überschrieben wurde. Grundsätzlich gilt, daß eine bereits bestehende BASIC-Zeile durch spätere Eingabe einer Zeile mit gleicher Zeilennummer ersetzt wird. Mit dem Direktbefehl LIST kann man jederzeit das tatsächlich im Internspeicher vorhandene Programm am Bildschirm auflisten. Das Numerieren der BASIC-Programme in 10-er-Schritten erlaubt das nachträgliche Einfügen vergessener Zeilen.

5. Nach der Eingabe des kompletten Programms wird mit dem Direktbefehl RUN (wird ohne Zeilennummer eingegeben) die Programmabarbeitung gestartet. Der Programmbefehl INPUT meldet sich dann mit einem Fragezeichen. Entsprechend der Festlegung (Syntax) der BASIC-Entwickler werden daraufhin die geforderten Daten eingegeben. Dabei werden mehrere Daten jeweils mit Komma getrennt. Unser Dezimalkomma wird durch einen Punkt ersetzt. Nach der Dateneingabe wird wiederum RETURN gedrückt. Daraufhin führt der MC das Programm mit den eingegebenen Daten durch und gibt - falls kein Fehler vorhanden ist - das Ergebnis aus. Falls ein Fehler vorhanden ist, meldet der MC: Syntax Error in Zeilen-Nr. Der Fehler muß dann beseitigt werden, bevor ein neuer Abarbeitungsversuch unternommen wird.

6. Der Direktbefehl HOME löscht den Bildschirm und führt den Cursor in die obere linke Bildschirmecke. Der Direktbefehl NEW löscht das BASIC-Programm im Internspeicher vollständig. Danach ist eine neue Programmeingabe möglich.

7. Es kommt am Anfang vor, daß z.B. statt der Befehlsnummer 2Ø die Zeichenfolge 20 (mit O wie Otto) geschrieben wird und bei der Programmausführung die Meldung Syntax Error in 2 entsteht. Beim LIST stellt man dann fest, daß der Rechner unter der Zeilennummer 2 den Befehl O aufgenommen hat, ihn bei der Programmabarbeitung aber als nicht existent erkannt hat. Besonders gut ist dies daran zu erkennen, daß die ursprünglich zusammenhängende Schreibweise von 20 nach dem LIST getrennt (2 O) geschrieben wird, da der MC jedes nichtnumerische Zeichen nach der Befehlsnummer als erstes Zeichen eines Befehls interpretiert. In diesem Fall muß also die Zeile 2 gelöscht werden. Dies geschieht durch Eingabe von 2 und anschließendes Drücken der RETURN-Taste. Zeilen können also gelöscht werden, wenn man die Zeilennummer ohne weitere Zusätze eingibt und mit RETURN abschließt.

8. Wenn der Mikrocomputer aufgrund irgend eines Fehlers sich nicht mehr so verhält, wie man dies zum Weiterarbeiten erwartet, z.B. das Zeilenbeginnzeichen nicht mehr erscheint, dann kann man in den meisten Fällen mit der Tastenkombination CTRL-RESET das Zeilenbeginnzeichen wieder herstellen.

14 Literaturverzeichnis

DIN 406, Blatt 2, Bemaßung für NC-Fertigung

DIN 55003, Bildzeichen für NC-gesteuerte Werkzeugmaschinen

DIN 66217, Koordinatenachsen und Bewegungsrichtungen für
            numerisch gesteuerte Arbeitsmaschinen

DIN 66024, Numerische Steuerungen von Arbeitsmaschinen,
            Code für 8-Spur Lochstreifen

DIN 66025, Programmaufbau für numerisch gesteuerte Arbeitsmaschinen

DIN 19237, Steuerungstechnik, Begriffe

DIN 19239, Steuerungstechnik, Speicherprogrammierte Steuerungen

DIN 40719, Regeln und graphische Symbole im Funktionsplan

DIN 44300, Informationsverarbeitung, Begriffe

DIN 66001, Sinnbilder für Datenfluß- und Programmablaufpläne

Apple II, Benutzer Handbuch, 1979

Apple, Applesoft Programmieranleitung, 1980

Apple II, Das DOS Handbuch, 1980

Apple, Apple 6502 Assembler/Editor, 1980

Apple, Apple Pascal Language Reference Manual, 1980

Apple, Apple Pascal Operating System Reference Manual, 1980

Quellenhinweise:

Abb. Abschn. 10.1.12
SWISS-PERFO-Ausboldungssystem SP282
SWISS-PERFO SA (CH 1450 Ste Croix)

Bild Abschn. 10.1.12
SWISS-PERFO-KONFIGURATION mit ACIERA F1 CNC
der BBS Neustadt/Weinstr.

Abb. Abschn. 10.3.3
Institut Bildungsinhalte- und Lehrmittelforschung
der BPH Esslingen

15 Stichwortverzeichnis

Informatikunterricht im Mikrocomputerlabor der
Berufsbildenden Schule I Worms. Sinnvoll ist je ein
Arbeitsplatz für zwei Schüler.

An der Informationstafel des Labors sind außer der
Laborordnung auch Belegungspläne für die laufende und
die nächste Woche ausgehängt.   Bilder: Bauer

Auch zur Ausbildung an Speicherprogrammierten
Steuerungen müssen ausreichend viele Übungssysteme
zur Verfügung stehen.

Das Modell eines Hochregallagers wird mit Hilfe einer
Speicherprogrammierten Steuerung von BBC gesteuert.